Leitfaden

zur

Eisenhüttenkunde.

Ein Lehrbuch

für den

Unterricht an technischen Fachschulen.

Von

Th. Beckert,

Hütten-Ingenieur und Direktor der Königl. Maschinenbau- und Hüttenschule
in Duisburg.

Zweite vollständig umgearbeitete Auflage.

I.

Feuerungskunde.

Mit 129 in den Text gedruckten Figuren.

Berlin.
Verlag von Julius Springer.
1898.

ISBN-13:978-3-642-89525-8 e-ISBN-13:978-3-642-91381-5
DOI: 10.1007/978-3-642-91381-5

Softcover reprint of the hardcover 2nd edition 1898

Vorwort.

Die im Laufe einer sechzehnjährigen Unterrichtsthätigkeit gewonnene Erfahrung, daſs zur Erzielung vollen Verständnisses für die Hüttenprozesse innigste Vertrautheit der Schüler mit den Vorgängen des Feuerungswesens unumgängliche Voraussetzung ist, ferner die nicht wegzuleugnende Thatsache, daſs die häufig beobachtete unwirtschaftliche Verwendung der Brennstoffe in den meisten Fällen auf ungenügende Kenntnis von deren Eigenschaften und die von diesen abhängende Geeignetheit für die jeweilige Verwendung zurückgeführt werden muſs, haben den Verfasser veranlaſst, bei Bearbeitung der zweiten Auflage seines Leitfadens der Feuerungskunde eingehendere Behandlung zu teil werden zu lassen als früher und besonders die Zahl der Abbildungen ganz wesentlich zu erhöhen.

Um auch denjenigen Kreisen zu dienen, deren Interesse sich auf das Feuerungswesen beschränkt, erscheint dieser erste Teil als abgeschlossenes und für sich allein käufliches Buch, dem der Verfasser den zweiten, „Hüttenkunde", und den dritten Teil, „Metallurgische Technologie", baldthunlichst folgen lassen wird.

Herrn Professor Dr. Borchers in Aachen, der Firma Dr. C. Otto & Co. in Dalhausen a. d. R., dem Blechwalzwerk Schulz-Knaudt in Essen, dem Warsteiner Gruben- und Hüttenverein u. a., welche mir durch sachliche Mitteilungen oder Unterlagen zu Abbildungen ihre wertvolle Unterstützung zu teil werden lieſsen, spreche ich hiermit meinen verbindlichsten Dank aus.

Duisburg, im Januar 1898.

Beckert.

Inhalt.

Zweiter Abschnitt.

Die Wärmeübertragung.

Anhang.

Einleitung.

Die Feuerungskunde behandelt die Erzeugung und die Verwendung der Wärme. Sie beschäftigt sich daher sowohl mit den physikalischen und chemischen Vorgängen, durch welche Wärme erzeugt wird, und mit den Stoffen, aus denen man sie entwickelt, als mit der Art und Weise der Übertragung auf andere Körper und den Vorrichtungen, in denen die Entwickelung und Übertragung von statten geht.

Die Frage nach dem Wesen der Wärme können wir mit den Worten John Lockes folgendermafsen beantworten: „Die Wärme ist eine sehr lebhafte Bewegung der unwahrnehmbaren, kleinsten Teile eines Gegenstandes, welche in uns diejenige Empfindung hervorruft, wegen deren wir den Gegenstand als warm bezeichnen. Was in unserer Empfindung als Wärme erscheint, ist also am Gegenstande selbst nur Bewegung.“

Als Wärmequellen stehen zur Verfügung: die Sonne, das feurigflüssige Erdinnere, Veränderungen der Aggregatzustände, mechanische Arbeit, chemische Vorgänge und der elektrische Strom.

So unendlich grofs auch die Wärmemengen sind, welche die Sonnenstrahlen der Erde zutragen, so ist doch deren gewerbliche Verwendung sehr beschränkt, z. B. zum Verdampfen von Flüssigkeiten beim Trocknen nasser Körper und bei der Gewinnung von Seesalz. Um so wichtiger ist dafür die Rolle, welche die Sonnenwärme im Haushalte der Natur spielt, indem sie einerseits den Aufbau des Zellstoffes aus unorganischen chemischen Verbindungen und andererseits den Ersatz des verbrauchten Sauerstoffes veranlafst.

Noch weniger können wir Gebrauch machen von dem ungeheueren Wärmevorrate des flüssigen Erdinneren, von dem nur durch Vermittelung heifser Quellen ganz geringe Mengen nutzbar werden. Auch von der Wärme, welche durch Erstarren von Flüssigkeiten oder durch Niederschlagen von Dämpfen frei wird, ist nur beschränkt Anwendung zu machen zum Kochen, Heizen, Trocknen, desgleichen von der durch Umwandelung mechanischer Arbeit entstandenen, welche vielmehr in den meisten Fällen als Energieverlust sich äufsert.

Bis vor wenig Jahren dienten chemische Vorgänge, und zwar fast ausschliefslich die Oxydation, allein als Wärmequelle in grofsem Mafsstabe. Erst in jüngster Zeit ist mit der raschen Entwickelung der Elektrotechnik auch der elektrische Strom als Wärmespender zu gewerblicher Verwendung gelangt.

Die Übertragung der Wärme kann durch Strahlung, Leitung und Berührung erfolgen.

Das grofsartigste Beispiel für die Übertragung auf ersterem Wege ist die Erwärmung der Erde durch die Sonne; den zweiten Weg schlagen wir ein beim Erhitzen in Gefäfse eingeschlossener Körper, wie des Wassers im Dampfkessel, der Metalle im Schmelztiegel; durch Berührung wird die Wärme dem Eisen im Schmiedefeuer und im Schweifsofen übermittelt.

Erster Abschnitt.

Die Wärmeerzeugung.

A. Der Verbrennungsvorgang.

Verbrennung nennt man im allgemeinen jeden chemischen Vorgang, welcher unter lebhafter Licht- und Wärmeentwickelung verläuft; im besonderen aber bezeichnet man die unter diesen Erscheinungen sich vollziehende Oxydation als Verbrennung. Die dabei entstehenden neuen Stoffe, die Verbrennungserzeugnisse, sind Oxyde. Den erforderlichen Sauerstoff liefert in den meisten Fällen die atmosphärische Luft.

Das Vereinigungsbestreben zwischen einem zu oxydierenden Stoff und dem Sauerstoff ist sehr häufig bei gewöhnlicher Temperatur nicht grofs genug, als dafs die blofse Berührung beider ausreichte, um die Verbrennung einzuleiten; die chemische Energie mufs vielmehr erst ausgelöst, es mufs ihr Gelegenheit geboten werden, in Wirksamkeit zu treten, und das geschieht durch Erwärmen eines Teiles der zu vereinigenden Stoffe auf eine ausreichend hohe Temperatur, die Entzündungstemperatur.

So genügt es z. B. nicht, Leuchtgas aus einem Brenner ausströmen und mit der Luft sich mischen zu lassen, sondern wir müssen es erhitzen, anzünden.

Wird einerseits durch Wärmezufuhr die Bildung von Oxyden veranlafst, so kann andererseits durch ebendieselbe Ursache auch die Spaltung solcher bewirkt werden. Die meist sehr hohe Temperatur, bei welcher dieser Vorgang sich vollzieht, die Dissoziationstemperatur, bildet somit die obere Grenze für die Oxydation, so dafs die Verbrennung nur zwischen der Entzündungstemperatur des Brennstoffes und der Dissoziationstemperatur der Verbrennungserzeugnisse vor sich gehen kann.

Kohlenstoff entzündet sich, je nach seiner Dichte, bei $400^0 — 700^0$, Wasserstoff bei 500^0, Methan aber erst bei 800^0. Die Dissoziationstemperaturen werden sehr verschieden angegeben. Während nach einer Angabe Wasserdampf durch weifsglühenden Platindraht zerlegt wird, soll nach anderen die Dissoziation bei 3350 ^{0} noch kaum merklich sein, das Zerfallen des Kohlendioxydes aber bei 1800—2000 ^{0} beginnen und bei etwa 3400 ^{0} vollständig sein.

Aufser durch Wärme können die Oxyde auch durch chemische Energie, durch Umsetzung, zerlegt werden. Der oxydierte Stoff wird in elementarem Zustande wieder in Freiheit gesetzt oder in ein niederes Oxyd verwandelt, der Sauerstoff aber mit einem andern Stoffe verbunden. Diesen Vorgang, welcher eine zweite Umkehrung der Oxydation bildet, nennen wir Reduktion.

So entsteht z. B. an der Oberfläche glühenden Eisens eine Oxydschicht, der Glühspan, welcher in entsprechender Temperatur durch Überleiten von Wasserstoff in Eisen rückverwandelt wird.

$$3\,Fe_2 + 4\,O_2 = 2\,Fe_3O_4$$
$$2\,Fe_3O_4 + 8\,H_2 = 3\,Fe_2 + 8\,H_2O$$

Hat ein Element mehrere Oxydationsstufen, so kann entweder sogleich diejenige mit dem höchsten Sauerstoffgehalt entstehen, oder aber es wird zuerst eine solche mit niedrigerem Sauerstoffgehalte gebildet und diese nachträglich durch weitere Zufuhr von Sauerstoff in die höhere verwandelt. Bei brennbaren Stoffen bezeichnet man die Verbrennung zu einem niederen, noch weiter verbrennbaren Oxyde als unvollkommene, die Bildung des nicht weiter verbrennbaren Oxydes als vollkommene Verbrennung.

Zum Beispiel diene die Verbrennung des Kohlenstoffes zu Kohlenoxyd (unvollkommene) und zu Kohlendioxyd (vollkommene).

$$C_2 + O_2 = 2\,CO$$
$$2\,CO + O_2 = 2\,CO_2$$

oder unmittelbar

$$C_2 + 2\,O_2 = 2\,CO_2$$

Die Bedingungen, unter denen die Verbrennung vollkommen von statten geht, sind: 1. möglichst gute Mischung des brennbaren Stoffes mit dem Sauerstoffe, damit jedes Molekül die erforderliche Menge des letzteren erhält; 2. ein Überschufs an Sauerstoff, da infolge der Unmöglichkeit einer vollkommen gleichmäfsigen Mischung beider, besonders wenn der zu verbrennende Stoff nicht Gasform besitzt, die rechnungsmäfsige Menge nicht ausreicht; 3. dem gewünschten Vorgange entsprechende Temperatur und entsprechender Druck.

Welch hohen Einflufs die Temperatur besitzt, ergiebt sich aus nachstehender, von A. Ernst angestellter Versuchsreihe.

Beim Überleiten von Luft über Koks, der in einer Porzellanröhre erhitzt wurde, begann die Verbrennung ganz schwach bei 375 ^{0}; die bei dieser und höheren Temperaturen sich bildenden Verbrennungsgase hatten folgende Zusammensetzung:

100 Raumteile Gas enthalten:

Temperatur	CO_2	O	CO
375°	0,5	20	0
400	6,2	12,3	0,8
500	19	0	1,6
680	18,9	0,2	1,7
700	18		2,5
800	17,9		5,9
875	11		14,7
900	10,1		15,8
950	0,6		31,5
1000	0		34,2

Hiernach ist schon mit 1000° die Grenze der Bildung von Kohlendioxyd überschritten.

Die Verbrennung des Kohlenstoffes in zwei Absätzen bietet Gelegenheit zu einer wichtigen Beobachtung. Wir sehen, dafs der brennende Kohlenstoff nur glüht, das Kohlenoxyd aber eine Flamme bildet. Ebenso wie dieses verhalten sich alle anderen brennbaren Gase. — Auch viele festen und tropfbar-flüssigen Stoffe verbrennen mit Flamme, aber doch immer nur solche, die entweder in hoher Temperatur verdampfen (Schwefel, Petroleum), oder gasförmige Zersetzungserzeugnisse abgeben (Holz, Steinkohle), oder die infolge unvollkommener Verbrennung selbst in Gas verwandelt werden (Holzkohle, Koks).

Das Vorhandensein oder die Entstehung von Gas ist somit Bedingung für die Bildung einer Flamme.

Weiter beobachten wir, dafs manche Flammen nur sehr wenig, andere stark leuchten. Glühende feste Körper strahlen sehr viel Licht aus; glühende Gase leuchten nur schwach. Wenn eine Flamme trotzdem viel Licht entwickelt, so ist zu vermuten, dafs dieses durch glühende feste Körper hervorgebracht werde. Dem ist in der That so, da manche Gase, z. B. einzelne Bestandteile des Leuchtgases, die Kohlenwasserstoffe, ferner die Dämpfe des Petroleums, fetter Öle, des Talges, des Stearins u. s. w., in hoher Temperatur zerfallen und Kohlenstoff abscheiden, welcher in der Flamme zum Glühen kommt und verbrennt oder, wenn die entwickelte Wärme nicht ausreicht, sämtlichen ausgeschiedenen Kohlenstoff auf die Entzündungstemperatur zu erhitzen, von dem Gasstrom als Rufs fortgetragen wird; die Flamme raucht.

Durch die Vereinigung von Molekülen zu chemischen Verbindungen wird in den meisten Fällen Wärme entwickelt, zur Zerlegung von Verbindungen aber Wärme verbraucht, und zwar genau so viel, als bei der Bildung entstand. Der Überschufs der bei chemischen Vorgängen entstehenden über die gleichzeitig zu etwaiger Zerlegung von Verbindungen und Änderung des Aggregatzustandes verbrauchte Wärme, also die frei werdende, auf unser Gefühl wirkende und mefsbare Wärme, heifst die

Bildungs- oder Verbindungswärme der betr. chemischen Verbindung. Ist der chemische Vorgang, durch welchen Wärme entstand, eine Verbrennung, so bezeichnen wir die frei werdende Wärme mit dem besonderen Namen Verbrennungswärme. Ihre Menge beträgt umsomehr, je höher die gebildete Oxydationsstufe ist; gilt es daher, möglichst viel Wärme zu entwickeln, so mufs unser Bestreben auf vollkommene Verbrennung gerichtet sein.

Als Mafseinheit für die Wärmemessung dient die Wärmeeinheit (W.-E.) oder Calorie (Cal.), d. i. die zur Erwärmung eines Kilogrammes Wasser von 0^{0} auf 1^{0} C erforderliche Wärmemenge.

Die Bestimmung der Verbrennungswärme erfolgt durch Versuche mit Hilfe des Kalorimeters. Von den zahlreichen Formen dieses Instrumentes seien diejenige von W. Hempel und dessen Arbeitsweise und die von Junkers hier beschrieben.

Die Untersuchung mit dem Kalorimeter von Hempel besteht aus vier Einzelarbeiten:

1. Bestimmung der Menge des zu verbrennenden Stoffes;
2. Verbrennung in einem Metallgefäfse mittels reinen Sauerstoffes unter Druck;
3. Verteilung der entwickelten Wärme auf Wasser und Bestimmung von dessen Temperaturerhöhung;
4. Berechnung der entwickelten Wärmemenge.

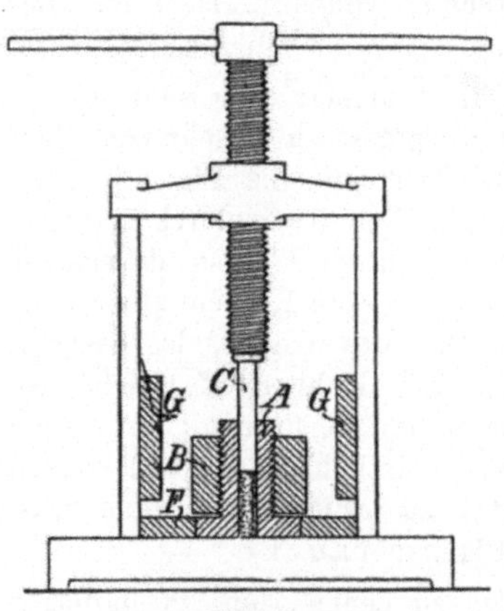

Fig. 1.

Zur Verbrennung gelange irgend eine Kohle, welche behufs Herstellung einer guten Durchschnittsprobe gepulvert und sorgfältig gemischt wird. Etwa 1 g des Pulvers formt man zunächst mit Hilfe einer kleinen Presse (Fig. 1) zu einem Cylinder. Die Prefsform wird gebildet aus einer der Länge nach durchbohrten und quer durchschnittenen Schraube *A*, welche mittels der Mutter *B* zusammengeprefst werden kann. In die Form pafst der cylindrische, aus gehärtetem Stahle hergestellte Stempel *C*. Ehe das Kohlenpulver in die Form geschüttet wird, legt man einen später zur Zündung dienenden dünnen Platindraht so in die Form, dafs er aus der Kohle an zwei Stellen herausragt; dann füllt man die Kohle ein, prefst sie mit *C* stark zusammen, schraubt *C* wieder heraus, die Mutter *B* ab und nimmt dann die Form *A* aus der Bodenplatte *F*, öffnet sie, löst den Cylinder vorsichtig heraus und wägt ihn.

Die Verbrennung erfolgt in dem eisernen Verbrennungsgefäſse (Fig. 2), das auf 50 Atmosphären Druck geprüft sein muſs. Das Verschluſsstück *A* hat ein Schraubventil *a* und zwei Bohrungen *b* zum Befestigen eines Flanschenrohres. Der eiserne Stift *c* ist fest eingeschraubt, *d* dagegen mit seinem kegeligen Kopfe *h* nur scharf eingedrückt, aber durch einen dünnen Gummischlauch *i* für elektrische Ströme von *A* isoliert. In die Stifte *c* und *d* sind zwei starke Platindrähte *f* und *g* eingeschraubt und -gelötet, an deren Haken das Näpfchen *e* aus feuerfestem Thone hängt. In dieses setzt man den Kohlecylinder und verbindet ihn mittels des eingepreſsten dünnen Drahtes mit *f* und *g*.

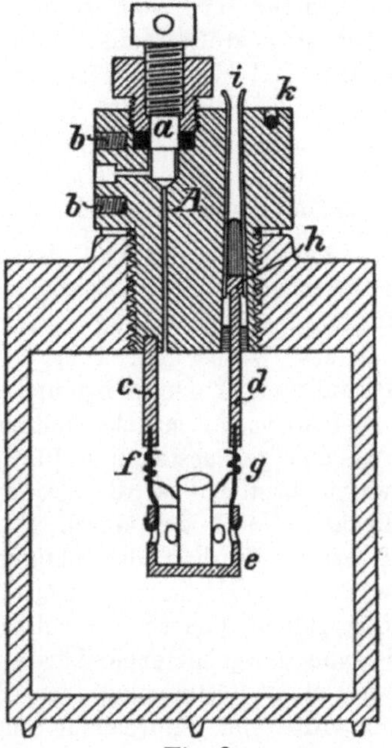

Fig. 2.

Nachdem *A* fest und dicht in das Gefäſs eingeschraubt ist, füllt man dieses aus einer eisernen Flasche mit stark zusammengepreſstem Sauerstoffgase nach Herstellung der Verbindung beider durch Anschrauben eines Leitungsrohres bei *bb*, bis der Überdruck 6 Atmosphären erreicht hat, schlieſst die Flasche wieder, öffnet ein wenig die Flansche bei *bb* und läſst den Sauerstoff wieder heraus, wodurch der gröſste Teil des Stickstoffes in dem ursprünglichen Luftinhalt ausgespült wird. Dann wird das Gefäſs von neuem mit Sauerstoff bis auf 12 Atmosphären Überdruck gefüllt und nun, nachdem das Ventil *a* geschlossen ist, in das Kalorimeter (Fig. 3) gestellt.

Das Kalorimeter besteht aus dem mit Deckel versehenen Metallgefäſse *G*, welches mit etwa 2 cm Abstand in dem Holzgefäſse *H* hängt und 1 l Wasser enthält. *K* ist ein feines Thermometer, an dem man noch 0,01 ⁰ schätzungsweise ablesen kann, *N* eine Rührvorrichtung, Stange mit Blechring, die mittels der Schnur auf und ab bewegt werden kann. Mittels der Poldrähte *L* und *M*, welche bei *i* und *k* (Fig. 2 und 3) in Quecksilber tauchen, wird die Verbindung mit einer Elektrizitätsquelle hergestellt. Hiernach wartet man so lange, bis die Temperatur des Wassers sich nicht mehr ändert, schlieſst dann den Stromkreis, wodurch der dünne Draht im

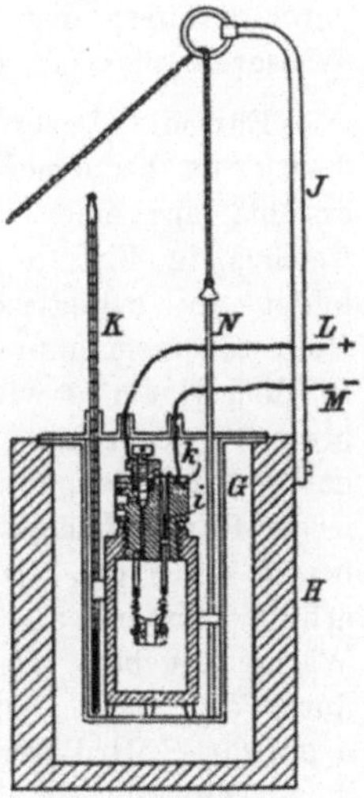

Fig. 3.

Kohlecylinder ins Glühen kommt und die Kohle entzündet. In dem reinen Sauerstoffgase geht die Verbrennung sehr rasch und vollkommen zu Kohlendioxyd von statten, und die dabei entwickelte Wärme überträgt sich gröfstenteils durch die Gefäfswände auf das Wasser; ein kleiner Teil bleibt in den Wänden des Verbrennungsgefäfses; ein anderer kleiner Teil wird vom Kalorimeter aufgenommen; beide Gefäfse aber haben schliefslich dieselbe Temperatur wie das sie umgebende Wasser. Unter fortwährendem Umrühren beobachtet man das Thermometer bis es anfängt, wieder zurückzugehen.

Zur Berechnung des Ergebnisses dient die Anfangs- und die Endtemperatur des Wassers, dessen Menge durch Messen oder Wägen vor Beginn der Verbrennung bestimmt wurde. Für jeden Grad der Erwärmung hat das Wasser auf 1 kg 1 W.-E. aufgenommen, im ganzen also das Produkt aus Wassermenge und Temperatursteigerung. Hierzu ist noch die vom Instrumente zurückgehaltene Wärmemenge zu zählen, welche am raschesten und genauesten mit Hilfe eines Stoffes von bekannter Verbrennungswärme bestimmt wird. Sie ergiebt sich aus dem Unterschiede der durch Rechnung und der durch Versuch erhaltenen Temperaturzunahme des Wassers. Enthält das untersuchte Brennmaterial auch Wasserstoff, so wird die Verbrennungswärme gefunden unter Bildung flüssigen Wassers. Gewerbliche Feuerungen entlassen das Wasser stets als Dampf; deshalb ist von der gefundenen Wärmemenge die Verdampfungswärme abzusetzen, was eine Bestimmung der Wassermenge voraussetzt. Diese erfolgt mit Hilfe von Chlorcalciumröhren, zu deren Anschlufs in die für den Einlafs des Sauerstoffes bestimmte Öffnung ein Röhrchen eingelötet wird, durch Erhitzen des Verbrennungsgefäfses auf 105^0 und Auspumpen des Wasserdampfes mit der Wasserluftpumpe.

Für die Verbrennung von Gasen ist das Kalorimeter von Junkers bequemer zu verwenden. Es besteht, wie man aus Fig. 4 ersieht, aus einer Gasuhr, einem Druckregler und dem Kalorimeter, welches in Fig. 5 noch im Schnitte dargestellt ist. Den Hauptteil bildet ein cylindrischer Körper, zusammengesetzt aus dem inneren Rohr *a*, einem doppelwandigen Mantel und zahlreichen engen Rohren *b*. In dem Raum *a* wird das zu untersuchende Gas mittels eines Bunsenbrenners verbrannt. Die Verbrennungserzeugnisse strömen aufwärts bis unter den kegeligen Deckel, abwärts durch bie Röhren *b*, sammeln sich in der Rauchkammer *c* und treten endlich an dem Thermometer *n* vorbei bei *d* ins Freie. Den Raum zwischen dem Rohr *a* und dem Mantel erfüllt Wasser, an welches die durch *b* ziehenden heifsen Gase die Wärme abgeben. Der Eintritt des Wassers erfolgt in regelbarer Menge durch den Hahn *i* und den Ringkanal *l*; es steigt zwischen den Röhren *b* aufwärts, wird durch die geschlitzten Platten *m* gut gemischt und fliefst dann seitwärts ab in ein Mefsgefäfs. Zwei Thermometer, das eine *k* am Eintritte, das andere oben beim Austritte, geben die Anfangs- und Endtemperatur des Wassers an. Um die in der Zeiteinheit durchfliefsende Kühlwassermenge möglichst gleich grofs zu erhalten, sind Überfälle angeordnet, so dafs die Druckhöhe unverändert bleiben mufs. Das frische Wasser tritt aus der Wasserleitung bei *l* ein, wird durch ein Sieb *f* gereinigt und fliefst durch Rohr *g* zum Kalorimeter. Ist der Zuflufs stark genug, so bildet sich bei *h* ein Überfall mit gleichbleibendem Wasserspiegel, ebenso rechts beim Ausflusse. Das aus den Verbrennungsgasen sich niederschlagende Wasser fliefst bei *o* ab und wird in einem Mefsgefäfse gesammelt.

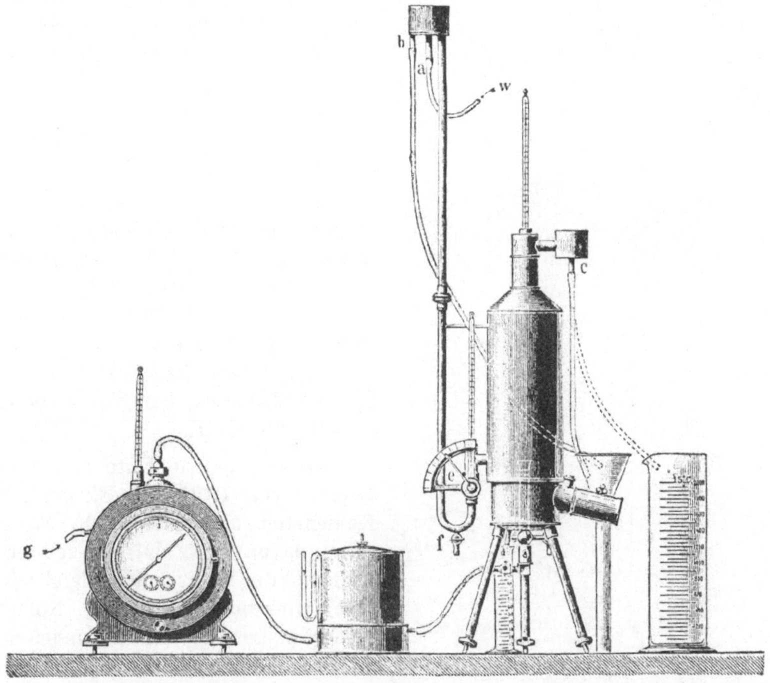

Fig. 4.

Die Anstellung eines Versuches geschieht in folgender Weise: Man läfst das Wasser durch die Vorrichtung fliefsen, entzündet das Gas, regelt mittels des Hahnes *i* den Wasserstrom und mittels der Drosselklappe bei *d* den Strom der Verbrennungsgase derart, dafs die Temperatur des auslaufenden Wassers nur noch ein wenig schwankt, die Gase aber mit der Temperatur der umgebenden Luft austreten. Hierauf liest man die Gasuhr, das Thermometer in derselben und das Barometer ab, desgleichen die Thermometer im Kalorimeter und wiederholt die Ablesungen dieser häufig in gleichen Zeitabständen, während eine bestimmte Menge Gas, z. B. 10 l, verbrennt. Aus Barometerstand, Anfangs-

und Endstand der Gasuhr und Temperatur des Gases wird dessen Menge auf 0° und 760 mm Druck umgerechnet, aus den Ablesungen der Thermometer im Kalorimeter die Mitteltemperatur des ein- und austretenden Wassers, aus dieser und der durchgeflossenen Wassermenge zuzüglich des geringen Wärmeinhaltes des verdichteten Wassers aus den Verbrennungsgasen die Verbrennungswärme des Gases bestimmt.

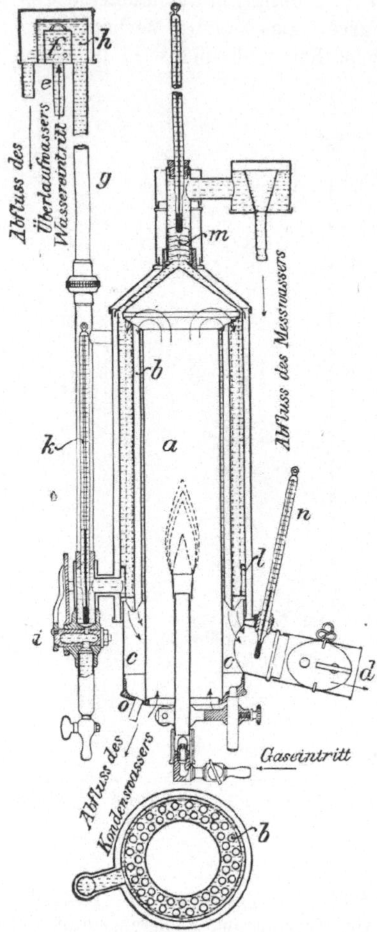

Fig. 5.

Die Ergebnisse zahlreicher Verbrennungsversuche mit den für die Wärmeentwickelung im Feuerungs- und im Hüttenwesen hauptsächlich in Betracht kommenden Elementen und chemischen Verbindungen sind in Tabelle I zusammengestellt.

Wird ein Molekül fester Kohlenstoff C_2 mit einem Moleküle Sauerstoff O_2 zu Kohlenoxyd 2 CO verbrannt, so entwickelt er 57 290 W.-E.; verbrennt dagegen ein Molekül Kohlenstoff in der Form von Kohlenoxyd 2 CO mit einem Moleküle Sauerstoff O_2 zu Kohlendioxyd 2 CO_2, so liefert er 136 640 W.-E.

Dieser grofse Unterschied im Betrage von 79 350 W.-E., auf 1 kg Kohlenstoff berechnet 3306 W.-E., rührt davon her, dafs im ersteren Falle mit der Verbrennung gleichzeitig eine Umwandelung festen Kohlenstoffes in gasförmigen verbunden ist, welche hohen Wärmeaufwand erfordert, während im letzteren Falle der Kohlenstoff bereits Gasform besitzt. Der Unterschied ist also nichts anderes als die bei der Verbrennung festen Kohlenstoffes aufzuwendende Verdampfungswärme. Wäre es möglich, Kohlenstoffdampf herzustellen, so müfste ein Molekül desselben beim Verbrennen zu Kohlendioxyd hiernach 2 . 136 640 = 273 280 W.-E. ergeben.

Ein Molekül Äthylen C_2H_4 liefert unter Bildung von Kohlendioxyd und flüssigem Wasser 338 100 W.-E.; verbrennen seine Bestandteile gesondert, so entwickeln sie:

1 Molekül gasförmiger Kohlenstoff	C_2	273 280 W.-E.
2 Moleküle Wasserstoff	H_4	138 400 „
zusammen		411 680 W.-E.,

d. h. 73 580 W.-E. mehr als die Verbindung. Der Unterschied ist die Bildungswärme des Äthylens, zu dessen Zerlegung dieselbe Wärmemenge wieder aufgewendet werden mufs.

Diese beiden beliebig zu vermehrenden Beispiele lehren uns, dafs es unzulässig ist, die Verbrennungswärme eines zusammengesetzten Brennstoffes aus den durch chemische Analyse gefundenen Mengen der Bestandteile zu berechnen, sofern man nicht seine Bildungs- und Verdampfungswärme kennt. Nichtsdestoweniger wird sehr häufig der Weg der Rechnung beschritten, um den Heizwert von Brennstoffen zu bestimmen, von denen wohl die elementare Zusammensetzung durch Analyse bekannt ist, nicht aber die nähere, d. h. nicht die chemischen Verbindungen, aus denen sie bestehen, wie von Braun- und Steinkohlen. Für diese Rechnung ist von Dulong folgende Formel aufgestellt worden:

$$W = 8080\,c + 29140\,(h - o/8) + 2220\,s - 637\,w.$$

Darin bedeuten c, h, o, s und w die im Brennstoffe enthaltenen Mengen Kohlenstoff, Wasserstoff, Sauerstoff, Schwefel und Wasser in Hundertteilen.

Von dem Sauerstoffe wird hierbei vorausgesetzt, dafs er sich bereits mit einer entsprechenden Menge Wasserstoff zu Wasser verbunden im Brennstoffe vorfinde, dafs also nur der Wasserstoffrest unter Wärmeentwickelung verbrenne; von der Summe der Verbrennungswärme des Kohlenstoffes, Wasserstoffes und Schwefels wird die Verdampfungswärme ebendieses in den Kohlen enthaltenen Wassers abgezogen.

Es mufs zugestanden werden, dafs vielfach die Abweichungen des berechneten Heizwertes von der im Kalorimeter bestimmten Verbrennungswärme nicht gröfser als einige Hundertteile sind, dafs also die Dulongsche Formel wenigstens für vorläufige Brennwertbestimmungen recht gute Dienste leistet.

Da wir oben die Wärme als Bewegungszustand erklärt haben, werden wir jetzt fragen müssen, welcher Stoffe Moleküle in diesen Zustand versetzt werden, d. h. welchen Stoffen die Wärme mitgeteilt wird. Es sind das in erster Linie die durch die Verbrennung entstehenden Verbindungen, ferner, da wir im grofsen nie mit reinem Sauerstoffe verbrennen, der in der Luft enthaltene Stickstoff und Wasserdampf, weiter diejenige Luft, welche behufs Sicherung eines raschen und vollständigen Verlaufes der Verbrennung über die zur Oxydation erforderliche Menge hinaus dem Brennstoffe zugeführt wird, und endlich die nicht verbrennenden Rückstände.

Der Wärmegrad, welchen die vorgenannten, der Erhitzung unterliegenden Stoffe bei gleichmäfsiger Verteilung der Wärme annehmen, wird die *Verbrennungstemperatur* genannt.

Diese kann sowohl durch Rechnung als durch Versuch bestimmt werden.

Zur Bestimmung durch Rechnung ist erforderlich zu wissen:

1. wieviel Wärme entwickelt wurde, die Verbrennungswärme W;
2. wie grofs die Stoffmengen sind, auf welche die Wärme sich verteilt, d. h. die Menge der einzelnen Verbrennungserzeugnisse Kohlendioxyd, Kohlenoxyd, Wasserdampf, Stickstoff, Luft u. s. w., die wir mit p', p'', p''' . . . bezeichnen wollen;
3. die spezifischen Wärmen der Verbrennungserzeugnisse c', c'', c''' . . . .

Spezifische Wärme nennen wir diejenige Wärmemenge, welche zur Erwärmung der Gewichtseinheit eines Stoffes um 1^0 erforderlich ist.

Die spezifischen Wärmen der für die Feuerungstechnik wichtigen Stoffe sind in Tabelle VI zusammengestellt.

Die Verbrennungstemperatur T ist hiernach der Quotient aus der Verbrennungswärme, geteilt durch die zur Erhitzung der gesamten Verbrennungserzeugnisse um 1^0 nötige Wärmemenge.

$$\text{I.} \qquad T = \frac{W}{p'c' + p''c'' + p'''c''' + \ldots}$$

Aus dieser Gleichung geht hervor, dafs die Verbrennungstemperatur T um so niedriger ausfallen mufs, je gröfser die Menge der zu erhitzenden Verbrennungserzeugnisse ist, und je höher deren spezifische Wärmen sind. Sparsamkeit im Luftüberschufs ist daher ein wirksames Mittel zur Erzielung hoher Temperaturen. Da ferner nur gasförmige Brennstoffe mit geringem Luftüberschusse verbrannt werden können, so sind sie allein da geeignet, wo hohe Verbrennungstemperaturen verlangt werden.

Ein anderes Mittel, denselben Zweck zu erreichen, ist die Vergröfserung der verfügbaren Wärmemenge, indem man den Brennstoff oder die Luft, am besten beide, Wärme mitbringen läfst durch Vorwärmen, und auch dazu eignen sich Gase besser als feste Brennstoffe.

Bei Aufstellung obenstehender Gleichung I ist die Voraussetzung gemacht, dafs die spezifischen Wärmen der in Betracht kommenden Stoffe in allen Temperaturen gleich hoch seien; dies ist aber nicht der Fall, weshalb wir sie dahin abändern müssen, dafs für c der der jeweiligen Temperatur entsprechende Mittelwert c_0^T eingesetzt wird.

Nach den Untersuchungen von Mallard und Le Chatelier wächst die mittlere spezifische Wärme der schwer verdichtbaren Gase Wasserstoff, Sauerstoff, Stickstoff und Kohlenoxyd gleichmäfsig mit der Temperatur, und zwar um 1,25 Hundertteile des Wertes bei 0^0 (c_0) für je 100^0 oder $\frac{1}{8000}\, c_0$ für jeden Grad.

Hiernach ist

$$c_0^T = c_0 (1 + 0{,}000125\,T).$$

Für die leicht verdichtbaren Gase Wasserdampf und Kohlendioxyd geben diese beiden Physiker weniger einfache Formeln zur Bestimmung der spezifischen Wärme bei höheren Temperaturen an; G. Stimpfl führt aber aus ihren eigenen Versuchen den Nachweis, dafs auch bei Wasserdampf und Kohlendioxyd Temperatur und spezifische Wärme in einfachem geraden Verhältnisse stehen; die Steigerung beträgt jedoch 6,5 Hundertteile von c_0 für je 100° oder $\frac{1}{1538{,}5}\,c_0$ für jeden Grad.

$$c_0^T = c_0 (1 + 0{,}00065\,T).$$

Von den Kohlenwasserstoffen wird Methan der ersten Gruppe, Äthylen und die anderen der zweiten Gruppe zugerechnet werden dürfen.

Die Gleichung für die Berechnung der Verbrennungstemperatur erhält nunmehr folgende Gestalt:

$$\text{II.} \qquad T = \frac{W}{p' c'^T_0 + p'' c''^T_0 + \ldots},$$

und durch Einsetzen der Werte für c_0^T, wenn man die Steigerungsfaktoren 0,000125 durch m und 0,00065 durch n ersetzt,

$$\text{III.} \qquad T = \frac{W}{p' c'_0 (1 + mT) + p'' c''_0 (1 + nT) + \ldots},$$

aufgelöst nach T:

$$\text{IV.} \quad T = \sqrt{\frac{W}{mp' c'_0 + np'' c''_0 + \ldots} + \left(\frac{p' c'_0 + p'' c''_0 + \ldots}{2\,(mp' c'_0 + np'' c''_0 + \ldots)}\right)^2} - \frac{p' c'_0 + p'' c''_0 + \ldots}{2\,(mp' c'_0 + np'' c''_0 + \ldots)}.$$

Diese Formel ist für die Berechnung mit Ziffern nicht bequem; einfacher gestaltet sich die Rechnung unter Benutzung der hierfür berechneten Tabellen VII und VIII, in denen die spezifischen Wärmen der zumeist in Betracht kommenden Stoffe für die Wärmegrade 0—2000° in Stufen von je 100° zusammengestellt sind.

Beispiele: 1. Kohlenstoff verbrenne mit Sauerstoff zu Kohlendioxyd.

a. Die spezifische Wärme des Kohlendioxydes wird als unveränderlich angenommen; zur Verbrennung gelange 1 Mol. Kohlenstoff.

$$T = \frac{W}{pc} = \frac{193920}{88 \cdot 0{,}2169} = 10160^{\circ}.$$

b. Die spezifische Wärme wird als veränderlich, und zwar um 0,00065 T wachsend, angenommen. Die verbrannte Kohlenstoffmenge sei 1 kg.

$$T = \sqrt{\frac{W}{pc_0 n} + \left(\frac{pc_0}{2\,pc_0 n}\right)^2} - \frac{pc_0}{2\,pc_0 n} = \sqrt{\frac{W}{pc_0 n} + \left(\frac{1}{2n}\right)^2} - \frac{1}{2n}$$

$$= \sqrt{\frac{8080}{3{,}667 \,.\, 0{,}1952 \,.\, 0{,}00065} + \left(\frac{1}{0{,}0013}\right)^2} - \frac{1}{0{,}0013} = 3469^0.$$

Dafs so hohe Temperaturen nicht erreicht werden, ist eine Folge der Dissoziation des Kohlendioxydes, welche bereits bei 1800^0 beginnt und bei 3400^0 vollständig sein dürfte. Nach Mallard und Le Chatelier ist bei 2460^0 erst 4 %, bei 2646^0 17 % und bei 3130^0 61 % dissoziiert.

2. Kohlenstoff verbrennt mit der eben ausreichenden Menge Luft zu Kohlendioxyd.

1 kg Kohlenstoff erfordert nach Tabelle V 11,501 kg Luft mit 2,667 kg Sauerstoff und 8,834 kg Stickstoff.

An Verbrennungserzeugnissen entstehen 3,67 kg Kohlendioxyd und 8,83 kg Stickstoff.

Wir nehmen schätzungsweise für T eine Zahl an, z. B. 1900^0, und finden dann in Tabelle VII und VIII für Stickstoff $c'_0{}^{1900} = 0{,}3016$, für Kohlendioxyd $c''_0{}^{1900} = 0{,}4363$.

$$\text{Dann ist:}\quad T = \frac{8080}{8{,}83 \,.\, 0{,}3016 + 3{,}67 \,.\, 0{,}4363} = 1895^0,$$

eine Zahl, die mit der Annahme so nahe zusammenfällt, dafs wir 1900^0 als Verbrennungstemperatur ansehen können.

3. Kohlenstoff (1 kg) verbrenne mit der doppelten Luftmenge = 17,789 cbm. Die Verbrennungsgase bestehen nach Tabelle V aus 1,864 cbm Kohlendioxyd, 7,030 cbm Stickstoff und 8,894 cbm Luft.

Wird $T = 1600^0$ angenommen, so findet man in Tabelle VII und VIII die spezifische Wärme für je 1 cbm Luft und Stickstoff $c'_0{}^{1600} = 0{,}3688$, für 1 cbm Kohlendioxyd $c''_0{}^{1600} = 0{,}7877$.

$$T = \frac{8080}{(7{,}030 + 8{,}894)\ 0{,}3688 + 1{,}864 \,.\, 0{,}7877} = 1100^0.$$

Die Annahme war zu hoch, und wir gehen herab auf 1300^0.

$$T = \frac{8080}{15{,}924 \,.\, 0{,}3572 + 1{,}864 \,.\, 0{,}7124} = 1150^0,$$ was der Annahme noch nicht genügend nahe liegt.

Schätzen wir nun T zu 1175^0, so finden wir:

$$T = \frac{8080}{15{,}924 \,.\, 0{,}3524 + 1{,}864 \,.\, 0{,}6810} = 1174^0.$$

4. Kohlenstoff (1 kg) verbrenne wie im Hochofen mit der theoretisch zureichenden Luftmenge zu Kohlenoxyd.

Erforderlich sind 4,447 cbm Luft, welche 0,932 cbm Sauerstoff und 3,515 cbm Stickstoff enthalten; gebildet werden 1,864 cbm Kohlenoxyd.

a. Im Falle Kohlenstoff und Luft vor der Verbrennung die Temperatur 0^0 besäfsen, ergäbe sich eine theoretische Verbrennungstemperatur von 1250^0.

b. Der Kohlenstoff hat aber, da er von den Verbrennungserzeugnissen bespült worden ist, die Verbrennungstemperatur; der Wind habe 0^0.

Der Kohlenstoff, mit der mittleren spezifischen Wärme 0,355 + 0,00006 t (nach Violle), bringt mit: 1 (0,355 + 0,00006 T) T W.-E.

Setzen wir T versuchsweise = 1500^0, so erhalten wir mit Hilfe der Tabelle VII

$$T = \frac{2387 + 1\,(0{,}355 + 0{,}00006\,.\,1500)\,1500}{(1{,}864 + 3{,}515)\,.\,0{,}3649} = \frac{2387 + 668}{5{,}379\,.\,0{,}3649} = \frac{3055}{1{,}963} = 1556^0.$$

Führen wir eine dem für T gefundenen Werte nahekommende Zahl, z. B. 1570^0, ein, so ergiebt sich:

$$T = \frac{2387 + 705}{5{,}379\,.\,0{,}3676} = \frac{3092}{1{,}977} = 1564^0$$

c. Der Wind sei auf 700^0 erhitzt und bringe infolge dessen mit: 4,447 . 0,3341 . 700 = 1040 W.-E.

Schätzen wir T zu 2000^0, so erhalten wir:

$$T = \frac{2387 + 0{,}475\,.\,2000 + 1040}{5{,}379\,.\,0{,}3841} = \frac{4377}{2{,}066} = 2120^0.$$

Unsere Schätzung war zu niedrig.

Führen wir nun 2120^0 als Temperatur des Kohlenstoffes ein, so wird

$$T = \frac{2387 + 0{,}482\,.\,2120 + 1040}{5{,}379\,.\,0{,}3887} = \frac{4449}{2{,}091} = 2128^0.$$

Diese Beispiele zeigen deutlich, wie sehr die Verbrennungstemperatur durch Luftüberschufs herabgedrückt, durch Vorwärmung von Brennstoff und Luft aber erhöht wird.

Das Messen von Temperaturen ist einfach und leicht ausführbar, solange die Hitzegrade wenige hundert Grad nicht übersteigen und nicht besonders hohe Ansprüche an die Genauigkeit der Messung gestellt werden. Man bedient sich dazu meist des Quecksilberthermometers. Wesentlich schwieriger ist es schon, Messungen bis 1000^0 auszuführen; in besonderem Mafse aber häufen sich die Schwierigkeiten, wenn diese Temperatur beträchtlich überschritten wird.

Die zahlreichen zum Zwecke der Temperaturbestimmung ersonnenen Vorrichtungen zerfallen in zwei Gruppen: in Hitzezeiger oder Pyroskope, das sind Körper, mit deren Hilfe man erkennt, ob ein gewisser Wärmegrad erreicht worden ist oder nicht, nicht aber, wieviel die Temperatur diejenige überschreitet oder hinter ihr zurückbleibt, bei welcher das Kennzeichen eintritt, und in Hitzemesser oder Pyrometer, das sind Instrumente zum Messen der Temperatur nach einem der üblichen Mafse (Grade Celsius, Réaumur oder Fahrenheit).

Zu ersteren verwendet man seit langer Zeit Metalle und Legierungen, die durch Schmelzen das Anzeichen geben. Die Legierungen werden nach dem Physiker, der sie zuerst anwandte, Prinsepsche Legierungen genannt. Die geringe Zahl der damit anzuzeigenden Temperaturstufen, die Veränderlichkeit der Schmelztemperatur der Metalle bei Hinzutritt selbst kleiner Mengen Fremdkörper, die Neigung vieler Legierungen zum Saigern, d. i. ein tropfenweises Ausfliefsen (Sickern) leichterschmelzbarer Teile unterhalb des Schmelzpunktes, wodurch dieser für den Rest wesentlich verrückt werden kann, sowie endlich der hohe Preis der Edelmetalllegierungen sind Veranlassung geworden, dafs Seger zur Bestimmung der Hitze in Porzellan- und anderen mit sehr hohen Temperaturen arbeitenden Öfen durch Mischen von Feldspat, Kaolin, Quarz und Marmor nach bestimmten Molekularverhältnissen und Formen zu spitzen dreiseitigen Pyramiden mit Erfolg sogenannte Normalkegel hergestellt hat, die oberhalb **1130°** schmelzen. Durch Zusatz von Bortrioxyd hat Cramer dann ebensolche Kegel auch für mittelhohe Temperaturen (960—1130°) angefertigt. Diese Pyroskope sind in den Tabellen IX und X zusammengestellt.

Die Pyrometer gründen sich meist auf folgende physikalischen Erscheinungen:

1. Ausdehnung starrer, flüssiger und gasförmiger Körper;
2. Druckänderung abgesperrter Gase und Dämpfe;
3. Verteilung der Wärme erhitzter Körper auf andere;
4. Änderung des elektrischen Leitungswiderstandes;
5. Erzeugung von elektrischen Strömen;
6. Lichtwirkungen;
7. Schallwirkungen.

Zu 1. Instrumente, welche auf der Messung von Längenänderungen starrer Körper beruhen, sind zwar schon alt, in grofser Zahl konstruiert, aber sämtlich unvollkommen, da die Körper sowohl durch langandauernde Erhitzung auf weniger hohe Temperaturen als durch einmalige Überschreitung der Glühhitze bleibende Ausdehnung erfahren, ja sogar die Ausdehnungskoeffizienten selbst sich ändern. Sie waren trotz ihrer Mängel wegen der äufserst bequemen Handhabung früher sehr verbreitet, besonders in den Formen von Gauntlett (zur Messung gelangt der Ausdehnungsunterschied von Eisen- und Kupferbezw. Messingstäben) und Schäffer & Budenberg (eine aus zwei aufeinandergenieteten Streifen beider Metalle gebildete Spirale streckt sich bezw. rollt sich zusammen); auch das Graphitpyrometer von Steinle & Hartung (Graphitstab in Eisenrohr) hat vorübergehend, meist aber nur als Pyroskop, vielfache Anwendung gefunden.

Die Ausdehnung von Flüssigkeiten bildet die Grundlage der kurzweg Thermometer genannten Instrumente, von denen für höhere

Temperaturen allein das Quecksilberthermometer aus schwer schmelzbarem Jenaer Normalglas und mit Kohlensäurefüllung über dem Quecksilberspiegel in Betracht kommen kann. Es ist bis 550° verwendbar.

Zu sehr genauen Messungen und zur Eichung aller anderen Temperaturmesser dient das Luftthermometer, jedoch nicht in einer Ausführung, bei welcher die Ausdehnung des Gasinhaltes bestimmt wird. Letztere Einrichtung zeigt das Pyrometer von Siegert & Dürr, welches mit deren Zugmesser so vollkommen übereinstimmt, daſs auf die Beschreibung dieses letzteren (s. unter „Untersuchung der Feuerungen") verwiesen werden kann.

Zu 2. Vollkommener und verbreiteter sind Luftthermometer, mit denen die Spannungszunahme des abgesperrten Gases bestimmt wird. Die von den Physikern gebrauchten Instrumente sind so zerbrechlich und so schwierig zu handhaben, daſs sie gewerbliche Verwendung nicht gefunden haben. Von Wiborgh wurden aber in jüngerer Zeit zwei Formen angegeben, die ihrer Handlichkeit wegen auf Hüttenwerken vielfach Eingang fanden.

Wird der ganze Gasinhalt V eines Thermometergefäſses abgesperrt und auf die zu messende Temperatur gebracht, so steigt die Spannung für je 273° um 1 Atmosphäre; das ergiebt bei 1100° schon eine Quecksilbersäule von 3 m Höhe und eine zu gewerblicher Verwendung untaugliche Vorrichtung. Wiborgh half diesem Übelstande dadurch ab, daſs er nur soviel Luft, als einem Bruchteile des Gefäſsinhaltes entspricht, z. B. 0,1 V, der Erhitzung unterwirft; dann vermindert sich auch die Höhe der Quecksilbersäule auf diesen Bruchteil der Höhe, bei 1100° also auf etwa 300 mm. Zur Erläuterung der Grundlagen des Instrumentes diene die Skizze Fig. 6. Es bezeichnet V das Thermometergefäſs, welches durch ein Haarrohr mit dem Manometer M und durch den Hahn D mit der Atmosphäre in Verbindung steht. K ist ein Kautschukbeutel, welcher Quecksilber enthält und es beim Zusammengedrücktwerden in das Manometer aufsteigen läſst. Der linke Schenkel des Manometerrohres trägt eine Teilung; der Inhalt des Rohrstückes mm' sei V'. Drückt man K zusammen, so steigt das Quecksilber in

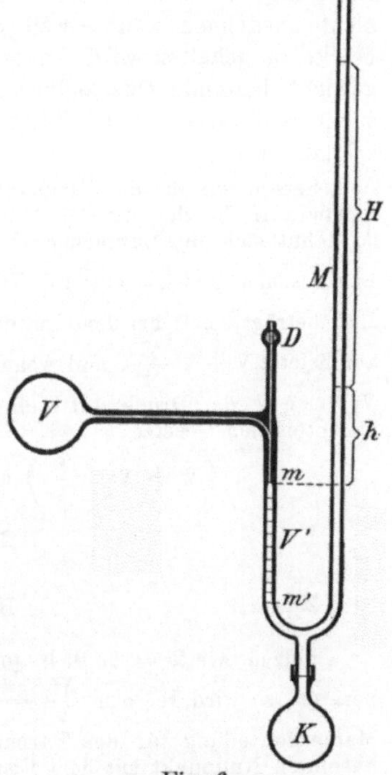

Fig. 6.

beiden Manometerschenkeln gleich hoch; hat es die Marke *m'* erreicht, und man schliefst Hahn *D*, so wird bei weiterem Aufsteigen des Quecksilbers die Luft aus *V'* nach *V* gedrängt, das Volumen V + V' auf V vermindert, die Spannung dagegen von p = 1 Atmosphäre auf p' vermehrt. Der Inhalt des Haarrohres ist so klein, dafs er vernachlässigt werden kann.

Diese Spannungszunahme kommt durch Aufsteigen des Quecksilbers um die Strecke *h* im rechten Manometerschenkel zum Ausdrucke. Da bisher die Temperatur unverändert geblieben ist, so giebt das obere Ende von *h* den Nullpunkt an, von dem aus der Spannungszuwachs infolge Temperaturerhöhung zu messen ist.

Wird das Thermometergefäfs *V* der zu messenden Temperatur *T* ausgesetzt, so dehnt sich die Luft aus und entweicht durch den geöffneten Hahn *D*; *V* enthält also jetzt Luft von der Temperatur *T* und von atmosphärischer Spannung. Schliefst man nun *D* und drängt die Luftmenge *V'* nach *V*, so wird auch diese erhitzt; da sie sich aber nicht ausdehnen kann, weil durch Druck auf *K* das Quecksilber auf Marke *m* gehalten wird, so wächst die Spannung und die ihr das Gleichgewicht haltende Quecksilbersäule um *H* über *h* hinaus. Von *H* kann somit rückwärts auf die Temperatur geschlossen werden, auf welche *V'* erhitzt wurde.

Setzen wir für die Temperatur der äufseren Luft t und die zu messende Temperatur T die um 273° höheren absoluten Temperaturen $\mathfrak{t}$ und $\mathfrak{T}$, so dehnt sich die Luftmenge V' beim Erwärmen von $\mathfrak{t}$ auf $\mathfrak{T}$ nach dem Gay-Lussacschen Gesetze aus auf $V'\frac{\mathfrak{T}}{\mathfrak{t}}$. Das Gesamtvolumen der abgeschlossenen Luft beträgt somit bei dem Luftdrucke h nach der angenommenen Erwärmung auf $\mathfrak{T}$ jetzt $V + V'\frac{\mathfrak{T}}{\mathfrak{t}}$, und wenn behufs Zusammendrückens desselben auf das Volumen V der Druck auf h + H zu steigern ist, so ergiebt sich nach dem Mariotteschen Gesetze

$$\left(V + V' \cdot \frac{\mathfrak{T}}{\mathfrak{t}}\right) h = V (h + H) \text{ oder:}$$

1. $$\mathfrak{T} = \mathfrak{t} \cdot \frac{V\,H}{V'\,h}.$$

2. $$H = h\,\frac{V'}{V} \cdot \frac{\mathfrak{T}}{\mathfrak{t}}.$$

Setzen wir $\mathfrak{T} = \mathfrak{t}$, d. h. pressen wir V' nach V bei gewöhnlicher Temperatur, so wird $H = h\,\frac{V'}{V} = h_0$, giebt also die Lage des Nullpunktes der Manometerteilung für den Barometerstand h an. Vertauschen wir ferner den absoluten Nullpunkt mit dem Eispunkt und setzen für $\mathfrak{T} = 1 + \alpha T$, für $\mathfrak{t} = 1 + \alpha t$,

so erhalten wir $H = h\,\frac{V'}{V} \cdot \frac{1 + \alpha T}{1 + \alpha t}$ und

3. $$T = \frac{H\,V - h\,V'}{h\,V'\,\alpha} + \frac{H}{h\,\frac{V'}{V}}\,t.$$

In Gleichung 3 ist nun das erste Glied jene Temperatur, welche an der Teilung abzulesen ist und mit T′ bezeichnet werden soll, wogegen das zweite Glied eine Berichtigung der Ablesung darstellt und T″ heifsen möge. Durch Einsetzen des Wertes von h_0 für $\frac{V'}{V}$ h in die Gleichung bei T″ erhalten wir:

$$4. \qquad T'' = \frac{H}{h_0} t,$$

d. h. zu der an der Teilung abgelesenen Temperatur ist noch das Produkt aus der Lufttemperatur t und dem Verhältnisse des Manometerstandes H zu der dem Nullpunkte entsprechenden Quecksilbersäule h zu addieren.

$\frac{H}{h_0}$ ist aber $= 1 + \alpha T'$, so dafs sich dieser zweite Faktor leicht berechnen und für den Gebrauch zu einer Tabelle zusammenstellen läfst. (Tabelle XI.)

Das Verhältnis $\frac{H}{h_0}$ kann auch mittels einer eigenen Teilung am Manometerrohre selbst abgelesen werden, doch ist es dann nicht möglich, die Abhängigkeit der Gröfse h_0 von dem Barometerstande zu berücksichtigen. Für praktische Zwecke ist aber auch dieses Verfahren ausreichend genau.

Für den praktischen Gebrauch hat das Instrument folgende Einrichtung erhalten: Das etwa 80 cm lange und 2 cm dicke Porzellanrohr *A* (Fig. 7 und 8) enthält an einem Ende das ungefähr 12 ccm fassende Luftgefäfs *V*, in der übrigen Länge ein nur 0,5 mm weites Haarrohr und ist am Ende in eine durchbohrte, mit Schraubengewinde und einem cylindrischen Zapfen versehene Messingfassung eingekittet, mit welcher es durch Überwurfmutter an dem Manometer *M* befestigt werden kann. Die Dichtung zwischen beiden Teilen wird mittels eines durchbohrten Bleiplättchens hergestellt. Den Anfang des Manometers bildet auch ein Haarröhrchen von Glas, das sich aber bei *m* auf etwa 10 mm Länge zu einem 1,5 bis 2 mm weiten Rohre, dann zu einer gröfseren, etwa 0,1 V fassenden Ausbauchung erweitert, die zur Aufnahme der Luftmenge V′ bestimmt ist. Bei *m′* mündet das 2 mm weite Manometerrohr *B* ein, und am unteren Ende ist einerseits das Ganze durch einen mittels Schraubenquetschhahnes verschliefsbaren Gummischlauch an den Quecksilberbehälter *Q* mit Kolben *K* angeschlossen, andererseits ein Kugelrohr *B′* angeschmolzen, dessen Marke *n* zur Auffindung des Nullpunktes dient. In dem an der Vorderseite mit Glasscheibe verschlossenen Metallkasten zur Aufnahme der Glasteile befindet sich noch ein Thermometer *S*; obenauf ist eine, den mittels Knopfes drehbaren Skalencylinder einschliefsende Blechhülse angebracht. Der Skalencylinder trägt fünf Teilungen, entsprechend den Barometerständen 730, 745, 760, 775 und 790 mm, die sowohl in verschiedener Höhe beginnen als verschiedene Mafse haben. Die entsprechenden Punkte der fünf Teilungen sind durch schräg verlaufende gerade Linien verbunden, so dafs Ablesungen auch bei zwischenliegenden Luftdrücken erfolgen können, wenn man nur den Cylinder so dreht, dafs der dem jeweiligen Barometerstand entsprechende Nullpunkt an *B* zu liegen kommt.

Behufs Berechnung und Aufzeichnung der Einteilung bestimmt man zuerst den Nullpunkt, indem man das Rohr *A* mit dem Manometer *M* verbindet und durch Niederschrauben des Kolbens *K* das Quecksilber bis *m* in die Höhe, also auch die Luftmenge V′ nach *V* drückt. Das Quecksilber steigt dadurch sowohl in *B* als in *B′* auf; beide Quecksilberstände werden bezeichnet, in *B′* mit der Marke *n*, in *B* mit 0. Aus dem z. Z. herrschenden Luft-

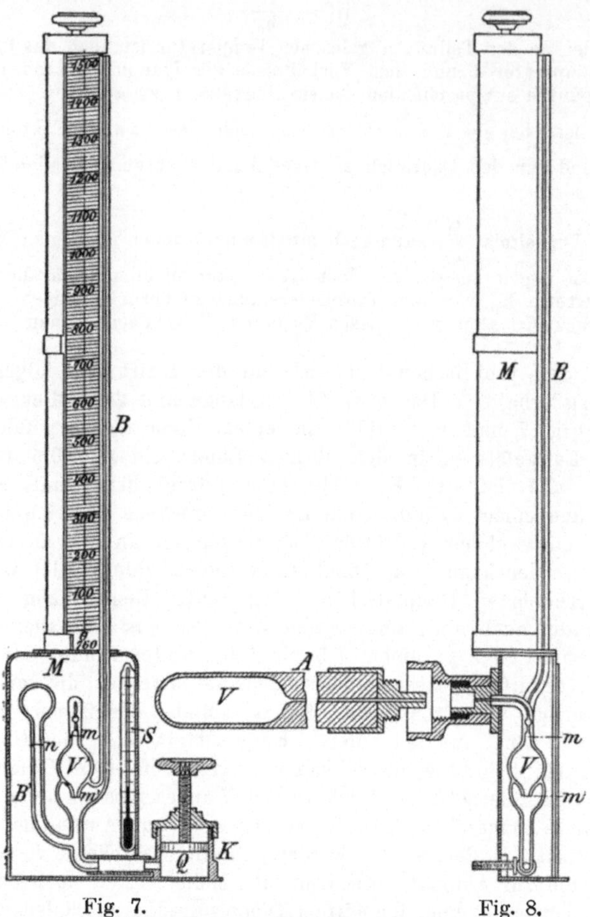

Fig. 7. Fig. 8.

drucke *b* und dem Überdrucke in *V*, entsprechend der Höhe $m\,0 = \mathrm{h}$, läſst sich nach dem Mariotteschen Gesetze sowohl das Verhältnis $\frac{\mathrm{V}}{\mathrm{V'}}$ als die Lage des Nullpunktes für jeden beliebigen anderen Barometerstand berechnen, desgleichen aus $\frac{\mathrm{V}}{\mathrm{V'}}$ und h die Höhe H, bis zu welcher das Quecksilber in *B* aufsteigen muſs, wenn die Luft in *V* auf eine bestimmte Temperatur gebracht wird. Die Strecke 0H wird dann in entsprechende Temperaturabschnitte, z.B. von je 10°, geteilt.

Die Handhabung des Instrumentes geschieht wie folgt: Man verbindet *A* mit *M* luftdicht, bringt das Quecksilber zum Aufsteigen bis *m* und dreht den Cylinder mit den Teilungen so, daſs die Nulllinie durch die Quecksilberkuppe in *B* geht. Man erfährt so ohne Ablesung eines Barometers, welcher Luftdruck gerade herrscht, und welche Einteilung zu benutzen ist. Dann läſst man das Quecksilber wieder bis unter die Abzweigstelle von *B'* sinken, bringt das Porzellanrohr in den Raum, dessen Temperatur gemessen werden soll, läſst es diese annehmen und drückt nun das Quecksilber bis *m* hinauf; gleichzeitig steigt dieses in *B* bis zu den entsprechenden Teilungslinien, und man liest ab. Der gefundene Wert T' ist noch zu berichtigen durch Hinzufügen des Betrages T'', welchen man erhält durch Multiplikation der vom Thermometer abzulesenden Auſsentemperatur *A* mit dem von T' abhängigen Verhältnisse $\frac{H}{h_0}$, das man entweder in Tabelle XI aufsuchen oder mit etwas geringerer Genauigkeit vom Manometer *B* ablesen kann, auf welchem Vielfache von h_0 (allerdings nur für einen Barometerstand, z. B. 760 mm) aufgetragen sind.

Die gesuchte Temperatur T ist dann T' + T''.

Befindet sich das Porzellanrohr *A* dauernd in einem erhitzten Raume, so daſs die Bestimmung des jeweiligen Nullpunktes nicht auf die beschriebene Weise erfolgen kann, so bedient man sich des Rohres *B'* mit der Marke *n*, indem man das Quecksilber bis zu dieser aufsteigen läſst und die Nulllinie auf die Quecksilberkuppe in *B* einstellt.

Nachstehende Vorsichtsmaſsregeln sind zu beobachten:

1. Das Quecksilber darf nie höher als bis zur Marke *m* emporgetrieben werden, weil sonst etwas davon in das Porzellanrohr eintreten könnte, was eine Beeinflussung der Messungen durch den Druck des Quecksilberdampfes zur Folge hätte.

2. Nach jeder Beobachtung ist das Quecksilber sofort bis unter die Einmündung der Röhre *B'* herunterzulassen, damit weder *A* noch *B'* dauernd unter Druck stehen.

3. Beobachtungen sind zu unterlassen, solange das Porzellanrohr raschen Temperaturänderungen unterliegt.

4. Bei genauen Messungen ist mit dem Ablesen 15 bis 30 Sekunden zu warten, während man die Quecksilbersäule beständig auf der Marke *m* erhält.

Beispiel: Man habe abgelesen: $T' = 670^0$, $t = 20^0$; dann ist $T'' = \frac{H}{h_0} \,.\, t = 3{,}46 \,.\, 20 = 79{,}2^0$ und folglich $T = T' + T'' = 749{,}2^0$.

Neue Form mit Metallmanometer. Die Zerbrechlichkeit des gläsernen Manometers und die nicht gut zu vermeidende Verunreinigung des Quecksilbers durch Staub veranlaſsten Wiborgh, seinem

Instrumente eine teilweise andere Gestalt zu geben. In Fig. 9 bedeutet *A* wieder das Porzellanrohr mit dem Luftgefäſse *V*; dagegen ist *V'* jetzt ein sehr elastisches, vollständig zusammendrückbares Blechgefäſs von Linsenform, das durch Haarröhren einerseits mit *V*, andererseits mit der Atmosphäre in Verbindung steht. Auf der Oberseite trägt *V'* eine Metallplatte *a* mit durchbohrtem cylindrischen Zapfen *c*. Auf die

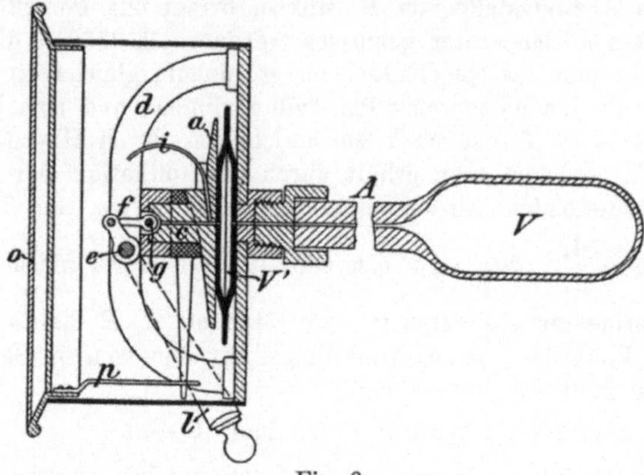

Fig. 9.

Bodenplatte der das Manometer umschlieſsenden Metalldose ist ein Eisenbügel *d* geschraubt, welcher die Welle *e* trägt, mit deren Hilfe *V'* zusammengepreſst werden kann. Dazu besitzt *e* einen kurzen Hebelarm *f*, der den kugelförmigen Stopfen *g* auf *c* drückt, das Haarröhrchen verschlieſst und gleichzeitig mittels *c* und *a* die Wände von *V'* so aufeinander preſst, daſs der Luftinhalt nach *V* übertreten muſs.

Für die Druckmessung ist das Zapfenhaarrohr durch eine feine Bleiröhre *i* mit einer in Fig. 10 punktiert gezeichneten Manometerfeder verbunden, deren Streckung mit Hilfe des Zeigerwerkes sichtbar wird.

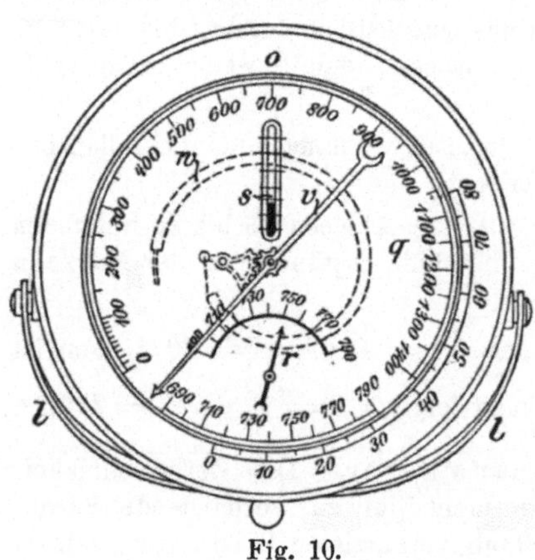

Fig. 10.

Die Zapfen der Welle *e* sind in der Dosenwand gelagert; die Drehung von *e* erfolgt mit dem Bügel *l*, der beim Nichtgebrauch durch eine Feder abwärts gedrückt wird, so daſs *V'* gewölbt und mit der Auſsenluft in Verbindung bleibt. Die Möglichkeit, *V'* verschieden weit zusammenzudrücken, also mehr oder weniger Luft nach *V* hinüberzutreiben, bietet ein Hilfsmittel dar, um die Einflüsse des Luftdruckes und der Auſsentemperatur auszugleichen. Ist die

Temperaturskala für t = 0^0 und b = 760 mm aufgezeichnet, während bei einer Messung die Aufsentemperatur $t_1{}^0$ beträgt, so hat man nur eine entsprechend gröfsere Luftmenge, nämlich V′ $(1 + \alpha t_1)$, nach *V* hinüberzutreiben, um dieselben Angaben zu erhalten, als wenn t = 0^0 wäre. Umgekehrt wirkt der Luftdruck b; je höher dieser ist, desto kleiner mufs die aus *V′* nach *V* zu befördernde Luftmenge sein. b und t stehen, wie leicht einzusehen ist, in einem einfachen Wechselverhältnis, und zwar so, dafs einer Zunahme von t um 30^0 eine Abnahme von b um 75 mm entspricht.

Um nun *V′* verschieden stark zusammenpressen zu können, ist zwischen den Bügelaufsatz *k* und den mit einer Schraubenfläche versehenen Zapfen *c* ein nach oben eben, nach unten gleichfalls schraubenförmig gestalteter Ring mit Finger eingeschaltet. Dreht man den Ring, so hebt oder senkt sich Platte *a* und regelt den Luftinhalt von *V′*. Die Drehung erfolgt mittels des Dosendeckels *o* und des an ihm befestigten Stiftes *p*. An der Zeigertafel *q*, die am Bügel *d* befestigt, in Fig. 9 aber nicht gezeichnet ist, befindet sich die Temperatureinteilung des Instrumentes, sowie eine kleine Teilung zur Berücksichtigung des Luftdruckes, ferner die Teilung für ein kleines Aneroïdbarometer *r* und ein Thermometer *s*. Auch auf dem beweglichen Ringe des Dosendeckels *o* ist eine Teilung, und zwar zur Bemessung der Luftmenge nach der Aufsentemperatur t, angebracht; diese ist so geteilt, dafs, wenn man *o* um ein Stück dreht, welches dem Abstande 0 bis t^0 entspricht, sich der Inhalt von V auf V′ $(1 + \alpha t)$ vergröfsert. Um also das Instrument richtig einzustellen, braucht man *o* nur so zu drehen, dafs die Zahlen an der Temperatur- und an der Luftdruckteilung, welche den am Thermometer *s* und am Barometer *r* abgelesenen Werten t und b entsprechen, genau untereinander fallen; dann giebt der grofse Zeiger *v* unmittelbar die richtige Temperatur T an.

Um eine Messung auszuführen, dreht man zunächst den Deckel *o* in die richtige Lage, drückt dann den Knopf des Bügels *l* so weit empor, als es angeht, und hält ihn fest, bis *v* stillsteht. Dadurch wird mit *g* das Haarrohr geschlossen, mit *a* das Gefäfs *V′* zusammengedrückt, die Luft nach *V* gepreſst, wo sie sich erhitzt und ihre Spannung am Manometer *w* durch Bewegung des Zeigers *v* sichtbar macht. Nach dem Ablesen läfst man den Knopf los; dieser springt zurück, das Haarrohr öffnet sich, und *v* kehrt in die Anfangsstellung zurück. Die Beobachtung dauert nur wenige Augenblicke.

Hierher gehört weiter das Thalpotasimeter von Klinghammer.

Setzt man in einem fest verschlossenen Gefäfs eine Flüssigkeit Temperaturen aus, die ihren Siedepunkt übersteigen, so erlangt der am Entweichen verhinderte Dampf Spannungen, die mit der Temperatur, aber in viel höherem Grade, steigen und fallen. Der Zusammenhang zwischen Temperatur und Spannung der Dämpfe ist für die in Betracht kommenden Flüssigkeiten genau ermittelt; man kann also aus dem an einem Manometer abzulesenden Drucke die Temperatur von Dampf und Flüssigkeit bestimmen.

Das genannte Instrument (Fig. 11) besteht aus einem starkwandigen schmiedeeisernen Rohr *a* und einem Röhrenfeder-Manometer *b*, dessen Feder durch den Dampfdruck eine Streckung erleidet und somit durch die Zugstange *c* und den Hebel mit Zahnbogen *d* den mit dem Getriebe *e* festverbundenen Zeiger *f* über die Einteilung hinführt. Das Zeigerwerk ist von dem gufseisernen Schutzgehäuse *g* umgeben. Beim Gebrauche wird das Rohr *a* bis zu dem kegeligen Ansatze der zu messenden Temperatur ausgesetzt. Erreicht diese Glühhitze, so mufs das Rohr *a* zum Schutze gegen Oxydation von einem zweiten umgeben werden; den Zwischenraum erfüllt flüssiges Blei.

Wegen der raschen Zunahme der Dampfspannungen sind die Thalpotasimeter nur unterhalb gewisser Grenzen ohne Gefahr der Explosion zu gebrauchen; die mit Quecksilber gefüllten z. B. höchstens bis 750°.

Zu 3. Das dritte Verfahren beruht auf der Messung von Wärmemengen, weshalb auch die dazu verwendeten Instrumente Kalorimeter

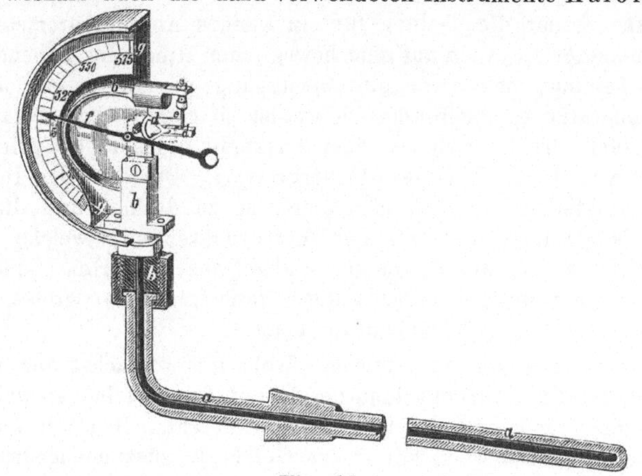

Fig. 11.

genannt werden. Wohl ausnahmlos setzt man Metallkörper der zu messenden Temperatur aus, da sie ihrer hohen Leitungsfähigkeit wegen die Wärme rasch aufnehmen und sich gleichmäfsig erhitzen; übertragen wird die Wärme auf Wasser, dessen hohe spezifische Wärme und grofse Leitungsfähigkeit es geeignet macht, erhebliche Wärmemengen ebenfalls rasch aufzunehmen, ohne selbst heifs zu werden.

Zu gewerblicher Verwendung bestimmte Kalorimeter haben gewöhnlich die von W. Siemens gewählte Gestalt eines doppelwandigen Cylinders aus Kupfer oder aus Kupfer und Holz, mit abgeschlossener Luftschicht oder einer Füllung von Federn, Baumwolle, Asbest und ähnlichen schlechtleitenden Stoffen zwischen beiden Wänden zum Schutze gegen Wärmeverluste.

Aus der spezifischen Wärme c und dem Gewichte p des erhitzten Metallkörpers, aus der spezifischen Wärme und der Menge w des Wassers sowie dessen Temperatur vor und nach dem Versuche t und t_1 könnte, da die von dem Metalle abgegebene Wärmemenge gleich sein mufs der vom Wasser aufgenommenen, die gesuchte Temperatur T leicht nach folgenden einfachen Gleichungen

$$pc \,.\, T' = w\,(t_1 - t) \text{ und}$$
$$T = T' + t_1$$

berechnet werden, wenn nicht c mit der Temperatur wüchse und der Wasserbehälter nebst Zubehör ebenfalls Wärme aufnähme. Dem letzteren Umstande kann leicht dadurch Rechnung getragen werden, dafs man durch Versuch die in das Instrument übergehende Wärmemenge bestimmt und den Wasserinhalt entsprechend vermindert. Schwieriger ist die Berücksichtigung der Veränderlichkeit von c, weil dieselbe nicht so einfachen Gesetzen folgt, als dafs sie in der Gleichung Ausdruck finden könnte; läfst man sie dagegen unbeachtet, so werden die Ergebnisse der Messung zu hoch. Man berechnet deshalb zweckmäfsig Tabellen, aus denen die Wärmemengen zu entnehmen sind, welche 1 kg des in Anwendung gebrachten Metalles an das Wasser abgiebt, wenn es um eine gewisse Anzahl Grade abgekühlt wird.

Siemens verwendete mehrfach durchbohrte Kupfercylinder zur Aufnahme der Wärme und bemafs deren Gewicht so, dafs für je 50° Abkühlung des Bolzens der Kalorimeterinhalt um 1° erwärmt wurde. Der niedrige Schmelzpunkt des Kupfers und mangelnde Kenntnis der Gesetze über die Veränderung seiner spezifischen Wärme führten zur Verwendung von Platin-, Eisen- oder Nickelcylindern; der hohe Preis und die Möglichkeit des Verlustes läfst von der Anwendung ersteren Metalles in der Regel absehen. Tabelle XII bezieht sich deshalb nur auf Eisen und Nickel.

Fig. 12 zeigt ein dem Siemensschen nachgebildetes leichteres Kalorimeter. Der Cylinder *a* von sehr dünnem Kupferbleche ruht mit seinem Rand auf dem der Holzbüchse *b* und wird durch den mit Haken befestigten Messingdeckel *d* geschlossen. Der Raum *c* ist mit Asbest oder einem anderen die Wärme schlecht leitenden Stoff ausgestopft. Durch die kleinere Durchbohrung von *d* wird das in einem Korke festsitzende und von einem Schutz-

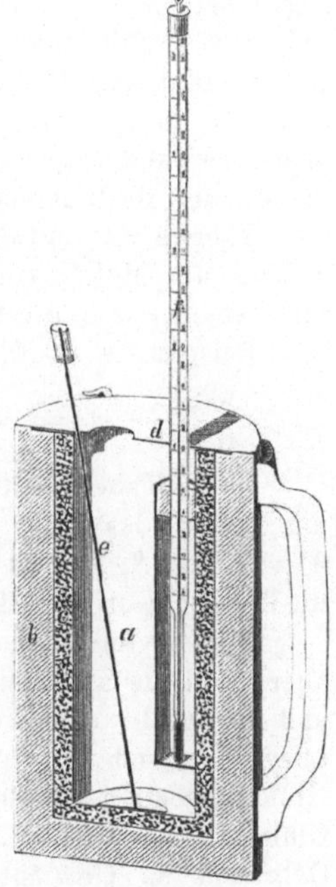

Fig. 12.

blech umgebene, in $^1/_{10}{}^0$ geteilte Thermometer *f* eingeführt; die gröfsere Öffnung dient zum Einwerfen der innerhalb einer Eisenkaspel *g* der zu messenden Temperatur ausgesetzt gewesenen, dreifach durchbohrten Cylinder *h* (Fig. 13). Der Draht *e* trägt oben einen gläsernen Handgriff, unten ein Blechscheibchen und dient zum Durchrühren des Wassers behufs rascherer Temperaturausgleichung.

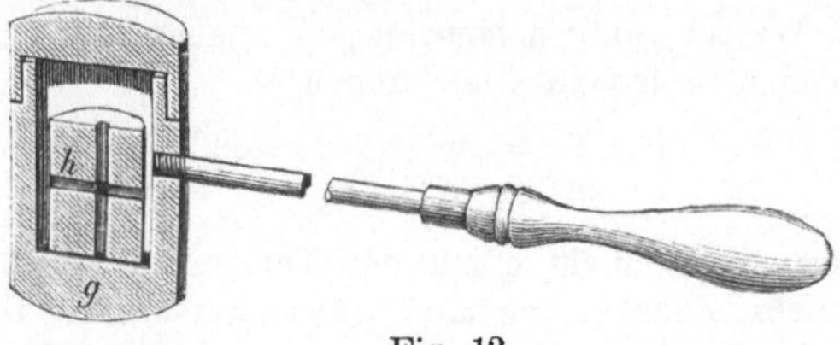

Fig. 13.

Das Gefäfs ist für die Aufnahme von 250 ccm Wasser berechnet. Versuche ergeben beispielsweise, dafs die Gefäfswände, das Thermometer und der Rührer zusammen ebensoviel Wärme aufnehmen, wie 3,7 g Wasser; wir werden deshalb, um für die nachfolgende Rechnung bequeme Zahlen zu erhalten, nur 250 — 3,7 = 246,3 ccm Wasser in einem enghalsigen Glaskolben abmessen und eingiefsen. Dann nimmt das gefüllte Instrument genau soviel Wärme auf, wie 0,250 kg Wasser; man sagt, sein Wasserwert w sei 0,250 kg. Als Gewicht des Metallcylinders wählt man ebenfalls zweckmäfsig eine runde Zahl, z. B. p = 0,020 kg. Die Anfangstemperatur des Wassers ist so zu bemessen, dafs die Endtemperatur 40° möglichst nicht erreicht, weil sonst die sich entwickelnde geringe Menge Wasserdampf eine schon mefsbare Wärmemenge der Bestimmung entzieht.

Tabelle XII enthält in der ersten Spalte die Anzahl Grade T′, um welche der Metallcylinder im Wasser abgekühlt wird, in der zweiten und dritten Spalte die Wärmemengen, welche 1 kg erhitztes Metall abgiebt.

Beispiel: w = 0,250 kg, p = 0,020 kg Nickel; $t = 8^0$, $t_1 = 20^0$.

$$\frac{w}{p}(t_1 - t) = \frac{0{,}250\ (20 - 8)}{0{,}020} = \frac{50\,.\,12}{4} = 150 \text{ W.-E.}$$

In der Tabelle entsprechen 149,49 W.-E. einer Abkühlung des Bolzens um 1060°, das Mehr von 0,51 W.-E. einer solchen von 3°; daher ist T′ = 1063°; hierzu die Endtemperatur des Wassers mit 20° ergiebt die Temperatur des Bolzens T = 1083°.

Nickelcylinder haben den Vorzug, sich wenig zu oxydieren, sind aber, weil sie aus sehr reinem Metalle hergestellt werden müssen, teuer und im Falle des Verlustes nicht sofort zu ersetzen; Eisencylinder überziehen sich in hohen Temperaturen leichter mit einer merklich dicken Glühspanschicht, welche die Genauigkeit etwas vermindert. Da der Glühspan im Wasser abfällt, verlieren die Cylinder durch wiederholten Gebrauch an Gewicht und müssen öfter nachgewogen oder erneuert werden; sie sind aber billig und überall leicht zu ersetzen.

Zu 4. Wird ein Elektrizitätsleiter erhitzt, so erhöht sich sein Leitungswiderstand; ist die Beziehung zwischen Temperatur und Widerstand bekannt, so kann durch Messung des letzteren auf die Höhe der ersteren geschlossen werden. Auf dieser Grundlage beruhen die folgenden beiden Instrumente.

Das Widerstandspyrometer von Gebr. Siemens. Ein Strom von unveränderlicher Stärke (erzeugt durch eine Trockenbatterie) verzweigt sich in zwei Ströme, die gleichzeitig auf ein Galvanometer wirken. Ist der Widerstand beider Stromkreise gleich, so werden sich die Wirkungen der Ströme auf die Galvanometernadel aufheben; sie wird eine Ablenkung nicht erleiden. Ist aber der Widerstand in einem Stromkreise durch Erhitzen des Leiters gestiegen, so wird ein Ausschlag der Nadel erfolgen. Durch Einschalten von soviel Widerständen in den kalten Stromkreis, als der Zunahme im erhitzten entspricht, wird die Nullstellung der Nadel wieder hergestellt und aus einer Tabelle die dem Widerstande entsprechende Temperatur entnommen.

Die Einrichtung des Instrumentes (Fig. 14) ist folgende: Der Draht *A*, dessen Widerstand bei 14^0 genau 10 Ohm beträgt, ist auf einen Cylinder aus feuerfestem Thon spiralförmig so aufgewickelt, daſs sich die einzelnen Umgänge nicht berühren können. Der Thoncylinder ist von einer Schutzhülle aus Platin umgeben und steckt im geschlossenen Ende eines etwa 2 m langen Eisenrohres. Drei starke Platindrähte, welche isoliert nach den am freien Rohrende befindlichen Klemmen führen, stehen in Verbindung mit der Platinspirale. Zur Bestimmung des Leitungswiderstandes dient das Differentialgalvanometer *B*, ein Stöpsel-Rheostat *C* und die Trockenbatterie *D*. Beim Niederdrücken des Schlüssels *E* teilt sich der Batteriestrom in zwei Zweige, von denen der eine die erste Rolle des Galvanometers und die Pyrometerspirale, der andere die zweite Galvanometerspule und den Stöpsel-Rheostaten durchflieſst.

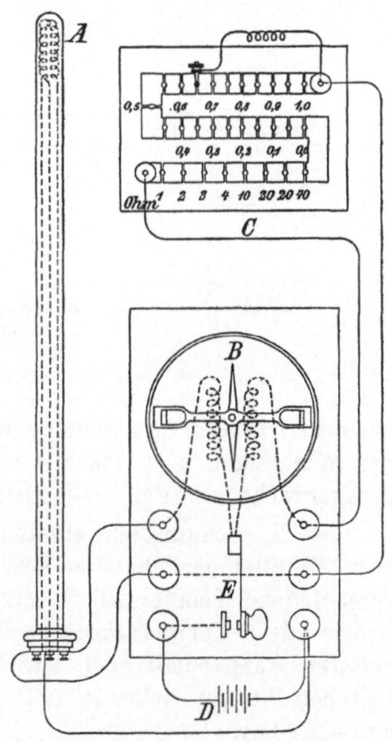

Fig. 14.

Behufs Ausführung einer Messung bringt man zunächst mit Hilfe eines Richtmagneten die Galvanometernadel auf Null, stellt die Verbindungen her, wie die Figur zeigt, setzt das geschlossene Ende des Pyrometerrohres auf mindestens 20 cm Länge so lange der zu messenden

Temperatur aus, bis man annehmen darf, dafs auch die Platinspirale im Rohre auf dieselbe gelangt sei, schliefst den Strom durch Niederdrücken des Schlüssels und ändert nun den Widerstand des Rheostaten durch Aus- und Einstöpseln so lange, bis die Nadel auf Null zeigt. — Hat man auf diese Weise z. B. einen Widerstand der Platinspirale von 27,65 Ohm gefunden, so entspricht diesem nach der jedem Instrumente beigegebenen Tabelle eine Temperatur von 632°.

Das Widerstandspyrometer von Hartmann und Braun (Fig. 15) besitzt eine ähnliche Einrichtung wie das vorige, ist aber insofern bequemer zu handhaben, als auf der drehbaren Scheibe, um welche der veränderliche Widerstand der Wheatstoneschen Brücke *C* gewickelt ist, an Stelle des Widerstandsmafses die entsprechenden Temperaturen aufgetragen sind und daher unmittelbar abgelesen werden können. Wird der Stromkreis geschlossen, während der Pyrometerdraht *A* die Temperatur 0° besitzt, so mufs der ganze Widerstand der Wheatstoneschen Brücke *C* eingeschaltet werden, damit das Galvanometer *B* auf Null zeige. Erhöht man durch Erhitzen von *A* dessen Widerstand, so kann

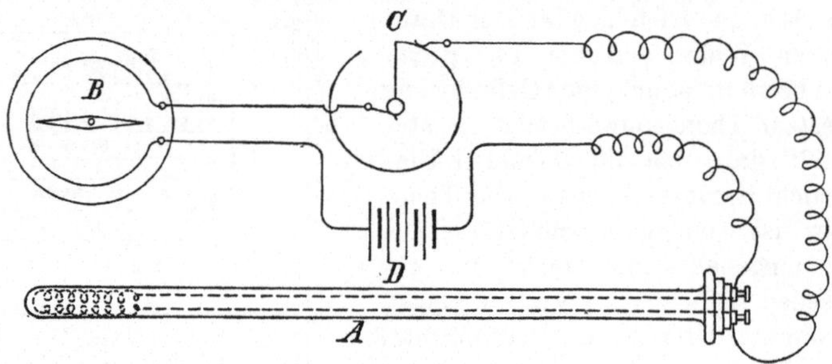

Fig. 15.

nur durch Drehen der Scheibe bei *C* ein der Zunahme in *A* entsprechender Widerstand ausgeschaltet und die Nadel in *B* auf die Nullstellung zurückgebracht werden. *D* bedeutet wieder die Trockenbatterie.

Zu 5. Bekanntlich entsteht ein elektrischer Strom in einem aus zwei Metallen bestehenden Kreise, wenn die beiden Verbindungsstellen verschiedene Temperatur besitzen; die Stärke des Stromes ist von der Gröfse des Temperaturunterschiedes abhängig. Durch Messen der ersteren kann somit auch letztere bestimmt werden, da die Beziehung zwischen beiden bekannt ist. Hierauf beruhen die Thermostrompyrometer.

Das Instrument von Siemens und Halske (Fig. 16) besteht aus zwei Thermoelementen, *A* und *B*, einem Spiegelgalvanometer *C*, einem Widerstandskasten *D* und dem Stöpselumschalter *E*. Jedes Thermoelement (Fig. 17) wird gebildet aus einer eisernen Röhre, deren eines Ende *a* durch Eisen verschlossen und mit einem im Innern der Röhre befindlichen Neusilberdrahte hart verlötet ist; das andere Ende *b* besitzt einen Holzaufsatz mit zwei Klemmen, welche mit dem Rohre bezw. dem Neusilberdrahte verbunden sind. Zwischem dem Draht und der inneren Rohrwandung befinden sich Thonröhrchen als Isolationsmittel. Der Apparat giebt stets einen Temperaturunterschied an, und zwar den zwischen der Lötstelle bei *a* und dem Kopfende *b*. Will man also die Temperatur der Lötstelle erfahren, so ist die Temperatur bei *b* durch Thermometer zu messen und dem gefundenen Temperaturunterschiede zuzufügen.

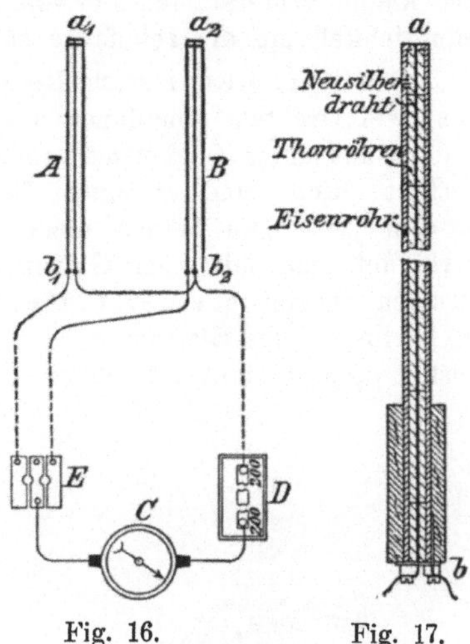

Fig. 16. Fig. 17.

Behufs Anstellung von Messungen in festen Temperaturmaſsen ist zuerst die Empfindlichkeit des Instrumentes bei zwei verschiedenen Temperaturen, z. B. 100° und 325°, festzustellen, zu welchem Zwecke man ein Element mit a_1 in Wasser gewöhnlicher Temperatur, das andere mit a_2 in siedendes Wasser bringt und nun unter Einschaltung des Widerstandes von 2000 Einheiten dieselben durch Einstöpseln am Umschalter nacheinander mit dem Galvanometer verbindet. Aus den beiden Ablesungen ergiebt sich die Gröſse der Ablenkung m_1 der Galvanometernadel für den Temperaturunterschied t_1 des kalten und des heiſsen Wassers. Dann senkt man a_2 in schmelzendes Blei (325°) und findet so die Ablenkung m_2 für den Temperaturunterschied t_2 zwischen diesem und dem kalten Wasser. Aus diesen Gröſsen sind dann die Konstanten p und q der Formel zu bestimmen, welche die Abhängigkeit zwischen Ablenkung n und Temperaturdifferenz t (zwischen *a* und *b*) ausdrückt, nämlich

$$t = pn + qn^2,$$

nach den Gleichungen:

$$p = \frac{1}{m_1 m_2} \cdot \frac{t_1 m_2^2 - t_2 m_1^2}{m_2 - m_1}$$

$$\text{und } q = \frac{1}{m_1 m_2} \cdot \frac{t_2 m_1 - t_1 m_2}{m_2 - m_1}.$$

Beispiel: Bei der Bestimmung in siedendem Wasser sei die Ablenkung $m_1 = 162$, bei der in schmelzendem Blei $m_2 = 561$ Teilstriche erhalten worden, während die Temperatur der Lötstelle a_1 in kaltem Wasser 19° betrug; dann ist $t_1 = 81°$, $t_2 = 306°$. Hieraus ergiebt sich nach obigen Gleichungen:

$$p = 0{,}482,$$
$$q = 0{,}000114.$$

Hat man nun bei einer beliebigen Messung mit einem Elemente für den Temperaturunterschied a_1 b_1 eine Ablenkung n = 722 Teilstriche erhalten, und besitzt b_1 die Temperatur 23°, so entspricht die Ablenkung einem Temperaturunterschiede

$$0{,}482 \cdot 722 + 0{,}000114 \cdot 722^2 = 407°.$$

Die Temperatur der Lötstelle a_1 ist demnach 407 + 23 = 430°.

Das Instrument ist für Temperaturen bis etwa 600° zu verwenden.

Behufs Messung sehr kleiner Temperaturunterschiede schaltet man die kleine Widerstandsrolle von 200 Einheiten ein, wodurch die Empfindlichkeit auf die zehnfache steigt.

Das Pyrometer nach Le Chatelier besitzt ein Thermoelement aus zwei Drähten, von denen der eine aus chemisch reinem Platin, der andere aus einer Legierung von ebensolchem Platin mit 10 % Rhodium besteht; diese sind an einem Ende zu einer kleinen Kugel zusammengeschmolzen. Die beiden nicht verschmolzenen Enden des Elementes verbindet man mit dem Galvanometer. In Deutschland wird das Instrument angefertigt von W. C. Heräus in Hanau und Kaiser & Schmidt in Berlin. Jedes Element wird von der physikalisch-technischen Reichsanstalt geprüft und mit einer Tabelle versehen, aus welcher die den

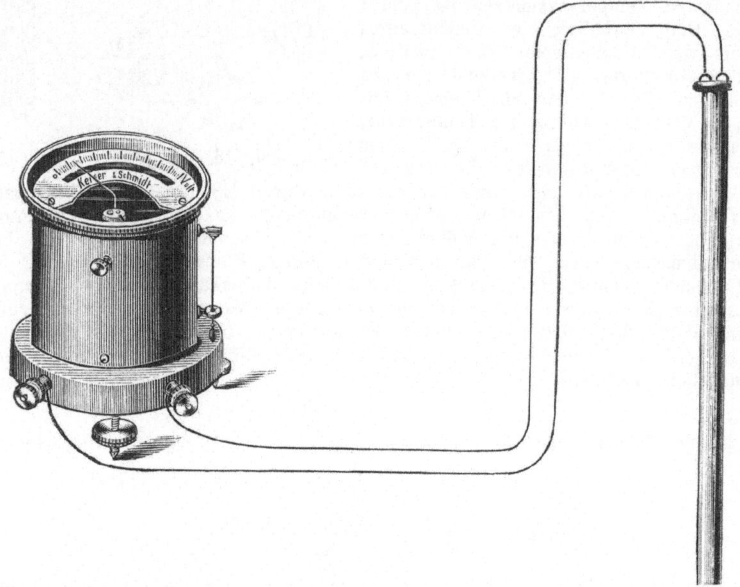

Fig. 18.

Galvanometerablenkungen entsprechenden Temperaturen zu entnehmen sind. Diese Angaben sind giltig unter der Voraussetzung, dafs der Widerstand im Stromkreise . 1 Ohm nicht wesentlich überschreitet. Mithin kann das Galvanometer in beliebiger Entfernung von dem Ofen, dessen Temperatur gemessen werden soll, seine Aufstellung finden und wird durch gewöhnliche Leitungsdrähte von Kupfer mit dem Thermo-Elemente verbunden (Fig. 18). Nur das etwa 1 mm starke Kügelchen braucht an die Stelle gebracht zu werden, deren Temperatur festzustellen ist, doch darf es im glühenden Zustande nicht mit Stoffen in

Berührung kommen, die Verbindungen mit dem Platin eingehen und dadurch das Element unbrauchbar machen. Es wird deshalb in der Regel nur mit Schutzrohren aus Porzellan umgeben angewendet, wie Fig. 19 zeigt.

a ist ein engeres, beiderseits offenes Rohr, das lediglich zur Isolierung der beiden Drähte dient; *b* ist das unten geschlossene Schutzrohr und *c* ein Eisenrohr, welches das Porzellanrohr vor dem Zerspringen durch plötzliches Erhitzen und vor dem Zerbrechen bei dem Transporte behütet.

Die Klemmen des Galvanometers sind mit + und — gezeichnet; an ersterer ist der Platinrhodiumdraht, an letzterer der Platindraht einzuschalten. Ein Kurbelgriff dient zur Einstellung des Zeigers auf den Nullpunkt, eine Dosenlibelle oder ein Lot zum Horizontalstellen.

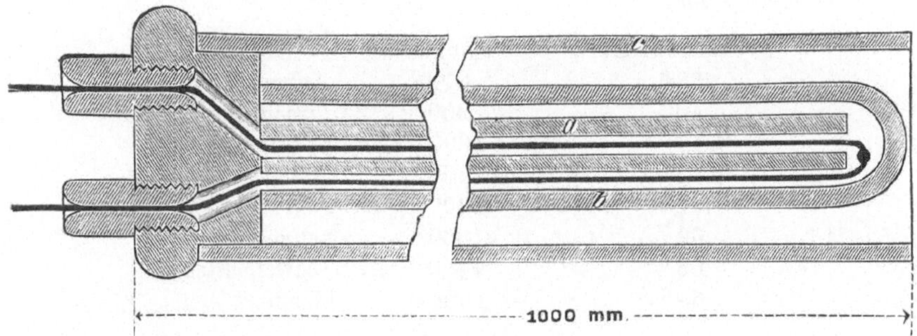

Fig. 19.

Sollte die Temperatur an der Stelle, an welcher die Zuleitungsdrähte mit den Elementdrähten verbunden werden, erheblich höher sein, als Zimmertemperatur, so ist sie zu bestimmen und in Rechnung zu bringen. Zeigt z. B. das Thermometer dort 50°, so wird die Teilung am Galvanometer so weit nach links gedreht, dafs der Zeiger, welcher bei der Aufstellung auf 0 zeigt, jetzt auf 50° steht. Mit diesem Instrumente können Temperaturen bis 1600° gemessen werden.

Zu 6. Das pyrometrische Sehrohr von Mesuré und Nouel gründet sich auf die Polarisation des Lichtes, welches von glühenden Körpern ausgesendet wird, und besteht aus einem Objektiv, einem Nicolschen Prisma (dem Polarisator), einer Quarzplatte, einem zweiten Nicolschen Prisma (dem Analysator) und einem Okular. Geht ein Lichtstrahl durch einen Nicol, so wird er polarisiert, durch einen zweiten, rechtwinkelig zum ersten stehenden, vollständig ausgelöscht. Eine zwischen beide geschaltete Quarzplatte bewirkt nun eine teilweise Drehung der Schwingungsebene des polarisierten Lichtstrahles, so dafs mit dem rechtwinkelig gestellten Analysator die Auslöschung nicht vollständig wird. Der Drehungswinkel der Polarisationsebene hängt einerseits von der Dicke der Quarzplatte, andererseits von der Wellenlänge des durchlaufenden Lichtes, diese aber von der Farbe, d. i. der Temperatur des glühenden Körpers, ab. Beim Drehen des Analysators erscheinen nacheinander die verschiedenen Farben; diese hängen aber nicht allein von den Drehungswinkeln, sondern auch von der Wellenlänge des Lichtes ab. Es ist also möglich, den Analysator so weit zu drehen, bis eine ganz bestimmte Farbe erscheint, und aus dem Winkel auf die Wellenlänge des Lichtes zu schliefsen. Die Mitte zwischen Grün und Rot ist die richtige Farbe. Der Beobachter richtet das Instrument auf den Gegenstand, dessen Temperatur ermittelt werden soll, erteilt dem Analysator eine Drehung, bis das schattenartige Feld zwischen Grün und Rot erscheint, und liest den Winkel an einer geteilten Scheibe ab. Jeder Winkel entspricht einer bestimmten Temperatur. Wie folgende Tabelle zeigt, sind aber die Drehungswinkel nur klein, und folglich ist die Genauigkeit der Temperaturmessung gering.

Drehungswinkel	Temperatur	Glühfarbe
33°	800°	Anfang kirschrot
40°	900°	kirschrot
46°	1000°	hellkirschrot
52°	1100°	orangegelb
57°	1200°	gelb
62°	1300°	hellgelb
66°	1400°	Schweifshitze
69°	1500°	blendend weifs

Zu 7. Das Thermophon von Wiborgh ist ein kleiner Cylinder aus irgend einem feuerfesten Stoffe (Thon, Graphit), in dessen Mitte sich eine verschlossene Metallkapsel befindet, die eine kleine Menge Sprengstoff von unveränderlicher Explosionstemperatur enthält. Setzt man einen solchen Körper mit der gewöhnlichen Temperatur von 18—22° plötzlich einer höheren aus, so erwärmt er sich, und nach einer gewissen Zeit haben Kapsel und Sprengstoff die Explosionstemperatur erreicht; das Thermophon zerplatzt mit schwachem Knalle. Die bis hierhin verstrichene Zeit kann als Mafs für die Temperatur dienen; je höher diese ist, um so kürzer wird jene sein. Für sehr hohe Temperaturen ist sie so kurz, dafs ein Beobachtungsfehler von ½ Sekunde schon einen grofsen Fehler in der Temperaturbestimmung hervorruft, so dafs es zweckmäfsig ist, mindestens zwei Arten von Thermophonen zu haben, mit Explosionstemperaturen unter und über 1000°, was leicht durch Veränderung der Gröfse zu erreichen ist. Jede Beobachtung erfordert ein Thermophon; sie müssen daher billig sein.

Über die Zuverlässigkeit kann noch nicht geurteilt werden, da die Vorrichtung noch zu neu ist. Sehr hoch wird man die Erwartung nicht spannen dürfen.

B. Die Brennstoffe.

Als Brennstoffe pflegen wir diejenigen von der Natur dargebotenen oder künstlich erzeugten Stoffe zu bezeichnen, die im grofsen zur Wärmeentwickelung durch Verbrennen dienen. Wenn wir von einigen chemischen Elementen, wie Silicium, Phosphor, Schwefel, die einzelnen Hüttenprozessen die erforderliche Wärme liefern, absehen, so sind alle Brennstoffe entweder natürliche Kohlenwasserstoffverbindungen oder aus diesen durch Verkohlung (trockene Destillation) bezw. unvollkommene Verbrennung hervorgegangene Erzeugnisse.

a. Natürliche Brennstoffe.

Alle natürlichen Brennstoffe sind organischen, vorwiegend pflanzlichen Ursprunges; denn allein der Lebensvorgang der Pflanzen baut organische Stoffe aus den unorganischen Verbindungen Kohlendioxyd und Wasser auf, unter gleichzeitigem Ersatze des durch den Lebensprozefs der Tiere und durch chemische Vorgänge (wie z. B. die Verbrennung) verbrauchten Sauerstoffes. Der Vorgang

$$6\,CO_2 + 5\,H_2O = C_6H_{10}O_5 + 6\,O_2$$

vollzieht sich jedoch nur bei Tage unter der Einwirkung von Sonnenwärme und Sonnenlicht. Nachts atmen auch die Pflanzen Kohlendioxyd aus, wie die Tiere. Hieraus folgt, dafs der Aufbau der organischen Verbindung Zellstoff $= C_6H_{10}O_5$ einen Wärmeaufwand erfordert, den die Sonne liefert. Wir wissen auch, wie grofs er ist, nämlich gleich der Verbrennungswärme eines Moleküls Zellstoff, d. i. 623 385 W.-E.

Stellen so schon die lebenden Pflanzen Speicher grofser Mengen Sonnenenergie dar, so ist doch dieser Vorrat klein gegenüber den fast unendlich grofs zu nennenden Ablagerungen von Pflanzenresten aus früheren Zeiten, in denen durch Millionen von Jahren die Pflanzen gewachsen sind, welche heute, umgewandelt in Kohlen verschiedenen Alters, die Wärme und die Kraft spenden für das häusliche Leben wie für die gewerbliche Thätigkeit des höher entwickelten Teiles der Menschheit.

Das Holz besteht, abgesehen von etwa 50 % Feuchtigkeit, fast ausschliefslich aus Holzfaser oder Zellstoff und wenig Asche. Letztere enthält die aus dem Boden aufgenommenen Mineralstoffe, wogegen die übrigen, die organischen Bestandteile, ausschliefslich aus Kohlenstoff, Wasserstoff, Sauerstoff (und Stickstoff in sehr geringer Menge) zusammengesetzt sind.

Werden pflanzliche oder tierische Stoffe der Luft ausgesetzt, so verschwinden sie nach kürzerer oder längerer Zeit fast vollständig vor unseren Augen, und es bleibt nichts anderes übrig als sehr wenig Asche; die Stoffe sind verwest.

Dasselbe erfolgt, wenn wir die Stoffe verbrennen. Beide Vorgänge sind identisch; denn sie beruhen auf derselben Ursache und haben dieselbe Wirkung. Der Unterschied besteht nur darin, dafs die Verwesung langsam und ohne auffallende Wärme- und Lichtentwickelung, die Verbrennung aber rasch und mit diesen Erscheinungen verläuft; beide sind Oxydationsvorgänge, die Kohlendioxyd und Wasser als Erzeugnisse liefern.

Ganz anders ist der Verlauf, wenn wir den atmosphärischen Sauerstoff ausschliefsen; dann findet nicht Verbrennung (Verwesung), sondern ein allmählicher Zerfall der organischen Verbindungen (Vermoderung) statt. Auch dabei bilden sich Wasser und Kohlendioxyd, aber die Verminderung der Stoffmenge ist viel geringer, da nur ein Teil des in den Pflanzen selbst enthaltenen Sauerstoffes und Wasserstoffes in Wirkung tritt. Daneben entstehen Verbindungen aus Kohlenstoff und Wasserstoff, und zwar vorwiegend Methan, Sumpf- oder Grubengas, CH_4. Da vorzugsweise Wasserstoff und Sauerstoff austreten, aber nur wenig Kohlenstoff, so ist der Rückstand reicher an diesem und ärmer an jenen als der ursprüngliche Pflanzenstoff. Die Anreicherung an Kohlenstoff zeigt sich in der braunen bis schwarzen Farbe; freien Kohlenstoff enthält der Rückstand aber nicht; er ist vielmehr ein Gemenge von noch unbekannten Verbindungen. Ganz derselbe Vorgang ist die Verkohlung des Holzes, die ebenfalls unter Auschlufs oder unter beschränktem Zutritte der Luft erfolgt; nur wird hier die zur Dissoziation erforderliche Wärme in kurzer Zeit von aufsen her zugeführt oder durch Verbrennung eines Teiles der Pflanzenstoffe beschafft, während in der Natur, wo die Pflanzen durch Überdeckung mit Thonschlamm, Sand, Geröll u. s. w., aus denen allmählich die Thonschiefer, Sandsteine u. a. Gesteine oberhalb der Kohlenflötze entstanden sind, von der Luft abgeschlossen wurden, der Verlauf sich über Zeiträume erstreckt, von deren Gröfse wir uns eine deutliche Vorstellung nicht machen können. Auch bei der Verkohlung bilden sich Kohlendioxyd, Wasser, Kohlenoxyd, Wasserstoff, Kohlenwasserstoffe (aufser CH_4 und C_2H_4 noch eine Reihe anderer mit mehr Kohlenstoff) und Verbindungen aus Kohlenstoff, Wasserstoff und Sauerstoff, die sich durch Abkühlen zu Teer und Holzessig verdichten lassen; die Bildung dieser letzteren erfolgt aber nur in hoher Temperatur, nicht bei der Vermoderung in der Natur. Der Vorgang läfst sich durch nachstehendes Schema darstellen:

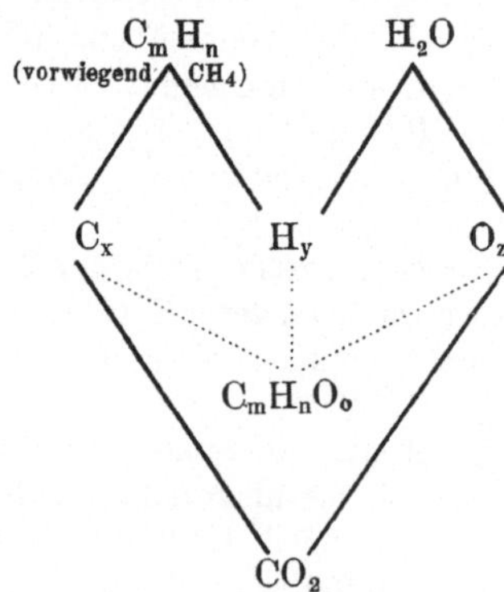

Die fossilen (mineralischen) Brennstoffe unterscheiden sich voneinander und vom Holze wesentlich nur durch den Grad der stattgehabten Vermoderung, wie sich aus folgender Zusammenstellung ihrer Bestandteile in runden Zahlen ergiebt:

		C	H	O+N	Verkohlungs-rückstand	Bildungs-zeit
Holz		44	6	50	15 %	Gegenwart
Torf		60	6	34	20	„
Braunkohle		65	7	28	40	Tertiär
Steinkohle	Wälderkohle	70	6	24	45	Kreide
	Flammkohle	75	6	19	50	Jura
	Gaskohle	80	6	14	60	Karbon
	Kokskohle	85	5	10	70—80	„
	Magerkohle	90	4	6	90	„
Anthracit		95	2	3	95	„
Graphit		100	—	—	100	Silur

1. Holz.

Der Unterschied verschiedener Holzarten beruht auf der äufserlichen, physikalischen Beschaffenheit, nicht auf der chemischen. Frisches Holz vom Vol.-Gew. ∾ 0,90 kg enthält je nach Alter, Standort und Jahreszeit 40—60 % Feuchtigkeit, lufttrockenes 25 %, nach selbst zweijähriger Aufbewahrung unter Dach noch immer 15—20 %; durch Darren wird es zwar wasserfrei, nimmt aber an der Luft rasch wieder 13—16 % Wasser auf. Holzarten, deren Vol.-Gew. 0,55 kg und mehr beträgt, heifsen harte, solche, die ein niedrigeres haben, weiche Hölzer. Diese Grenzziffer bezieht sich auf lufttrockene, porige Holzmasse; dichte Holzmasse ohne Poren hat das Vol.-Gew. 1,50 kg. Auf die Dichte des Holzes haben Alter, Standort und Klima bedeutenden Einflufs; daher ist auch das Innere eines Baumes dichter als die äufsere Schicht, der Splint, worin der Saft umläuft. Nach der Blattform unterscheiden wir Laub- und Nadelhölzer.

Die Volumen-Gewichte der verbreitetsten einheimischen Holzarten sind folgende:

harte Hölzer		weiche Hölzer	
Buche 0,77 kg	Esche 0,67 kg	Kiefer 0,55 kg und weniger	Fichte 9,47 kg
Eiche 0,71 „	Birke 0,55 „	Tanne 0,48 „	Linde 0,44 „
			Pappel 0,39 „

Aufgeklaftert (2/3 Holzmasse, 1/3 Zwischenräume) wiegt ein Raummeter

hartes Holz 300—500 kg,	Nadelholz 300—400 kg,
weiches Laubholz 200—300 kg,	Reisholz in Bündeln 1/3 dieser Werte.

Seiner chemischen Zusammensetzung nach besteht das Holz vorwiegend aus Holzfaser von der oben angegebenen Formel, demnächst aus Harz, Gummi, Farbstoff, Gerbsäure und durchschnittlich 1 % Asche.

Letztere enthält zumeist Kalium- und Calciumkarbonat, überdies Siliciumdioxyd, Natrium-, Magnesium- und Eisenoxyd, sowie 0,9—8,1 % Phosphorsäure und 0,4—1,6 % Schwefelsäure. Holz ist leicht entzündlich, wenn trocken, schon bei 300°; die Verbrennungswärme eines Kilogrammes Holzfaser beträgt 3848 W.-E., die des lufttrockenen Holzes 2900—3200 W.-E.

Die Bedeutung des Holzes als Brennstoff für das Hüttenwesen nimmt seines hohen und noch steigenden Preises wegen mehr und mehr ab.

2. Torf.

Torf entsteht durch Vermoderung von Sumpfpflanzen in Vertiefungen, aus denen das Wasser keinen Abfluſs hat. Sind die Pflanzenreste noch deutlich zu erkennen, so ist er leicht, filzähnlich, gelb bis braun und heiſst Faser- oder Wurzeltorf; sind die Pflanzen schon in Moor oder Schlamm übergegangen, so ist er schwarz und schwer und heiſst Specktorf. Ersterer wird mit besonders geformten Spaten gestochen (Stichtorf), behufs Verdichtung auch mit Maschinen in Formen gepreſst (Preſstorf), letzterer als Brei gegraben oder geschöpft und dann zu Ziegeln geformt (Bagger- und Streichtorf). Je tiefer er im Moore liegt, desto weiter ist die Vermoderung vorgeschritten, desto höher ist der Kohlenstoffgehalt.

Torfmoore sind sehr verbreitet, auf den Hochebenen des Harzes, in Bayern, Steiermark und in der norddeutschen Tiefebene von Holland über Hannover, Oldenburg und Preuſsen bis weit hinein nach Ruſsland.

Durch Trocknen an der Luft schwindet der Torf um mehr als die Hälfte seines Rauminhaltes und verliert 50 % Feuchtigkeit; trotzdem enthält er noch immer 25—30 % davon. 1 cbm lufttrockener Fasertorf wiegt 250 kg, brauner oder schwarzer Torf 350—400 kg. Das Darren ist auch auf den Torf angewendet worden; man darf, um Zersetzung zu vermeiden, nicht über 120° erhitzen und muſs ihn noch warm verbrauchen, weil er mit Begierde wieder Wasser aufnimmt. Die Entzündung erfolgt bei 230°.

Die aschenfreie Torfmasse besteht im Mittel aus 60 % Kohlenstoff, 6 % Wasserstoff, 32 % Sauerstoff und 2 % Stickstoff; ihr Heizwert ist 3300 W.-E. Lufttrockener Torf entwickelt durchschnittlich nahe an 3000 W.-E. Die zwischen 1 und 30 % betragende Asche rührt zum gröſsten Teile von dem in das Moor eingeschwemmten Sand und Thon her; Torf mit 10 % Asche gilt schon als aschereich. Neben Calcium-, Eisen- und Siliciumdioxyd enthält die Asche zuweilen bis zu 2,6 % Phosphorsäure und 1—2 % Schwefelsäure.

Der beschränkten Versandfähigkeit wegen ist die Anwendung des Torfes im Eisenhüttenwesen eine rein örtliche. In Steiermark findet phosphorarmer Torf in verkohltem Zustande Anwendung beim Hochofenbetriebe; in Hannover und Oldenburg werden Puddel- und Schweiſsöfen mit Torfgaserzeugern betrieben.

3. Braunkohle.

Wir unterscheiden vier Arten:

α. Lignit, von noch so deutlichem Holzgefüge, dafs er mit der Axt gespalten werden kann, ist dunkelbraun, glanzlos und hat faserigen bis muscheligen Querbruch.

β. Erdige Braunkohle, pulverig, vollkommen zerreiblich und ohne Glanz. Sie verdankt ihre Entstehung nicht untergegangenen Wäldern, wie die anderen Arten, sondern niederen Pflanzengattungen. wie der Torf. Als Brennstoff besitzt sie nur geringen Wert, wird aber in der Gegend von Halle in grofsem Mafsstabe der trockenen Destillation auf Paraffin, Solaröl u. s. w. unterworfen.

γ. Moorkohle ist dunkel, häufig zerklüftet, fast ohne alles Holzgefüge und manchen Steinkohlen sehr ähnlich.

δ. Gemeine Braunkohle zeigt z. T. noch sehr deutliches Holzgefüge, erdigen bis flachmuscheligen Bruch, ist sehr fest und aufserordentlich verbreitet.

Vor den Steinkohlen zeichnen sich die Braunkohlen (soweit sie in Stücken brechen) durch grofse Festigkeit aus; sie geben bei der Gewinnung 92—97 % Stücke, während beim Abbaue der westfälischen Steinkohle z. B. nur 50—70 % davon fallen. Als Merkmal für die oft schwierige Unterscheidung von Braun- und Steinkohle dient die Farbe des Pulvers, welche bei ersterer stets braun, bei letzterer immer schwarz ist, und das Verhalten gegen Kalilauge, welche Steinkohlenpulver nicht, Braunkohlenpulver unter Braunfärbung löst.

Der Feuchtigkeitsgehalt frisch geförderter Braunkohlen ist hoch, bis zu 33 %, der des Lignites sogar bis zu 55 %; etwa die Hälfte verdampft an der Luft, wobei die Kohlen jedoch zerspringen, was in noch höherem Grade bei künstlichem Trocknen der Fall ist. Beim Vortrocknen für die nachfolgende Herstellung von Kohlenziegeln (Briketts) entweicht der weitaus gröfste Teil der Feuchtigkeit zwischen 70 und 80°, der Rest bei 100°. Trotzdem giebt die Kohle bei trockener Destillation noch eine erhebliche Menge Wasser neben grofsen Mengen Gas, Öl und Teer. Dieses Wasser ist als chemisch gebunden anzusehen; durch seine Austreibung wird die Kohle als solche zerstört und erlangt grofse Neigung zur Selbstentzündung.

Der Aschengehalt wechselt von 3—30 %; in der Asche finden sich neben viel Aluminium-, Calciumoxyd und Siliciumdioxyd wenig Magnesium-, Alkali- und Eisenoxyd, beträchtliche Mengen Schwefelsäure, aber häufig keine Phophorsäure.

Die aschen- und wasserfreie Kohlenmasse

		C	H	O + N
des Lignites	ist zusammengesetzt aus:	57—67	6—5	37—28
der erdigen Braunkohle	- - -	64—70	6—5	30—25
der gemeinen Braunkohle	- - -	65—75	6—4	29—21

Während der Heizwert des Lignites bzw. der gemeinen Braunkohle in trockenem und aschenfreiem Zustande auf 5000—5500 bzw. 7000—8000 W.-E. anzusetzen ist, geben die im Handel vorkommenden Sorten doch nicht mehr als 3300—3400 bezw. 5500 W.-E.

Die Volumen-Gewichte wechseln natürlich ebenfalls mit dem Feuchtigkeits- und Aschengehalte, von 0,5—1,3 kg bei fossilem Holze, von 1,2—1,25 kg bei gemeiner Braunkohle. 1 cbm beider Sorten in mittelgrofsen Stücken wiegt 550—750 bezw. 700 kg.

Braunkohlengrus wird behufs besserer Verwertung vielfach zu Ziegeln gepreſst, und zwar ohne Bindemittel; wird er zu diesem Behufe vorher von dem gröſsten Teile des Wassers befreit und warm verarbeitet, so nennt man die Ziegel Briketts; wird er feucht geformt, so heiſsen sie Naſspreſssteine.

Groſse Wichtigkeit besitzt der Braunkohlenbergbau nur in Deutschland und Österreich-Ungarn, wo im Jahre 1892 21 bezw. 19 Millionen Tonnen Braunkohlen gefördert wurden, wogegen Frankreich nur rund 500 000 t und Italien 300 000 t förderten. Alle anderen Länder bleiben weit dahinter zurück (Spanien 33 000 t, Griechenland 12 000 t, Groſsbritannien 4300 t, Australien 6700 t). Die Verbreitung der Braunkohlen in Deutschland und Österreich-Ungarn ergiebt sich aus folgender Zusammenstellung der Fördermengen.

Deutschland.		Österreich-Ungarn.	
Prov. Brandenburg	4 600 000 t	Böhmen	13 154 000 t
„ Posen	28 000 „	Steiermark	2 171 000 „
„ Schlesien	457 000 „	Ober-Österreich	363 000 „
„ Sachsen	10 925 000 „	Krain	136 000 „
„ Hannover	54 000 „	Mähren	111 000 „
„ Hessen-Nassau	293 000 „	Istrien	87 000 „
„ Rheinland	863 000 „	Kärnten	68 000 „
Preuſsen	17 219 000 t	Dalmatien	53 000 „
Bayern	15 000 „	Tirol	25 000 „
Sachsen	928 000 „	Galizien	19 000 „
Hessen	217 000 „	Nieder-Österreich	1 600 „
Braunschweig	594 000 „	Schlesien	550 „
Sachsen-Altenburg	1 241 000 „	Österreich	16 190 000 t
Anhalt	905 000 „	Ungarn	2 741 000 „
Übrige Staaten	54 000 „	Bosnien	85 000 „
Deutsches Reich	21 172 000 t	Österreich-Ungarn	19 017 000 t

4. Steinkohle und Anthracit.

Die Steinkohlen zeigen gegenüber den Braunkohlen, ihrem höheren Alter und der damit fortgeschrittenen Vermoderung entsprechend, eine bedeutende Abnahme der gasförmigen Bestandteile und eine erhebliche Zunahme des Kohlenstoffes; ja selbst die Steinkohlen unter sich, z. B.

die aus verschiedenen Flötzen eines und desselben Beckens, bestätigen die Richtigkeit der Annahme, dafs das Alter von Einflufs auf die chemische Zusammensetzung sei; denn die tieferliegenden, also älteren Flötze enthalten gasärmere Kohlen als die darüberliegenden. Anthracit von vielen Fundorten ist fast gasfrei.

Neben dem Alter der Kohle, also der Dauer des Vermoderungsvorganges, ist auch die Mächtigkeit der überlagernden Gebirgsschichten von Einflufs auf die Zusammensetzung, insofern nämlich mit der Mächtigkeit der Druck und die Temperatur wächst, und die Vermoderung beschleunigt wird. Ist die Decke sehr dicht, schliefst sie also die Kohle vollkommen ab, so wird dadurch der Gasaustritt erschwert und verlangsamt; weniger dichtes Gestein und geringere Mächtigkeit der Decke erleichtern die Entgasung. Daraus läfst sich die häufig beobachtete Thatsache erklären, dafs die tieferen Teile eines Flötzes gasreichere Kohlen enthalten, als die höherliegenden oder gar das Ausgehende, an welchem die Kohle unter dem Einflusse des atmosphärischen Sauerstoffes verwittert ist.

Eine Folge der weiter vorgeschrittenen Vermoderung ist die dunklere, schwarze Farbe der Steinkohlen (bes. des Pulvers) im Vergleiche mit den Braunkohlen, die geringere Härte, gröfsere Zerreiblichkeit, der Mangel allen Holgefüges und das höhere Volumen-Gewicht, welches von 1,25—1,60 kg beträgt. 1 cbm Steinkohle wiegt 700—900 kg.

Steinkohle und Anthracit enthalten 70—95 % Kohlenstoff, 6—2 % Wasserstoff, 24—3 % Sauerstoff und Stickstoff, so dafs das Verhältnis $(O+N):H$ zwischen 4 und 0,66 wechselt. Obwohl wir über die näheren Bestandteile der Kohlen nur Vermutungen hegen, so dürfte doch soviel feststehen, dafs der Wasserstoff in der Steinkohle in verschiedener Bindung vorhanden ist, dafs die Wasserstoffatome teils unmittelbar, teils durch Vermittlung des Sauerstoffes an Kohlenstoff gebunden sind.

Nehmen wir an, dafs bei der Entgasung der Sauerstoff sich zunächst mit Wasserstoff zu Wasser vereinige, so bleibt eine gewisse Menge Wasserstoff im Überschufs; es ist also $\frac{1}{8}O < H$. Diesen Rest bezeichnen wir als disponiblen Wasserstoff, den mit Sauerstoff vereinigt gedachten aber als gebundenen; der erstere ist vorzugsweise geneigt, beim Erhitzen der Kohle unter Luftabschlufs mit Kohlenstoff zu Kohlenwasserstoffen (Gase und Teer) zusammenzutreten. Zellstoff $C_6H_{10}O_5$ enthält gar keinen disponiblen Wasserstoff (s. Tabelle auf Seite 40), Torf 1½—2%, Braunkohle 1½—3½%, Steinkohle aber 2,4—4,7%; die Menge desselben ist von bestimmendem Einflufs auf die Eigenschaften der Kohle und auf ihre Verwendung, insofern davon die Backfähigkeit, die Flammbarkeit, die Neigung zum Verwittern u. s. w. abhängen; er nimmt zu bis zu den älteren Steinkohlen, von da an aber wieder ab.

Beispiele
für die Zusammensetzung verschiedener Arten von Brennstoffen.

	Zusammensetzung des aschenfreien Stoffes			Auf 1000 Kohlenstoff sind darin enthalten Wasserstoff		
	C	H	O+N	disponibel	gebunden	Summa
1. Zellstoff	44,44	6,17	49,30	0	138,8	138,8
2. Holz (Eiche)	50,64	6,03	43,33	12,1	107,0	119,1
3. Torf	59,30	5,76	34,94	22,9	74,2	97,1
4. Lignit	57,62	6,06	36,32	26,3	78,8	105,1
5. Gemeine Braunkohle von Dodosi	67,82	6,10	26,08	44,3	45,6	89,9
6. Wälderkohle von Bantorf	82,79	5,37	11,84	49,5	15,4	64,9
7. Flammkohle von Saarbrücken	75,75	4,87	19,38	32,3	22,3	64,7
8. Gaskohle von Niederschlesien	85,13	5,02	9,85	44,5	14,4	59,0
9. Kokskohle von Westfalen	88,31	5,35	6,34	51,7	9,0	60,7
10. Magere Kohle von Aachen	90,77	3,71	5,52	33,2	7,6	40,8
11. Anthracit von Osnabrück	94,00	1,62	4,34	11,4	5,8	17,2
12. Petroleum	82,00	14,80	3,2	180,5	4,9	185,4

Das Verhalten der Kohlen beim Erhitzen unter Luftabschlufs ist so bezeichnend, dafs es als Grundlage für eine Einteilung derselben dienen kann. Erhitzen wir eine kleine Menge (1 g) Pulver verschiedener Kohlen sehr rasch und stark im bedeckten Platintiegel, bis alles Gas ausgetrieben, so ist der Rückstand entweder

1. noch völlig pulverig, wie das verwendete Kohlenpulver,

oder 2. gesintert, aber nicht aufgebläht,

oder 3. vollkommen geschmolzen und sehr stark aufgebläht.

Wir bezeichnen deshalb die erste Kohle als Sandkohle, die zweite als Sinterkohle und die dritte als Backkohle; Zwischenstufen bilden die sinternde Sandkohle und die backende Sinterkohle.

Da die Kohlen im grofsen sich ebenso verhalten, wie im kleinen, so sind zur Kokerei nur die Backkohlen und die backenden Sinterkohlen zu gebrauchen, während die anderen drei nicht backenden Arten sich zur Rostfeuerung eignen.

Durch teilweise Entgasung (bei allmählichem Erhitzen) oder durch teilweise Oxydation (bei nicht vollkommenem Luftabschlusse) wird die Schmelzbarkeit infolge Zerstörung der schmelzenden Verbindungen sehr stark beeinträchtigt, und es erfolgt ein unansehnlicher, sehr stark aufgeblähter Rückstand. Durch andauerndes schwaches Erhitzen (auf etwa 300^0) an der Luft wird die Backfähigkeit sogar vollkommen vernichtet.

Der Grund für die Schmelzbarkeit mancher Kohlen ist in deren chemischer Zusammensetzung zu suchen; der Gehalt an Sauerstoff und Wasserstoff, besonders an disponiblem Wasserstoff, ist von besonderem Einflusse darauf; man kennt aber noch nicht den Zusammenhang zwischen Ursache und Wirkung und ebenso wenig die Verbindungen, denen einige Kohlen diese wertvolle Eigenschaft verdanken.

Entsprechend dem wechselnden Gehalt an flüchtigen Bestandteilen schwankt der feste Rückstand bei raschem und starkem Erhitzen zwischen 50 und 93%; durch allmähliche, wenig starke Erhitzung steigt das Koksausbringen.

Enthält eine Kohle viel flüchtige Bestandteile, so bilden dieselben beim Verbrennen eine lange Flamme; wir bezeichnen die Kohle als Flammkohle im Gegensatze zu der gasarmen, kurzflammigen. Von dem Gasreichtume hängt es natürlich auch ab, ob die Kohle zur Herstellung von Leucht- und Heizgas oder zur Koksbrennerei, zum Hausbrand, als Ziegelkohle u. s. w. besonders tauglich ist.

Auf die chemische Zusammensetzung und das Verhalten beim Verbrennen gründet sich die jetzt allgemein angenommene Einteilung der Steinkohlen in fünf (Anthracit eingeschlossen in sechs) Arten (s. Tabelle S. 42).

Der Heizwert der Steinkohlen steigt mit dem Kohlenstoffgehalte; er beträgt für

			1 kg Kohlen verdampft kg Wasser
1. trockene langflammige Kohlen	8200—8300	W.-E.	6,7—6,75
2. fette langflammige Kohlen	8500—8800	-	7,6—8,3
3. Fettkohlen	8800—9300	-	8,5—9,2
4. fette Kohlen mit kurzer Flamme	9300—9600	-	9,7
5. anthracitische Kohlen	9200—9500	-	9,0—9,5.

Eine Übersicht über die Heizwerte deutscher Steinkohlen bieten die Ergebnisse der von der Kaiserlichen Marine auf der Werft zu Wilhelmshaven vorgenommenen Heizversuche; s. Tabelle XIII.

Die Wertverminderung, welche alle Steinkohlen (ausgenommen manche Anthracite) durch Lagern an der Luft erleiden, ist eine Folge der Verwitterung, der Aufnahme von Sauerstoff und der dadurch bewirkten Oxydation des disponiblen Wasserstoffes und einer kleinen Menge Kohlenstoff. Verwitterung wirkt demnach genau so wie andauerndes schwaches Erhitzen bei Luftzutritt; sie zerstört die Backfähigkeit, und zwar um so rascher, je gröfser die dem Sauerstoffe dargebotene Oberfläche ist, also rascher bei Feinkohlen (besonders gewaschenen) als bei Stückkohlen. Der infolge der Fähigkeit der Steinkohle, bedeutende Gasmengen in ihren Poren zu verdichten, über den bei der Verwitterung thätig gewesenen noch ferner aufgenommene Sauerstoff kann trotz des Stoffverlustes eine Gewichtsvermehrung der Kohle veranlassen.

Bei der Oxydation wie bei der einfachen Verdichtung der Gase tritt Erwärmung der Kohle ein, welche bis zur Entgasung, ja bis zur Selbstentzündung steigen kann. Die Oxydation des Schwefelkieses (s. unten) trägt hierzu wohl nur das Geringste bei. Seit man dies erkannt hat, ist man von der früher gehegten Meinung, dafs gute Lüftung von Kohlenhaufen die Selbstentzündung verhindern könne, zurückgekommen; die Luftzufuhr befördert diese geradezu.

Die Asche der Steinkohle vermindert nicht nur den Heizwert, sondern auch die Backfähigkeit, erhöht aber das Koksausbringen. Die

Art der Kohle	Name im rhein.-westfäl. Kohlenrevier	C %	H %	0 + N %	Koks-ausbringen %	Aussehen des Koks	Vol.-Gew. kg
1. Trockene Kohle mit langer Flamme	kommt dort nicht vor	75—80	5,5—4,5	19,5—15,0	50—60	pulverförmig bis gefrittet	1,25
2. Fette Kohle mit langer Flamme (Gaskohle)	Gas- und Flammkohle	80—85	5,8—5,0	14,2—10,0	60—68	gesintert bis geschmolzen und schwach gebläht	1,28—1,30
3. Eigentliche Fett- oder Schmiedekohle	Fett- oder Kokskohle	84—89	5,5—5,0	11,0—5,5	68—74	geschmolzen, mäſsig gebläht	1,30
4. Fette Kohle mit kurzer Flamme (Kokskohle)	Halbfette oder Eſskohle	88—91	5,5—4,5	6,5—5,5	74—82	geschmolzen, wenig gebläht und zerklüftet	1,3 · 1,35
5. Magere oder anthracitische Kohle	Magere oder Sandkohle	90—93	4,5—4,0	5,5—3,0	82—90	gefrittet oder pulverförmig	1,35—1,40
6. Anthracit	kommt dort nicht vor	93—95	4,0—2,0	3,0	> 90	pulverförmig	1,6

reinste Förderkohle enthält mindestens 1,5 % Asche; Kohle mit 4—5 % gilt schon als sehr rein; die meisten Kohlen haben aber 7—8 % und mehr, ja bis 25 % Asche, so dafs nur die wenigsten unaufbereitet zur Darstellung eines guten, für die Verwendung im Hüttenwesen geeigneten Koks tauglich sind.

Die mineralischen Bestandteile bestehen vorwiegend aus den in den ehemaligen Pflanzen selbst enthaltenen, ferner aus eingeschlämmten thonigen Massen und oft recht beträchtlichen Mengen Schwefelkies.

Die Pflanzenaschen und die Einschwemmungen sind wesentlich Silikate der Thon-, Kalk- und Bittererde, der Alkalien und des Eisenoxydes; aufserdem enthalten sie schwefelsaure und phosphorsaure Verbindungen, von denen die letzteren für die Roheisenerzeugung (durch Übergang des Phosphors ins Eisen) schädlich werden können.

Von der Zusammensetzung der Silikate hängt die Schmelzbarkeit der Asche ab; nur Thonerdesilikat und Eisenoxyd haltende Aschen schmelzen nicht, wohl aber solche, die neben diesen Verbindungen noch andere Silikate enthalten. Sie verschlacken auf dem Roste, verstopfen die Rostfugen und erschweren dem Heizer die Arbeit.

Schwefelkies zersprengt durch die mit der Oxydation verbundene Raumvermehrung die Kohlenstücke, greift durch Bildung von Schwefeldioxyd und Schwefelsäure die Bleche der Dampfkessel an und schädigt durch Abgabe von Schwefel und Bildung leichtschmelzbaren Einfachschwefeleisens die Roststäbe. Hoher Schwefelgehalt der Gaskohlen erfordert ausgedehnte Reinigungsvorrichtungen für das Leuchtgas.

Der Gehalt lufttrockener Kohlen an Feuchtigkeit ist nicht bedeutend, nur 1—7 %, und nimmt mit dem Alter der Kohlen ab; die frisch geförderte (grubenfeuchte) Kohle enthält natürlich sehr schwankende Mengen Wasser. Die grofse Fähigkeit der Braunkohle, selbst in staubtrockenem Zustande viel Feuchtigkeit zu enthalten und nach dem Trocknen bei 100° mindestens 10 %, erdige selbst 18—24 % Wasser aus der Luft wieder aufzusaugen, ist ein wesentliches Unterscheidungsmerkmal zwischen Braun- und Steinkohlen.

Neben den chemisch gebundenen Gasen enthalten die Steinkohlen auch mechanisch eingeschlossene, und zwar vornehmlich die Vermoderungsgase, die nach ihrer Blidung infolge Bedeckung der Flötze nicht daraus entweichen konnten, also Grubengas und Kohlendioxyd. Beim Durchfahren der Flötze mit Strecken und beim Abbau der Kohle haben die Gase Gelegenheit, auszutreten und die Wetter zu verderben. Entwickeln die Kohlen soviel Grubengas, dafs die Grubenluft 6 Raumprozent davon enthält (in Gemeinschaft mit Kohlenstaub genügen schon 0,3 %), so ist das Gemenge explosiv (schlagende Wetter), und es können dann durch Sprengen, durch Gebrauch offener Lampen oder unvorsichtiges Öffnen von Sicherheitslampen Unglücksfälle hervorgerufen werden, wie sie in vielen Kohlenbecken nicht selten sind.

Nur ein Teil der Steinkohle kommt in dem Zustande, wie sie gefördert wird, als Förderkohle, in den Handel. Sehr grofse Mengen unterliegen vorher einer Aufbereitung durch Trennung nach der Stückgröfse (Klassieren, trockene Aufbereitung), teils zum Zwecke einer Erhöhung des Wertes und der Versandfähigkeit, teils um sie für besondere Verwendungszwecke geeigneter zu machen.

Die trockene Aufbereitung vollzieht sich in drei Stufen:

a. Abscheiden der Stückkohlen;
b. Abscheiden des Kohlenkleins, der Feinkohle;
c. Klassieren der Nüsse.

Das Abscheiden der Stückkohle (d. s. Stücke bis herab zu 80 oder 60 mm Dchm) erfolgt auf Sturzsieben oder Grubenrosten mit festliegenden oder beweglichen Stäben, auch mit eingelegten Walzen (Borgmann, Distl und Susky). Sollen Stückkohlen zerkleinert werden, z. B. um daraus Nüsse für Hausbrand zu gewinnen (Anthracitkohlen für Dauerbrandöfen), so bedient man sich dazu der Steinbrecher. Aus den Stückkohlen werden auf Lesebändern oder Klaubtischen noch Schieferstücke, sowie mit Schiefer durchwachsene Kohlen mit der Hand ausgelesen.

Zum Abscheiden des Kohlenkleins aus dem ersten Siebdurchfalle wird dieser auf Stofs- oder Schüttelsiebe bezw. auf kegelige oder walzenförmige Trommelsiebe gebracht. Auf den Sieben bleiben die Nüsse, deren Trennung abermals auf ebenen, bewegten Sieben (Pendelrättern), häufiger aber auf Trommelsieben von wachsender Lochweite vorgenommen wird. Der Siebdurchfall bildet je nach der Zahl der Siebe eine Anzahl Klassen, von denen die drei ersten als Nüsse IV bis II (8—15, 15—25, 25—40 mm Dchm.) bezeichnet werden; was nicht durchfällt, sondern am Ende ausgetragen wird, sind die Nüsse I von 40—60 oder 80 mm Dicke. Die Nüsse I—III sind als Hausbrand sehr beliebt; Nüsse IV finden als Schmiedekohlen Anwendung oder werden mit den Feinkohlen verkokt, sowie zu Kohlenziegeln, Briketts verarbeitet.

Die Anforderungen, welche der Hüttenmann an die Brennstoffe für Schachtöfen stellen mufs, sind in den seltensten Fällen mit der Verkokung ungereinigter Feinkohlen vereinbar. Man unterwirft diese deshalb einem Waschprozesse (nasse Aufbereitung) behufs Entfernung des gröfsten Teiles der die Hauptmasse der Asche ausmachenden Berge und des Schwefelkieses, was denn auch bei guten Kohlen bis auf 3—4 %, bei weniger guten auf 5—8 % gelingt.

Die nasse Aufbereitung ist mit Nüssen und Feinkohlen getrennt und nach verschiedenen Grundsätzen vorzunehmen.

Das Waschen der Nüsse erfolgt stets auf Setzmaschinen unter Benutzung des Unterschiedes im Volumen-Gewichte von Kohlen, Bergen und Schwefelkies. Bekanntlich fallen nur im luftleeren Raum alle Körper gleich rasch. Schon beim Fall in der Luft zeigt sich ein Unterschied in der Fallgeschwindigkeit zweier Körper von gleicher Gröfse, aber verschiedenem Gewichte (nur mit solchen haben wir es nach der vorausgegangenen Klassierung hier zu thun); der schwerere fällt rascher. Der Unterschied wächst mit der Dichte des zu durchfallenden Mittels, ist also wesentlich gröfser beim Fallen in Wasser als in Luft. Da das Volumen-Gewicht der

Kohle etwa 1,4 kg, das der Schiefer 2,4 kg und das von Schwefelkies 5,1 kg ist, so wird aus einem Gemenge aller drei Körper der letzte zuerst, der erste und leichteste zuletzt am Boden eines Wassergefäſses anlangen; es werden sich die Gemengteile in scharf gesonderten Schichten übereinander ablagern: Die Klasse gleich groſser Körper ist nach dem Volumen-Gewichte sortiert worden.

Fig. 20.

Lassen wir das Gemenge anstatt auf einmal eine groſse Höhe sehr oft hintereinander eine kleine Strecke durchfallen, so wird das Ergebnis dasselbe sein; bei jedem einzelnen Falle werden die schwereren Körper ein wenig voreilen, bis sie zu unterst, die leichteren zu oberst liegen. Kehren wir den Vorgang um und lassen die Körper ruhen, bewegen aber das Wasser, so wird ein Strom von bestimmter Geschwindigkeit (gleich der Fallgeschwindigkeit des betreffenden Körpers) nur die leichtesten Körner heben, bei gröſserer Geschwindigkeit auch die nächstschweren und bei noch gröſserer auch die schwersten. Durch genaue Regelung der Geschwindigkeit des aufsteigenden Stromes gelingt es, die leichteren

Kohlen allein bis auf eine gewisse Höhe zu heben und dort von dem seitwärts abfliefsenden Wasser mit fortführen zu lassen, während die Berge zurückbleiben oder in einer niedriger gelegenen Ebene ausgetragen werden. In dieser Weise wirken die Grobkornsetzmaschinen, von denen die beiden nachstehend beschriebenen Formen sehr verbreitet sind.

Grobkornsetzmaschine von Lührig (Fig. 20). Der starke Holzkasten *a* mit einem nach der Mitte zu abfallenden Boden ist oben durch eine Längswand in zwei Abteilungen geschieden, in deren vorderer das von Stäben getragene und mit den zu waschenden Kohlen bedeckte Sieb *b* liegt. In der hinteren Abteilung wird von der Transmissionswelle *c* aus mittels Kniehebeln der Kolben *d* derartig auf und nieder bewegt, dafs das Wasser stofsweise durch das Sieb in die Höhe tritt, aber langsam zurückfliefst, womit eine saugende Wirkung auf die Kohlen vermieden wird. Die vom Wasserstrome gehobenen Kohlen werden durch den Schlitz *e* in der Vorderwand ausgetragen, während die Berge auf das Sieb zurücksinken, um nach Bildung einer genügend hohen Schicht seitlich durch die Öffnung *f* in den Bergetrog *g* zu fallen, aus dem sie ein Schöpfrad in die Lutte *i* wirft. An der andern Seitenwand befindet sich in etwas höherer Ebene eine ebenso gestaltete Öffnung, durch welche mit Bergen durchwachsene Kohlen, die eine fernere Zerkleinerung und nochmalige Wäsche erfordern, ausgetragen werden. Das verbrauchte Wasser wird durch frisches, bei *k* zuströmendes ersetzt. Der Stopfen *l* dient zum Ablassen der feinen, durch das Sieb gefallenen Berge.

Die Setzmaschine von Schüchtermann & Kremer (Fig. 21 u. 22) in den neueren Aufbereitungsanstalten Westfalens besonders häufig angewendet. Sie unterscheidet sich von der vorigen in der Hauptsache nur durch anderes Austragen der Berge. An der Vorderseite des Setzkastens sind zwei Schieber *a* und *b* angeordnet, von welchen der erste dicht über dem Siebe einen Spalt freiläfst, durch welchen nur Schiefer austreten können, während die Kohlen über den Schieber hinweg auf ein Sieb gelangen. Schieber *b* läfst oben einen Schlitz frei, durch welchen die Berge vom aufsteigenden Wasserstrom über *b* hinweg in den mit einer Transportschnecke versehenen Bergetrog *c* geschwemmt werden. Dieser Bergetrog ist für alle Grobkornsetzmaschinen der betr. Anlage gemeinsam. Die Schnecke schiebt sämtliche Berge in einen Sammeltrog, aus dem sie durch ein Becherwerk in die zur Halde führenden Transportvorrichtungen gehoben werden.

Das Waschen der Feinkohlen macht die umgekehrte Anordnung der Trennungsarbeiten nötig; sie werden erst sortiert und dann klassiert.

Da die Feinkohlen feucht sind, so können sie nicht durch Siebe klassiert werden; denn die kleinen Teilchen kleben an den gröfseren fest; nur wenn sie staubtrocken wären, könnte das Klassieren auf Sieben erfolgen. Man trennt sie deshalb zunächst nach Sorten, die im Wasser gleich schnell fallen. Bei der Verschiedenheit des Volumen-Gewichtes bestehen diese aus schweren Körnern von kleinerem und leichteren von gröfserem Durchmesser, deren Trennung nach Korngröfse, also in Klassen, folgt. Die hierzu erforderlichen Vorrichtungen sind die Spitzlutten und die Feinkornsetzmaschinen. Die Spitzlutten sind grofse Gerinne aus Holz von dreieckigem Querschnitte, welcher sich von einem Ende nach dem anderen hin sehr stark und gleichmäfsig erweitert, so dafs sie im Grund- und Aufrisse dreieckige Gestalt zeigen. Durch schräggestellte Querwände wird das ganze Gerinne in soviel Trichter zerlegt, als Sorten erzeugt werden sollen. Am schmalen und flachen Ende der Lutte tritt die Trübe, d. i. ein Gemisch von Wasser und Feinkohle, ein und fliefst mit immer abnehmender Geschwindigkeit nach dem breiten und tiefen Ende hin. Auf diesem Wege fallen die vom

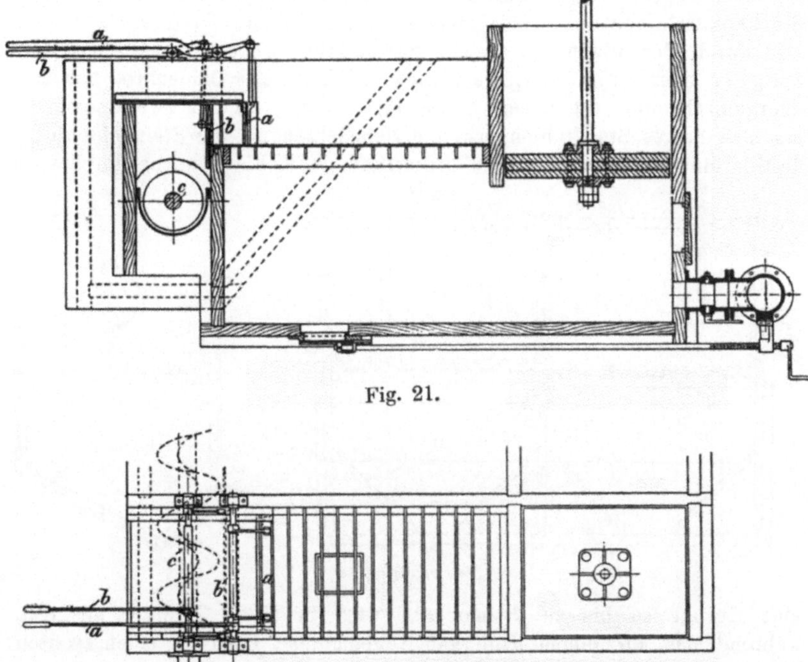

Fig. 21.

Fig. 22.

Wasserstrome getragenen Körner allmählich nieder, zuerst die schwersten, d. h. die gröfsten Kohlen- und kleinere, aber mit den Kohlen gleich rasch fallende Berge- und Kiesteilchen, weiterhin leichtere, also kleinere Kohlen- und noch kleinere Berge- und Kiesteilchen, am Ende die kleinsten Kohlen und Berge. An der Spitze jedes Trichters befindet sich eine Öffnung, durch welche ein Teil des Wasserstromes ausfliefst und die auf die schrägen Wände des Trichters niederfallenden Körner mitnimmt. Die Trübe jedes Trichters wird auf eine besondere Setzmaschine geleitet und von dieser weiter verarbeitet.

Bei den Feinkornsetzmaschinen (Fig. 23) erfolgt das Austragen der Berge durch das Sieb, dessen Maschen mit einer Lage von Feldspatgraupen bedeckt sind. Zwischen diesen Stücken gehen die kleinen Schiefer- und Kiesteilchen hindurch, während die gröfseren Kohlen vom Wasserstrome seitwärts entführt werden. Die Anzahl der Hübe und die Hubhöhe wechselt mit der zu verarbeitenden Korngröfse derart, dafs das gröbste Korn die wenigsten, aber höchsten Hübe erfordert. Die von den abfliefsenden Wässern mitgeführten feinen Kohlenteilchen (Schlammkohlen) werden in Klärsümpfen gewonnen; das Wasser selbst kehrt in die Wäsche zurück.

Die mageren Feinkohlen sind von geringem Werte, obgleich magere Stückkohlen hoch im Preise stehen. Der Wert der ersteren läfst sich also durch Vereinigung zu festen, versandfähigen Stücken, zu Kohlenziegeln oder Briketts, wesentlich erhöhen. Als Bindemittel hat man unorganische und organische Stoffe angewendet; als der zweckmäfsigste hat sich hartes Steinkohlenpech, ein Nebenerzeugnis der Steinkohlenteerdestillation, erwiesen. Die zu brikettierende Kohle, welche am besten

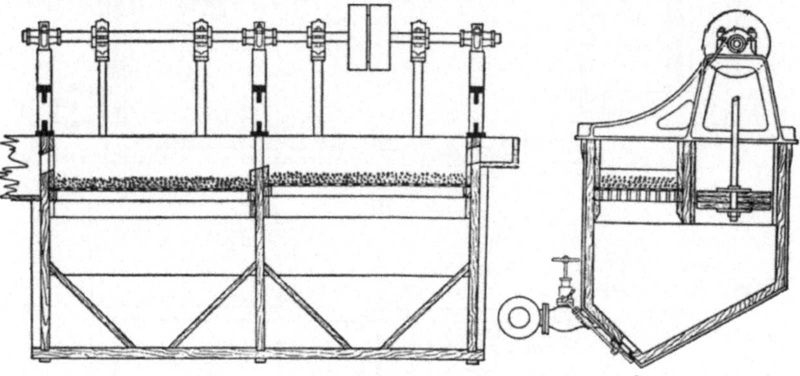

Fig. 23.

eine Korngröfse bis zu 7 mm hat, wird in einen Trichter gestürzt, während das auf einem Kollergange gemahlene Pech in einen zweiten Trichter fällt. Verteilungsvorrichtungen gestatten eine genaue Regelung des Mischungsverhältnisses der den Trichtern entfliefsenden Rohstoffe. Je nach der Natur der verwendeten Kohle und der Bindekraft des Peches sind von diesem $4\frac{1}{2}$—7 % der ersteren beizumischen. Eine Transportschnecke oder ein Becherwerk bringt Kohle und Pech in eine Schleudermühle, welche die innigste Mischung beider bewirkt. Eine zweite Transportschnecke führt das Gemisch in den Weichofen. Dieser besteht aus einem rotierenden Tisch, über und unter welchem die Gase einer seitlich liegenden Feuerung hinstreichen, und auf welchem das in der Mitte eingetragene Gemisch durch feststehende Rechen auf spiralförmigem Wege allmählich nach der am Umfange gelegenen Austragöffnung hin bewegt wird. Durch die Erwärmung auf 80° ist das Pech eben weich geworden. Eine Transportschnecke fördert die erweichte Masse der Brikettpresse, der wichtigsten Vorrichtung im ganzen Verfahren, zu, welche dieselbe in geeigneten Mengen (3, 5, auch 9—10 kg) zu festen, sofort verladefähigen, regelmäſsigen Stücken formt. Ein Transportband führt die Ziegel nach dem Wagen oder dem Vorratsraume.

Unter den zahlreichen Bauarten von Pressen hat sich die von Couffinhal als die tauglichste erwiesen, was besonders der zweiseitigen Pressung und der dadurch bedingten Erzeugung allseitig gleich fester

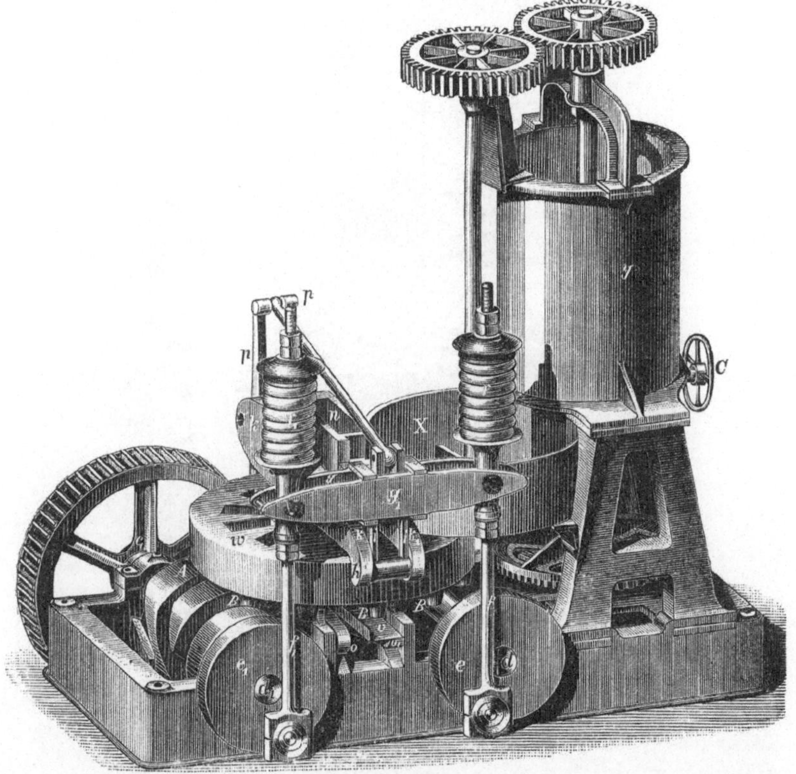

Fig. 24.

Briketts zuzuschreiben ist. Die in Fig. 24 u. 25 abgebildete Maschine arbeitet folgendermaſsen:

Die Welle a dient zur Bewegung der Maschine; sie betreibt mittels eines Getriebes b die auf den Achsen d und d_1 sitzenden Zahnräder c und c_1. An denselben Achsen befinden sich am andern Ende Kurbelscheiben e und e_1, welche auf die Pleuelstangen f und f_1 wirken. Diese letzteren greifen an dem zweiteiligen Querhaupte $g g_1$ an, welches seine Bewegung durch die Achsen h und h_1 und die Zugstangen $i i_1$ auf die

Hebel k und k_1 überträgt. Der Prefskolben l und der Ausstofskolben m folgen diesen Hebeln und werden bei ihrer auf- und absteigenden Bewegung durch das Mittelstück n geführt. Sobald der Druck durch den niedergehenden Prefskolben erfolgt, tritt ein Zeitpunkt ein, in dem die obere Fläche des herzustellenden Ziegels durch den Widerstand des unteren Kolbens q und die Reibung des Gemisches an den Formwänden an der Grenze der Zusammendrückbarkeit sich befindet. In diesem Augenblicke verlegt sich der Drehpunkt der Hebel $k k_1$ von ihrem linken Ende in die den Prefskolben führende Achse, welcher sich auf die Ober-

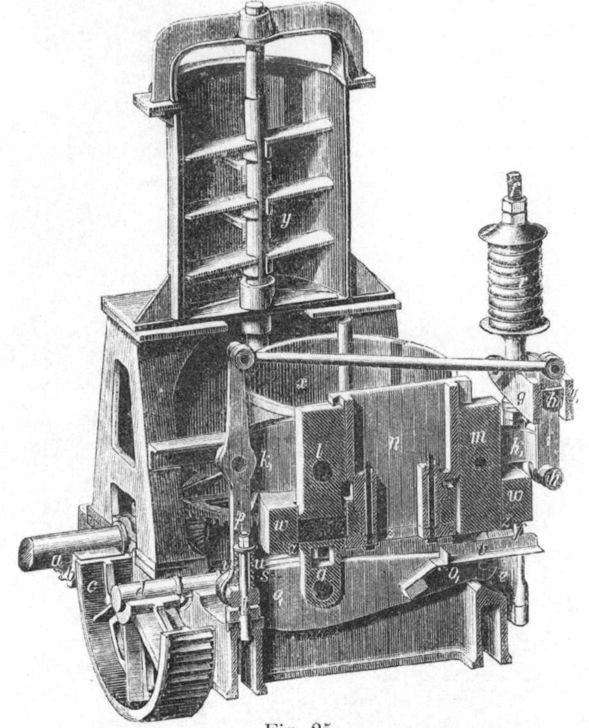

Fig. 25.

fläche des Briketts stützt. Durch die andauernde Abwärtsbewegung des rechten Hebelarmes von k und k_1 wird das linke Ende der Gegenhebel $o o_1$ mittelst der Zugstangen p und p_1 gehoben und der Kolben q aufwärts bewegt, der das Brikett jetzt seinerseits zusammenprefst.

Zur Vermeidung eines die zweckmäfsige Höhe von 160—180 kg auf 1 qcm überschreitenden Druckes sind starke Gummipuffer $r r_1$, welche auf Hülsen sitzen, die über die Zugstangen $f f_1$ geschoben sind, oder über k_1 eine Ölbremse angeordnet.

Der Hub des Kolbens q wird dadurch begrenzt, dafs ein gufseiserner Cylinder s von dem die Gegenhebel verbindenden Querhaupte nur bis zu einer Scheibe gehoben werden kann, welche an der im Maschinenrahmen verkeilten Stange *t* sitzt. Die Feder *w* führt die unteren Druckhebel in ihre tiefste Lage zurück.

Während links der Kolben *l* prefst, stöfst rechts *m* die fertigen Ziegel aus der Form auf den um eine Achse schwingenden Tisch *v*, der sie sanft auf das Transportband gleiten läfst.

Das Füllen der 12 Formen in der Formplatte *w* erfolgt durch eine Verteilungsvorrichtung *x* (ein cylindrisches Gefäfs, in dem zwei umlaufende Arme die Kohle durch eine Öffnung des Bodens in die darunter vorbeigeführten Formen streichen), welcher das knetbare Gemisch von einem Knetfafs *y* zugeführt wird. Den Transport vom Weichofen nach dem Knetfasse vermittelt eine Schnecke. Die Hauptantriebswelle *a* bewegt durch ein kegeliges Vorgelege die Messerwelle des Knetfasses, und diese setzt die Welle des Verteilers in Bewegung.

Das Handrad *C* dient zur Bewegung eines Schiebers, der die dem Verteiler zufliefsende Stoffmenge regelt.

Die sichere Führung der Formplatte *w* vermittelt teils das Mittelstück *n*, teils die Grundplatte *z*; ihre Bewegung erhält sie durch eine auf der Welle d_1 sitzende Trommel *A* mit eigentümlich gestalteten Nuten, welch letztere die Führungsrollen *B* der Formplatte erfassen und mittels derselben die Platte entweder um den Abstand zweier Formen im Kreise herumführen oder auch während des Pressens in der angenommenen Stellung festhalten. Die Nutenteile für die Bewegung der Platte haben annähernd die Richtung steiler Schraubengänge, sind aber so gestaltet, dafs zu Beginn und zu Ende der Bewegung die Geschwindigkeit wesentlich geringer ist, als in der Mitte; die Nuten zum Festhalten sind parallel zum Trommelumfang eingeschnitten.

Eine solche Presse liefert in 10 Stunden je nach der Gröfse der Briketts 50, 75 und 150 Tonnen Ziegel und erfordert dazu an Betriebskraft 25, 45 bezw. 55 Pferdekräfte.

Was das Vorkommen der Steinkohlen anlangt, so scheint ihre Verbreitung weit gröfser zu sein, als die der Braunkohlen; wenigstens hat ihre Gewinnung ganz erheblich gröfseren Umfang.

Im Jahre 1892 förderten:

Grofsbritannien	184 714 000 t
Die Ver. Staaten v. Nordamerika	155 812 000 „
Deutschland	71 372 000 „
Frankreich	25 697 000 „
Belgien	19 583 000 „
Österreich-Ungarn	10 293 000 „
Rufsland (einschl. Braunkohlen) .	6 952 000 „
Brit. Australien	4 277 000 „
Kanada	3 481 000 „
Japan	3 180 000 „
Spanien	1 459 000 „
Schweden	199 000 „

Die Zahl der Kohlenbecken Deutschlands ist zwar erheblich, doch befinden sich darunter eine Anzahl von nur geringer Bedeutung. Nachfolgende Tabelle, in welcher die Vorkommen von Osten nach Westen geordnet sind, giebt ein deutliches Bild ihrer Wichtigkeit:

Im Jahre 1892 förderten:

Oberschlesien	16437500 t	Hannover u. Oldenburg (Wälderkohle am Deister u. s. w.) . . .	455200 t
Niederschlesien	3411800 „	Schaumburg	250500 „
Wettin und Löbbejün. .	19700 „	Minden	7200 „
Grafschaft Hohnstein a. H.	1300 „	Ibbenbüren u. Osnabrück	217200 „
Dresden (Sachsen)	586400 „	das Ruhrbecken . . .	36969500 „
Lugau-Ölsnitz (Sachsen)	1400500 „	das Worm- u. Indebecken	1404700 „
Zwickau (Sachsen)	2225700 „	das Saarbecken (Preufsen, Bayr. Pfalz und Elsafs-Lothringen) . .	7434600 „
Schönfeld (Sachsen)	400 „	Gengenbach i. Baden . .	4500 „
Stockheim (Bayern u. Meiningen)	47800 „		
Manebach (Thür. Wald).	260 „		
Miesbach (Oberbayern) .	497600 „		

Davon gehören die Becken Lugau-Ölsnitz und Zwickau zusammen, wenngleich zwischen den Gruben derselben z. Z. noch ein nicht in Angriff genommener Zwischenraum liegt; dasselbe ist der Fall mit den Förderpunkten bei Osnabrück und dem Ruhrbecken. Die Ablagerungen an der Worm und Inde bei Aachen bilden nur die Fortsetzung des grofsen belgischen Kohlenbeckens bei Lüttich.

Österreich gewinnt Steinkohlen in Böhmen (Pilsen, Kladno, Rakonitz) 3 693 500 t, in Schlesien, Mähren und Galizien (Ostrau-Karwin, Fortsetzung des oberschlesischen Beckens) 5 501 000 t und in Nieder-Österreich 464 000 t. Die ungarischen Kohlenbecken liegen bei Fünfkirchen, sowie bei Steyerdorf und Drenkova im Banat; sie förderten zusammen 1 052 200 t.

Frankreich hat im Norden bei Valenciennes noch teil an dem belgischen Becken von Mons; minder wichtig sind die Ablagerungen im Süden bei Alais, St. Etienne und Creuzot.

In England verteilt sich der Kohlenreichtum auf eine Anzahl einzeln liegender Becken, unter denen die von Northumberland, Yorkshire, Derbyshire, Süd-Wales und Schottland die wichtigsten sind.

Von ganz ungeheuerer Ausdehnung sind die Steinkohlenvorkommen in Nordamerika, von welchen das grofse apalachische Kohlenfeld nordwestlich des Alleghanygebirges zur Zeit weitaus die gröfste Förderung besitzt. Es erstreckt sich über die Staaten Pensylvanien, Maryland, Ohio, Virginien, Kentucky, Tennessee, Alabama und Georgia und lieferte 1892 124 357 000 t Kohlen, darunter in Pennsylvanien 47 593 000 t Anthracit. Das zweitbedeutendste Kohlengebiet erstreckt sich über die Staaten Illinois, Missouri, Indiana, Iowa, Kansas, Arkansas und das Indianerterritorium; es lieferte 1892 30 595 000 t, darunter 670 000 t Anthracit in Arkansas. Das dritte Gebiet, in Michigan, förderte 63 500 t, das vierte, in Texas, 272 000 t. Eine fünfte Gruppe von Kohlenvorkommen findet sich ferner in den Staaten und Territorien der Felsengebirge

Neu-Mexiko, Colorado, Utah, Wyoming und Montana mit zusammen 6 958 000 t Förderung, worunter 3 420 000 t Anthracit in Colorado, eine sechste in den Staaten der Sierra Nevada und des Kaskaden-Gebirges Kalifornien, Oregon, Washington und Britisch Kolumbien mit 1 884 000 t Förderung. Das siebente Becken endlich ist das im Osten Kanadas in Neu-Schottland und Neu-Braunschweig, welches 2 987 000 t förderte.

5. Petroleum.

Während über die Herkunft der bisher betrachteten Brennstoffe irgend ein Zweifel nicht obwaltet, ist die Entstehung der flüssigen Kohlenwasserstoffe, die Erdöl, Petroleum und Naphtha genannt werden, und zu denen auch der Asphalt und das Erdwachs zu rechnen sind, noch nicht völlig aufgeklärt.

Von einigen Seiten wird angenommen, daſs dieselben tief im Erdinnern durch Berührung von Wasser mit glutflüssigen Metallkarbiden entstehen und nun gleich heiſsen Quellen und vulkanischen Auswürfen in die ölführenden Schichten gelangen. Das ausschlieſsliche Vorkommen der fraglichen Mineralien in Schichtgesteinen und der gänzliche Mangel in vulkanischen Gegenden sprechen jedoch dagegen. Die Übereinstimmung von Destillaten aus Holz, Torf und Kohle mit denen aus rohem Erdöle läſst vielmehr auch dessen Entstehung aus Resten von Lebewesen als wahrscheinlich annehmen; es bleibt nur noch zu entscheiden, ob diese Reste von Pflanzen oder von Tieren herstammen. Die ölführenden Schiefer sind an vielen Orten so reich an Fischresten, daſs letzteres wahrscheinlich ist; durch das Zusammenvorkommen von Salz mit den Kohlenwasserstoffen wird die Wahrscheinlichkeit verstärkt, durch vollkommen gelungene Versuche, aus tierischem Fette dem Erdwachs und dem Erdöl chemisch gleichartige Verbindungen herzustellen, aber beinahe zur Gewiſsheit.

Die Zusammensetzung des rohen Erdöles schwankt zwischen den Grenzen 82—85 % Kohlenstoff, 15—12 % Wasserstoff und 0,8 bis mehr als 5 % Sauerstoff. Der Heizwert beträgt rund 10 000 W.-E.

Die bedeutendsten Vorkommen befinden sich in Nord-Amerika (Pennsylvanien zwischen dem Eriesee und Pittsburg, Ohio und Virginien, Kentucky und Tennessee, Kanada) und bei Baku am Kaspisee, welche rund 56 und 42 % aller Ölausbeute liefern. Die Gewinnung in Galizien und Rumänien ist im Vergleich zu diesen Mengen gering, in Deutschland bei Peine in Hannover und bei Pechelbronn im Elsaſs u. a. O. sehr klein.

Die Verwendung der rohen Naphtha, sowie der bei der Destillation von Leuchtöl u. s. w. verbleibenden Rückstände (Masud) als Brennstoff ist noch beschränkt, hauptsächlich auf Dampfkesselfeuerungen von Schiffen, doch werden in Nordamerika auch Puddel- und Schweiſsöfen, in Deutschland vereinzelt Tiegelöfen für die Erzeugung flüssigen Schmiedeeisens zu Guſszwecken (Mitisguſs) damit betrieben.

Die Gewinnung betrug im Jahre 1893:

in den Ver. Staaten	6 388 300 t
„ Kanada . . .	111 700 „
„ Rufsland . . .	4 754 300 „
„ Galizien . . .	122 000 „
„ Indien	31 100 „
„ Deutschland . .	14 000 „
„ Japan	13 300 „
„ Italien	2 700 „
zusammen	11 437 400 t

6. Naturgas.

Wie flüssige, so finden sich auch gasförmige Kohlenwasserstoffverbindungen an zahlreichen Orten der Erde, nirgends aber so massenhaft als in Nordamerika, besonders in Pennsylvanien bei Pittsburg und Alleghany City, wo die Gase durch Niederstofsen von Bohrlöchern aus den unterirdischen Behältnissen, in denen sie unter 7—14 kg/qcm Druck stehen, abgezapft und in meilenlangen Rohrleitungen den Fabriken, Hüttenwerken und Wohnhäusern zugeführt werden. Im März 1887 versah eine einzige Gasgesellschaft in Pittsburg 967 Dampfkessel, 1567 verschiedene Öfen in Eisenhütten, 1001 Glas- und Kühlöfen, 72 andere Fabrikstätten und 4500 Wohnhäuser täglich mit 5 700 000 cbm Gas. Im Jahre 1888 hatte die Gasausbeute in Pennsylvanien einen Wert von 77 Millionen, in Ohio 6 Millionen, in Indiana 5 Millionen, einschl. der übrigen Staaten zusammen 89 519 500 ℳ Wert. Seit jener Zeit hat freilich, trotz Erschliefsung immer neuer Gasfelder (höchste Ausbeute 1889 in Ohio, 21 Millionen, in Indiana 1893 23 Millionen ℳ Wert), der Gasaustritt sich wesentlich vermindert, doch wird die im Jahre 1895 verbrauchte Menge noch immer mit 52 000 000 ℳ bewertet, und zwar in Pennsylvanien mit 23,4 Millionen, in Ohio mit 5 Millionen, in Indiana mit 20,8 Millionen M.

Die Entstehung des Naturgases dürfte in engem Zusammenhange mit der des Erdöles stehen. Seine Zusammensetzung bewegt sich in den Grenzen:

Methan	68,4—94,0	Raum-%	Kohlenoxyd	0,4—0,8	Raum-%
Äthylen	0,6—0,8	„	Kohlendioxyd	0—0,8	„
Wasserstoff	2,9—29,8	„	Sauerstoff	0,4—2,6	„
			Stickstoff	0—4,29	„

Seine Verbrennungswärme ist hiernach 6060—9000 W.-E. für 1 cbm.

b. Künstliche Brennstoffe.

α. Durch Verkohlung erzeugte künstliche Brennstoffe.

Als Verkohlung oder trockene Destillation bezeichnen wir jede mit Zersetzung verbundene Destillation organischer Stoffe. Beim Erhitzen solcher treten infolge Vereinigung von Sauerstoff und Wasserstoff zu Wasser, sowie durch Bildung von Kohlenstoff, Wasserstoff und Sauerstoff enthaltender Verbindungen Zersetzungserzeugnisse verschiedener Art auf als Gase, flüssige und feste Destillate, während ein kohlenstoffreicher Rückstand, Kohle oder Koks, übrig bleibt. In gröſstem Maſsstabe werden Holz und Mineralkohlen dieser Behandlung unterzogen, und je nach Leitung und Zweck der Destillation bilden der Rückstand oder die Destillate das Haupterzeugnis.

Von alters her wird Holz verkohlt; während dies aber früher ausschlieſslich zum Zwecke der Gewinnung des festen, kohlenstoffreichen Rückstandes, der Holzkohle, geschah, und die gasförmigen und flüssigen Destillate dabei verloren gegeben wurden, wird gegenwärtig der Hauptwert auf die Gewinnung der letzteren gelegt. — Auch Torf wird behufs Darstellung von Torfkohle und unter Verzicht auf die flüchtigen Erzeugnisse verkohlt, allerdings nur in geringem Umfange. — Von den Braunkohlen sind es nur gewisse erdige Arten, die in der Gegend von Halle a. S. Anlaſs zur Entwickelung eines groſsartigen chemischen Gewerbes, der Erzeugung von Paraffin, Solaröl, Benzin u. s. w., gegeben haben. Der verbleibende Koks, Grude genannt, ist, weil feinkörnig bis pulverig, nur von sehr geringem Werte und lediglich als Brennstoff für häusliche Verwendung in sogen. Grudeöfen in der Nähe der Erzeugungsstätten in Anwendung. — Die Destillation der Steinkohle hat sich ähnlich entwickelt, wie die des Holzes; sie begann im 18. Jahrhundert unter der Bezeichnung „Abschwefeln der Kohle" und hatte lediglich die Erzeugung eines dichteren, rauchlos verbrennenden, kohlenstoffreichen und deshalb höheren Heizwert besitzenden Rückstandes, des Koks, zum Zwecke. Erst mit der Entdeckung, daſs das gasförmige Destillat sich vorzüglich zur Beleuchtung eigne, entstand neben der Kokerei im Anfange dieses Jahrhunderts die Leuchtgasgewinnung als selbständiges Gewerbe von groſser Bedeutung. Die mit ihr notwendig verbundene Abscheidung gewisser Destillate, wie des Teeres und des Ammoniaks, welche infolge Fortschreitens der chemischen Wissenschaft zu wertvollen Rohstoffen neuer Gewerbszweige wurden, veranlaſste schlieſslich, daſs seit etwa 20 Jahren auch mit der Kokerei Einrichtungen zur Gewinnung dieser in der Leuchtgasbereitung von Anfang an verwerteten Nebenerzeugnisse verbunden wurden.

7. Holzkohle.

Erhitzt man Holz bei vollkommenem Luftabschluſs über 150° C., so beginnt die Zersetzung; es verflüchtigen sich zunächst Wasserstoff und Sauerstoff als Wasser, weiterhin diese beiden Elemente mit Kohlenstoff verbunden als Essigsäure = $C_2H_4O_2$, endlich Kohlenwasserstoffe; dabei wird das Holz braun und geht in die sogen. Rotkohle, wie sie bei der Schieſspulverfabrikation verwendet wird, über. Die eigentliche, schwarze, glänzende, harte und klingende Holzkohle entsteht bei 350—400° unter Bildung teeriger Destillate (neben den oben angeführten), sowie von Kohlenoxyd und Kohlendioxyd.

Die Herstellung der Holzkohle erfolgte früher ausschlieſslich in *Meilern*; das sind nach bestimmten Regeln aufgebaute Holzhaufen, die durch Laub, Rasen und Erde so dicht von der Luft abgeschlossen werden, daſs die in ihrem Innern eingeleitete Verbrennung ganz nach dem Willen des Köhlers sich regeln läſst. Die Verkohlung des Holzes nimmt man meist im Walde an trockenen, ebenen und vor Wind geschützten Plätzen mit durchlässigem Untergrunde vor, in deren Nähe sich reichlich Wasser findet, und welche ein bequemes Anschleppen des Holzes gestatten. Nachdem die Meilerstätte geebnet und nach der Mitte zu wenig vertieft ist, werden drei etwa 3 m lange Stangen *a* (Fig. 26) in einem gleichseitigen Dreiecke von etwa 20 cm Seitenlänge in den

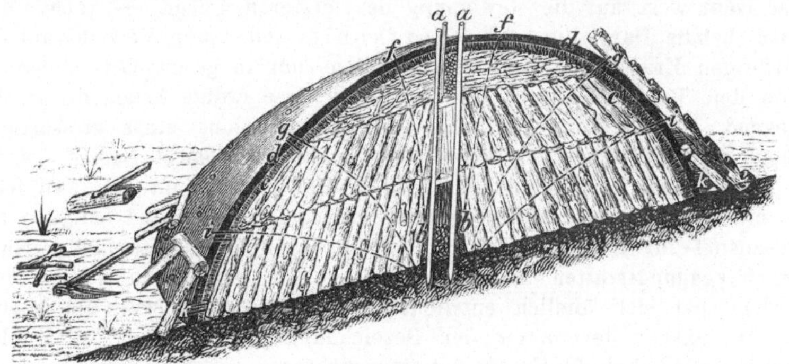

Fig. 26.

Boden gerammt; sie bilden den *Quandelschacht*, die Achse des Meilers; ihre gegenseitige Stellung wird durch Spreizen gesichert. An dem Fuſse dieses Schachtes häuft man den Zündkegel *b b* aus leicht entzündlichem Holze (Kienspäne, Brände, klein gespaltenes Holz) und stellt um diesen das in 1 m lange Scheite geschnittene Scheitholz, die Rinde nach auſsen gekehrt, in konzentrischen Schichten mit innen möglichst geringer, nach auſsen zunehmender Neigung auf, bis der gewünschte Durchmesser erreicht ist. Auf diese erste Schicht kommt eine zweite, unter Umständen eine dritte zu stehen, deren Scheite aber stärker geneigt sind, so daſs der ganze Haufen die Form eines Paraboloids erhält. An Stelle der dritten Schicht treten vielfach auch wagerecht gelegte schwächere Hölzer (Äste, Wurzeln), die runde Haube bildend. Die Auſsenfläche des Meilers wird mit dünnem Astholze möglichst gleichmäſsig abgeschlichtet und dann mit Laub, Nadeln oder einer Rasendecke, dem Rauchmantel *c*, und schlieſslich mit Erde, Sand oder Kohlenlösche, dem Erdmantel *d*, bekleidet. Die anfangs nicht bis zum Boden reichende Decke wird durch Querhölzer und Streben vor dem Abrutschen bewahrt. Nachdem noch vor der Windseite ein Schirm aus Reisholz erbaut ist, wird zum Entzünden des Meilers geschritten, was am Zündkegel mittels Einwerfen von Feuer durch den Quandelschacht erfolgt. Ist der Zündkegel *bb* in Brand geraten, so füllt man den

Quandelschacht mit fein gespaltenem Holz und schliefst ihn. Das Feuer breitet sich nach oben und oben seitlich aus, etwa bis zu den Linien *bf*; die verdampfte Feuchtigkeit verdichtet sich z. T. in der Decke, indem sie diese anfeuchtet (der Meiler schwitzt); sauere, brenzlige Dämpfe entweichen unterhalb des Mantels und gehen endlich in entzündliche Gase über, die gemischt mit der zwischen den Holzstücken befindlichen oder von aufsen eingedrungenen Luft explodieren (werfen und stofsen) und dabei stellenweise die Decke zerstören oder gar Teile des Holzaufbaues abwerfen. Diese während der ersten 18—24 Stunden eintretenden Beschädigungen müssen sofort ausgebessert werden. Dann füllt man die durch Ausbrennen der Quandelzone entstandenen Hohlräume nach dem Zusammenstofsen des Feuers mit gespaltenem Holze, deckt den Meiler wieder und wiederholt diese Arbeit mehrere Male, bis die Zeit des Schwitzens vorüber ist, was am Aufhören der Entwickelung sauerer Dämpfe erkannt wird. Man bedeckt jetzt auch den Fufs des Meilers und schliefst ihn dadurch für die nächsten 12 Stunden vollständig von der Luft ab. Durch Einstechen von etwa 2 cm weiten Öffnungen (Räume) in die Decke rund um den Meiler, und zwar nach und nach in verschiedener Höhe (Kopfräume *g*, Brusträume *i*, Fufsräume *k*), wird das Feuer, dem die nötige Luft durch den lockeren Boden zuströmt, allmählich von oben nach unten und von innen nach aufsen gezogen (Treiben des Meilers). Die oberen Räume werden geschlossen wenn blauer Rauch entweicht, die 15—18 cm vom Boden entfernten Fufsräume erst, wenn die Flamme herausschlägt. Nach dem Schliefsen auch der Fufsräume wird die Meilerdecke zerschlagen, damit die darin verdichteten teerigen Stoffe verbrennen, und dann die trockene Erde durch Reiben, Kehren u. s. w. zwischen den Kohlen verteilt, wodurch das Feuer erlischt.

Das Ziehen der Kohlen erfolgt nach teilweisem Blofslegen vom Rande aus; die heifsen, z. T. noch glühenden Kohlen werden dabei mit Wasser abgelöscht und ausgeharkt. Man erhält Stückkohle (noch von der Form des Holzes), faustgrofse Mittelkohle, Kleinkohle (aus dem Astholze), Lösche oder Kohlenklein (zum Abdecken von Meilern, Ebnen neuer Meilerstätten, Rösten von Erzen) und Brände, das sind unvollkommen verkohlte Stücke vom Boden und vom Rande des Meilers, die wieder miteingesetzt werden oder auch gleich der Kohle Verwendung finden. Die Dauer der Treibezeit ist 4—7 Tage, die des Zubrennens und Ziehens 4—6 Tage; ein ganzer Brand nimmt, je nach der Gröfse des Meilers (120—150 cbm, selten bis 300 cbm) 15—20 Tage in Anspruch.

Durch Entgasung geht selbst bei vollkommenem Luftabschlusse, wie er in Meilern nie erreicht wird, ein Teil des Kohlenstoffes verloren; in diesen ist der Verlust bedeutend gröfser (8—15 %), so dafs etwa 22—25 Gew.-%, dem Raume nach 60 %, des eingesetzten Holzes an Kohlen ausgebracht werden. Fernere Verluste erleidet man durch Zerreiben beim Ziehen, Fortschaffen und Lagern im Schuppen (der Einrieb). Die Leitung des Vorganges und die Beschaffenheit des Holzes haben ebenfalls Einflufs auf die Höhe des Ausbringens, insofern bei sehr raschem Betriebe mehr Holz verbrennt, als bei langsamem, und aus jungem Holze mehr Wasser auszutreiben ist, als aus älterem. Hiernach wechselt auch das Gewicht der Kohlen; es beträgt für 1 cbm von Nadelholzkohlen 125—180 kg, von weichen Laubholzkohlen 140—200 kg, von harten Laubholzkohlen 200—240 kg. Die durchschnittliche Zusammensetzung lufttrockener Holzkohle ist: 80,1 % Kohlenstoff, 1,8 % Wasserstoff, 3,1 % Sauerstoff und Stickstoff, 12,0 % Feuchtigkeit, 3,0 % Asche. Die Verbrennungswärme ist 6900 W.-E., wogegen vollkommen trockene, aschenfreie Holzkohle 8000 W.-E. entwickelt.

Sollen neben den Holzkohlen die flüssigen Destillate gewonnen werden, so wird die Verkohlung in Retorten durchgeführt; dabei wird zwar mehr, aber für Feuerungszwecke geringwertigere Kohle ausgebracht. Die gasförmigen Destillate dienen zum Heizen der Retorten und anderer Feuerungen.

Folgende drei Regeln sind beim Kohlen sorgfältig zu beachten:

1. Die Luft mufs vom unangebrannten Holze zum brennenden Teile geleitet werden, nicht umgekehrt, weil sonst zu viel Kohle verbrennt.
2. Die gasförmigen Verkohlungserzeugnisse dürfen nicht durch die glühenden Kohlen aus dem Meiler geleitet werden, sondern durch die tiefer gelegenen Räume, weil sonst durch Reduktion des Kohlendioxydes Verlust an Kohle eintritt.
3. Die Verkohlung mufs langsam erfolgen.

8. Koks.

Koks sind die Verkohlungsrückstände der mineralischen Brennstoffe, besonders der Steinkohle. Nicht alle Steinkohlen geben aber, wie wir oben gesehen, einen Koks, der zur Verwendung in Hüttenbetrieben brauchbar ist. Die Sand- und Sinterkohlen können nur als Stückkohlen verkokt werden; dabei zerklüftet der Rückstand, wird mürbe oder zerfällt in kleine Stücke; Feinkohlen sind für sich allein ganz unverwendbar. Die eigentlichen Backkohlen und die backenden Sinterkohlen schmelzen aber und bilden aus kleinen Körnern grofse und feste Koks, die selbst bedeutendem Drucke widerstehen. Aus diesem Grunde werden sie fast allein verkokt; erst in der neuesten Zeit hat man durch Beschleunigung des Prozesses und Zuhilfenahme von Druck auch aus wenig backenden bzw. aus Gemengen von backenden und nicht backenden Kohlen brauchbare Koks herstellen gelernt.

Wie die Verkohlung des Holzes sowohl unter Luftzutritt (in Meilern) als unter Luftausschlufs (in Retorten) erfolgt, so kann auch die Verkokung der Steinkohle unter Preisgabe eines Teiles derselben oder ohne solche vor sich gehen. Man verkokt unter Luftzutritt in Meilern, Stadeln und Backöfen, ohne Luftzutritt in geschlossenen Öfen.

Zur Meilerverkokung sind nur Stücke reiner Sinterkohlen, nicht Backkohlen verwendbar; sie ist in Deutschland ausschliefslich in

Oberschlesien heimisch. Bei der Verkokung in Stadeln (prismatische, oben offene, an den Seiten von Mauern mit Luftzügen umgebene Räume) ist auch Feinkohle verwendbar. Sie finden des geringen Ausbringens wegen nur ganz vereinzelt Anwendung, in Deutschland z. B. in Obernkirchen (Schaumburg).

Die geschlossenen Koksöfen sind im Laufe der Zeit in so zahlreichen Formen ausgeführt worden, daſs nur sehr wenige davon hier betrachtet werden können, und zwar nur diejenigen, welche für die Entwickelung der Kokerei zeitweilig gröſsere Bedeutung erlangt haben. Zur Zeit sind von allen Formen nur zwei weit verbreitet.

Zunächst können zwei Hauptarten unterschieden werden: Öfen mit unterbrochenem und mit ununterbrochenem Betriebe, von denen die ersten nach dem Garbrennen eines Einsatzes gänzlich entleert und dann von neuem gefüllt, die letzteren immer nur teilweise entleert und gefüllt werden, also stets zum gröſsten Teile mit verkokender Kohle besetzt bleiben. Die zweite Art, der Koksofen von Lürmann, hat sich weiteren Eingang nicht verschaffen können und soll deshalb hier ganz auſser Betracht bleiben.

Die Öfen mit unterbrochenem Betriebe sind teils einräumige, teils zweiräumige. In den einräumigen Öfen findet die Entwickelung der zur Zerlegung der Kohle erforderlichen Wärme und die Verkokung in einem und demselben Raume statt, und zwar durch Verbrennen eines Teiles der Kohlen mit einer eben ausreichenden Menge in den Ofenraum eintretender Luft. In den zweiräumigen befindet sich die Kohle in einer von der Luft gut abgeschlossenen Kammer, welche von auſsen her durch die verbrennenden Destillationsgase erhitzt wird. Der Verkokungsraum hat bei einigen Ofenarten senkrechte oder geneigte, bei den meisten wagerechte Lage. Je nach der Richtung der Heizkanäle, in denen die Verbrennung der Destillationsgase erfolgt, unterscheidet man weiter Öfen mit senkrechten und mit wagerechten Zügen. Eine Übersicht der zahlreichen Bauarten gewährt folgender Stammbaum, welcher aber bei weitem noch nicht alle Formen umfaſst:

Koksöfen

- mit unterbrochenem Betriebe
  - einräumige
    - Backöfen verschiedener Bauart
  - zweiräumige
    - mit senkrechten Verkokungsräumen
      - Appolt (Bauer-Goedecke)
      - Collin
      - Kleist
    - geneigten Verkokungsräumen
      - Dubochet
    - wagerechten Verkokungsräumen
      - mit senkrechten Zügen
        - François-Rexroth (Büttgenbach, Rudert)
        - Coppée
        - Hoffmann-Otto
        - Otto
      - mit wagerechten Zügen
        - Haldy (Smet, Wintzek,) Dilla
        - Knab-Carvés (Hüssener)
        - Semet-Solvay
        - Festner-Hoffmann
- mit ununterbrochenem Betriebe
  - Lürmann

Der *Backofen* oder *Bienenkorbofen*, wie er seiner Gestalt wegen auch genannt wird, ist die unvollkommenste aller im Gebrauch befindlichen Ofenformen. Er hat quadratischen oder kreisrunden Grundrifs und ist mit einem Kuppelgewölbe überdeckt, in dem die einzige Abzugsöffnung für die Gase liegt. Durch die Mitte des Gewölbes wird die Kohle eingetragen, nachdem durch Steinkohlenfeuer das ganze Ofeninnere in Glut versetzt ist. Sofort beginnt die Entwickelung von Gasen, welche mit der durch Öffnungen in der Thür eintretenden Luft verbrennen und so die Temperatur auf der erforderlichen Höhe erhalten; gleichzeitig verbrennt ein Teil der Kohle bezw. des Koks selbst, obwohl bei abnehmender Gasentwickelung die Öffnungen allmählich fast vollkommen verschlossen werden, so dafs das Ausbringen aus Kohlen mit 80 % festem Rückstande nicht über 58—65 % beträgt. Ist der Koks gar gebrannt, so wird er noch im Ofen mit Wasser abgelöscht und mittels Haken ausgezogen.

Die in den Wänden aufgespeicherte Wärme genügt, um die Entgasung und Entzündung der neuen Füllung einzuleiten.

Die Bienenkorböfen eignen sich nur zur Verkokung vorzüglich backender Kohlen und geben, dem langsamen Voranschreiten der Verkohlung entsprechend, einen porigen, leicht entzündlichen Koks, der für manche Zwecke, z. B. zur Heizung von Tiegelschmelzöfen, sehr gesucht ist und teuer bezahlt wird. In Westfalen, wo nur einige wenige dieser Öfen noch in Betrieb stehen, führt der darin erzeugte Koks — und es ist nicht ersichtlich, warum — den Namen *Patentkoks*. In England und Nordamerika ist der Bienenkorbofen dagegen noch immer der weitaus verbreitetste; behufs schnellerer Entleerung hat ihm *Adams* eine bewegliche Sohle gegeben (Fig. 27). Der Boden des Ofens besteht aus einer Scheibe *b*, welche auf einem von Druckwasser getragenen Stempel *g* ruht. Ist die Verkokung zu Ende, so wird ein Wagen unter den Boden geschoben; beim Senken des Kolbens legt sich der Boden auf den Wagen, und bei weiterem Senken löst sich der Kolben vom Boden *c*. Dieser wird herausgezogen, der Koks gelöscht, abgestofsen und der Boden wieder in seine Stellung zurückgebracht. Die Vorteile der Anordnung sind Zeitersparnis und gröfsere Schonung des Ofens. Bei gleichem Rauminhalte (3,2 cbm) wird der alte Bienenkorbofen mit 6,15 t der von Adams mit 3,85 t besetzt; beide bringen 65 % Koks aus; da aber ersterer nur 3, letzterer 6 Sätze in der Woche verkokt, so sind die

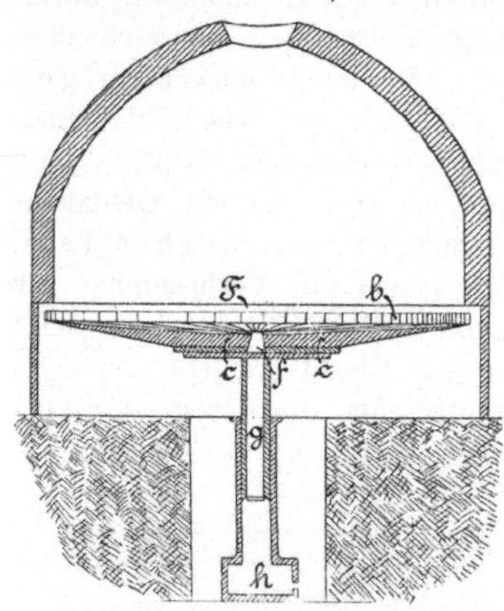

Fig. 27.

Erzeugungsmengen 12 bzw. 15 t und die zur Entleerung erforderliche Zeit 3 Stunden, bzw. 15 Minuten.

Die starke Abkühlung, welche diese Bienenkorböfen mit grofser Grundfläche vom Boden aus erleiden, machte zuerst die Heizung der Sohle durch die abziehenden Gase eines benachbarten Ofens notwendig; durch weitere Ausnutzung der verbrennenden Destillate zur Heizung nicht nur der Sohle, sondern auch der Wände haben sich die zahlreichen älteren und neueren zweiräumigen Öfen entwickelt. Die Wände dieser von aufsen geheizten Kammern haben jederzeit so hohe Temperatur, dafs die Kohle ohne Verbrennung eines Teiles genügend erhitzt wird, um vollkommen abzudestillieren. Es wird dabei die Luft vollständig vom Eintritt in das Ofeninnere abgehalten, also bei Luftabschlufs verkokt. Behufs leichterer Übertragung der Wärme auf die ganze Masse der Kohle werden jetzt an Stelle der halbkugel- oder würfelförmigen Räume der Backöfen lange prismatische Kammern von kleinem Querschnitt, also mit grofser Oberfläche bei kleinem Inhalt, angewendet.

Von den Öfen mit senkrechter Achse des Verkokungsraumes erfreut sich nur der von Appolt (Fig. 28) weiterer Verbreitung. In einem gemeinschaftlichen Rauhgemäuer sind 12—18 Schächte *a* von 5 m Höhe und einem inneren Querschnitte von 1100/330 mm oben bezw. 1240/470 mm unten eingebaut und unten durch eiserne Klappthüren *b*, oben durch Deckplatten *c* geschlossen. Die vollkommen freistehenden Schächte werden nur durch Binder *d* gegeneinander und gegen das Rauhgemäuer abgestützt. In verschiedenen Höhen führen die Abzugsöffnungen *e* und *f* die Gase nach den Räumen *g*, in welchen sie mit der durch *i* und *h* zuströmenden Luft verbrannt werden. Die Verbrennungsgase ziehen durch die senkrechten Kanäle *k* und *l* nach den wagerechten Zügen *m* und *n*, welche sie in die Schornsteine entlassen. Den Zug und somit auch den Luftzutritt regelt man durch Schieber *o*; die Kanälchen über *h* dienen zur Beobachtung des Ofenganges. Durch Einbau von Mauerzungen zwischen die Kammern sind den Gasen in jüngerer Zeit die Wege genau vorgeschrieben, was zu deren besserer Ausnutzung, zu gleichmäfsigerer Erhitzung und gröfserer Haltbarkeit der Wände viel beigetragen hat.

Im Betriebe werden die Thüren *b* jede durch 2 hl Kokslösche, welche man vor den Kohlen einfüllt, vor der Einwirkung der Hitze geschützt. Die Ladung von 1,33 t Kohle füllt den Ofen nur bis zu der 0,875 m hohen, zusammengezogenen Schüttzone an und schwindet bei der raschen Verkokung und unter dem eigenen Drucke sehr stark zusammen. Die Verkokungsdauer beträgt 24 Stunden. Das Entleeren erfolgt durch Öffnen der Klappthüren mit Hülfe eines Schlüssels, der auf die in den Schlüsselröhren *p* sichtbaren Stangen gesteckt wird. Der Koks fällt in unterstehende Wagen, in denen man ihn durch Wasser, bzw. durch Bedecken ablöscht.

Die Öfen haben bei 1,93 cbm Inhalt 12,78 qm ganze und 12,30 qm feuerbespülte Oberfläche, so dafs auf eine Tonne Kohle 1,45 cbm Inhalt und 9,25 qm Heizfläche, auf ein Kubikmeter Ofenraum aber 6,37 qm Heizfläche entfallen. Die Folge dieser aufsergewöhnlichen Oberflächenentwickelung und der vorzüglichen Heizung ist eine sehr beschleunigte Verkokung; der bedeutende Druck der Kohlensäule erzeugt sehr dichten

Fig. 28.

Koks. Diese Vorzüge machen Appolts Ofen besonders geeignet zur Verkokung weniger gut backender Kohlensorten, wie sie z. B. in Belgien auftreten, wo infolgedessen der Ofen sich grofser Beliebtheit erfreut. Die Schwierigkeit und Kostspieligkeit des Baues und der Wiederherstellungsarbeiten, bei welchen die Kaltlegung des ganzen Blockes selbst wegen einzelner Kammern nicht zu umgehen ist, hat ihre weitere Verbreitung behindert; doch sind in dieser Beziehung in der Neuzeit, z. B. auf den Lothringer Eisenwerken in Ars a. d. M. Verbesserungen vorgenommen worden. Eine weitere Durchbildung hat das System durch Bauer und Godecke erfahren.

Für die Öfen mit wagerechten Verkokungsräumen ist die Art der Gasführung, ob wagerecht oder senkrecht, weit wichtiger als der Umstand, ob jeder Ofen nur eine seiner Wände (die andere wird dann vom Nachbarofen geheizt) und die eigene Sohle oder beide Wände z. T. und die Sohlen der Nachbaröfen erhitzt, ob die Gase über die ganze Länge des Ofens oder nur an einer Hälfte abgesogen werden, obwohl auch dies nicht ohne Einfluſs auf die Leistungsfähigkeit ist.

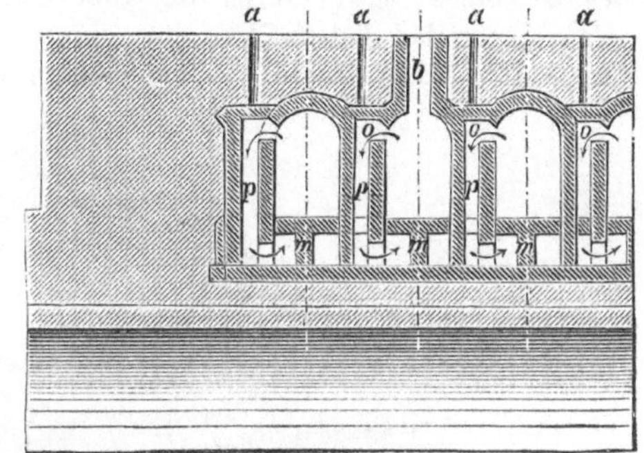

Fig. 29.

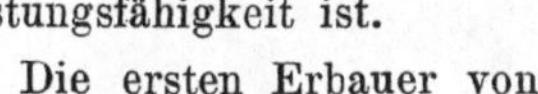

Die ersten Erbauer von Koksöfen mit senkrechten Zügen in der Wand waren François und Rexroth. Das Gas tritt bei ihrem, in Fig. 29 und 30 dargestellten Ofen an einer Langseite durch 14 Öffnungen o in ebensoviele senkrechte Züge p; die einzelnen Ströme sammeln sich in der einen Hälfte des durch eine Längszunge m geteilten Sohlenkanals, ziehen in diesem hin und zurück und fallen endlich in den unterirdischen Fuchskanal k. Die Füllöffnungen sind mit b, die Luftkanäle mit a bezeichnet. Für gasarme Kohlen ist der Ofen 600, für gasreiche 900 mm weit; die Höhe beträgt 1,425 m, die Garungszeit 24 bzw. 48 Stdn.

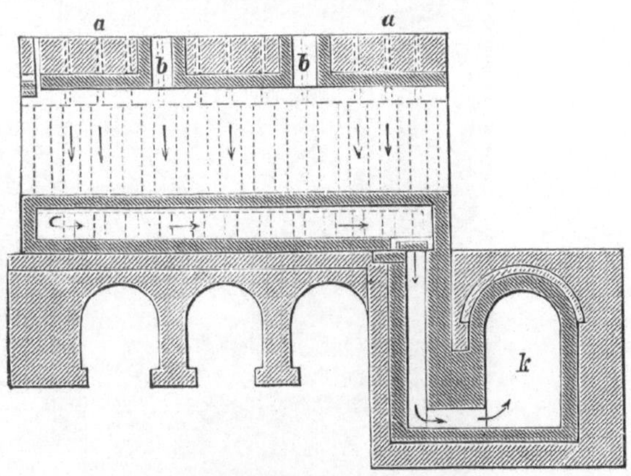

Fig. 30.

Diesem im Saarreviere sehr bewährt befundenen Ofen schlieſst sich der von Coppée (Fig. 31), jetzt nächst dem Bienenkorbofen wohl der verbreitetste aller Koksöfen, eng an. Auch hier treten die Gase durch Öffnungen a am Gewölbeansatz in sehr zahlreiche (29) senkrechte Züge b, welche sie in den ungeteilten Sohlenkanal c führen, wo sie sich mit denen aus dem Nachbarofen vereinigen. Je zwei Öfen, o und o_1, arbeiten zusammen und werden abwechselnd beschickt. Am Ende des Ofens o_1

ziehen die Gase nach dem Sohlenkanale *d* des Ofens *o*, in diesem bis zum andern Ende und fallen durch *e* in den Fuchskanal *f*. Die Zufuhr der in dem Mauerwerke sich erhitzenden Luft erfolgt durch enge wagerechte Züge und deren zahlreiche Ausmündungen in einem Widerlager des Gewölbes, sowie durch die Kopfwände der Sohlenkanäle. Die Zugstärke kann bei jedem Ofenpaare durch den Schieber *k* geregelt werden. Das Füllen erfolgt durch *g*. Zum Schutze der Sohlen vor dem Abschmelzen

Fig. 31.

sind darunter die Kühlkanäle *h* angeordnet, welchen die Schächte *i* frische Luft zu- und am Ende des Blockes gelegene Schornsteine die erhitzte entführen.

Seine aufserordentliche Verbreitung verdankt der Coppée-Ofen den zahlreichen Verbesserungen, die ihm durch Dr. C. Otto & Co. in Dahlhausen an der Ruhr zu teil geworden sind, und die nächst sorgfältigster Durchbildung des Steinschnittes hauptsächlich in besserer Luftzuführung sowie in der Möglichkeit bestehen, die Luftmenge für jeden Ofen, ja sogar für die einzelnen Teile desselben genau zu regeln. Der Coppée-Otto-Ofen ist in den Figuren 32 und 33 abgebildet; die Buchstaben haben dieselbe Bedeutung wie in Figur 31. Aus den Schnitten ist zu ersehen, daſs die Wandkanäle glatte Wände haben und somit weniger Anlaſs zum Absetzen von Graphit bieten, daſs jeder Ofen die Hälfte seiner Gase unter die eigene Sohle, die andere Hälfte unter die Sohle des Nachbar-

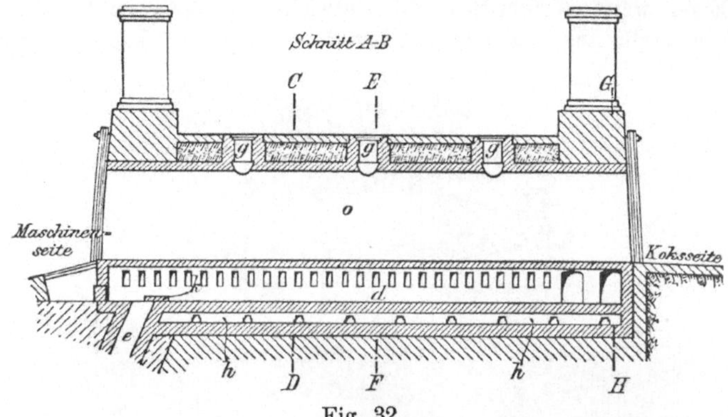

Fig. 32.

ofens führt, und endlich, daſs die Zufuhr der Verbrennungsluft nicht mehr in den Ofenraum selbst, sondern aus einem 16 cm im Quadrat weiten Verteilungskanal oberhalb des eigentlichen Ofenmauerwerkes unmittelbar

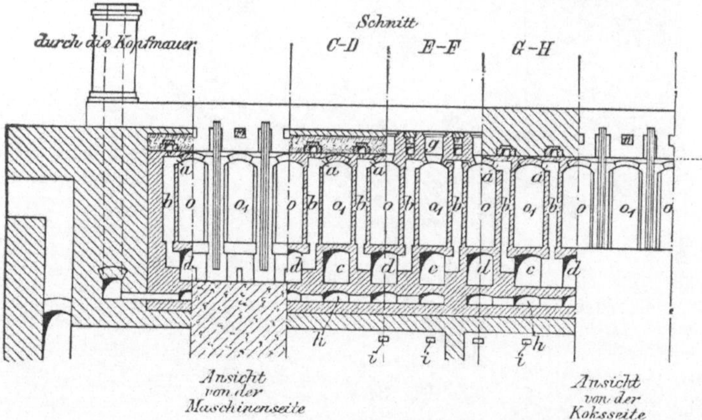

Fig. 33.

in die senkrechten Wandzüge erfolgt. Der Verteilungskanal erhält sie in regelbarer Menge durch zwei bis drei das Deckmauerwerk durchbrechende kleine Schächte mit eisernen Schiebern an der Eintrittsöffnung.

Die Coppée-Otto-Öfen haben 10 m Länge, 0,60 m Weite und 1,6 m Höhe bis zum Widerlager des flachen Gewölbes von 0,08 m Pfeilhöhe. Sie werden mit 6 t beschickt und brennen in 36 bis 42 Stunden gar. Ihr Inhalt beträgt 9,6 cbm, die Oberfläche 44 qm, die Heizfläche 28,4 qm. Auf 1 t Beschickung berechnet ergeben sich 1,6 cbm Inhalt und 4,73 qm

Heizfläche, auf 1 cbm Inhalt dagegen 2,96 qm Heizfläche. Neuerdings werden sie auch etwas schmäler, nur 550 mm im Mittel weit, ausgeführt. Die tägliche Erzeugung schwankt, je nach Backfähigkeit und Gasreichtum der Kohlen, zwischen 2,5 und 3 t Koks.

Einen weiteren Schritt in der Entwickelung der eben beschriebenen Ofenform stellt der Koksofen von Hoffmann-Otto dar, mittels dessen

Fig. 34.

es 1883 zuerst gelang, die Gewinnung der Nebenerzeugnisse Teer, Ammoniak und Benzol mit der Herstellung eines guten, für alle Zwecke tauglichen Koks zu vereinigen. Durch die Entziehung so heizkräftiger Bestandteile, wie Teer und Benzol, verlieren die Destillate erheblich an Heizwert, und es wollte nicht gelingen, mit dem gereinigten Gas allein die Koksöfen auf die erforderliche hohe Temperatur zu bringen. Durch Hinzunahme von Wärmespeichern für die Luft wurde aber so viel Wärme wiedergewonnen und die Verbrennungstemperatur dermafsen gesteigert, dafs der Koks aus Teeröfen hinfort nicht mehr von solchem aus gewöhnlichen Öfen verschieden war.

Die in Fig. 34 dargestellte erste Form des Hoffmann-Otto-Ofens ist in einer 2000 überschreitenden Anzahl ausgeführt. Das Eintragen der Kohlen in den Ofenraum *o* erfolgt, wie immer, von oben durch die Füllschächte *f*. Die Destillationsgase entweichen hier aber nicht unmittelbar in die Wandkanäle, sondern werden durch die Steigrohre *a* in zwei über den ganzen Ofenblock sich erstreckende und nach den Enden desselben hin abfallende Vorlagen *c* geführt, in denen sich bereits ein grofser Teil des Teeres niederschlägt. Die Tellerventile *b* gestatten den Abschlufs jedes einzelnen Ofens, sobald die Gasentwickelung vorüber ist. Die beiden Vorlagen *c* vereinigen sich zu einer Hauptgasleitung, aus welcher die Niederschläge einem Behälter zufliefsen, während die noch 100 bis 150° warmen Gase in die Anlage zur Gewinnung der Nebenerzeugnisse geführt werden. Auf das Gewinnungsverfahren und die erforderlichen Vorrichtungen wird weiter unten beim Destillationsgase eingegangen werden.

Ein Kapselgebläse saugt den Gasstrom durch die zahlreichen, erhebliche Widerstände darbietenden Kühl- und Waschvorrichtungen und drückt ihn weiter durch einen als Druckregler wirkenden Gasbehälter in die Gasleitungen d und d_1 vor und hinter den Öfen. Die engen, durch je einen Hahn abschliefsbaren Düsen *e* führen jedem Ofen die erforderliche Gasmenge zu. Das Gas tritt in den Sohlenkanal *g*, verbrennt dort mit der durch die Öffnungen *h* zuströmenden, in dem Wärmespeicher *i* auf 720—1000° erhitzten Luft unter Entwickelung einer so hohen Temperatur, dafs selbst die besten feuerfesten Steine zuweilen der Gefahr des Schmelzens ausgesetzt sind.

Die verbrannten Gase ziehen aus *g* durch die in der einen Seitenwand angebrachten Öffnungen in zahlreiche senkrechte Wandkanäle *k* und vereinigen sich unterhalb des Gewölbewiderlagers in einem wagerechten Kanal *l*, aus dem sie in der andern Hälfte des Ofens durch ebenso viele Röhren wieder unter die Sohle, diesmal aber in die andere Abteilung des Kanales, nach g_1, gelangen; der Weg nach dem Schornsteine führt von hier durch die Öffnungen h_1 und den Wärmespeicher i_1, dessen Steinfüllung den gröfsten Teil der Abhitze aufnimmt. Da auch die Luft eingeblasen wird, so ist es möglich, Gas- und Luftzufuhr auf das genaueste zu regeln; es geschieht mit Hilfe der Hähne an den Gasdüsen bzw. der Schieber m und m_1.

Ist nach $1/2$ Stunde der Wärmespeicher *i* abgekühlt, so werden durch Umstellung der Wechselkappe (die bei der Besprechung der Siemensschen Wärmespeicher-Feuerung genau beschrieben werden wird) Gas und Luft durch d_1 und i_1 in den Ofen geführt, nehmen den oben beschriebenen Weg rückwärts, und die Verbrennungsgase entweichen durch den Wärmespeicher *i*, indem sie diesen wieder auf die erforderliche hohe Temperatur erhitzen. Die Vorwärmung erstreckt sich nur auf die Luft, da die zur Verbrennung kommende Gasmenge der ersteren gegenüber nur gering ist, etwa $1/6$, und weil beim Anwärmen auch des Gases in einem zweiten Wärmespeicher nicht nur bedeutende Gasverluste entstehen, sondern auch das Eintreten von Explosionen zwischen Wechselklappe und Schornstein befürchtet werden muſs.

Die Erwägung, daſs die hohe Kohlenfüllung eines Ofens mit viel weniger Vorteil von der Sohle aus erhitzt werden könne, als von der Seite her, wo nicht nur eine viel gröſsere Heizfläche zu Gebote steht,

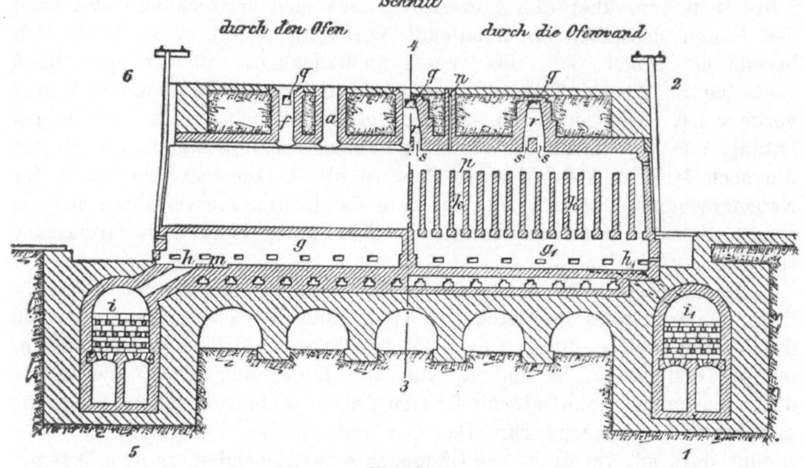

Fig. 35.

sondern von wo aus die Wärme auch nur durch eine ziemlich dünne Schicht sich zu verbreiten braucht, gab Anlaſs zur einer in den Fig. 35

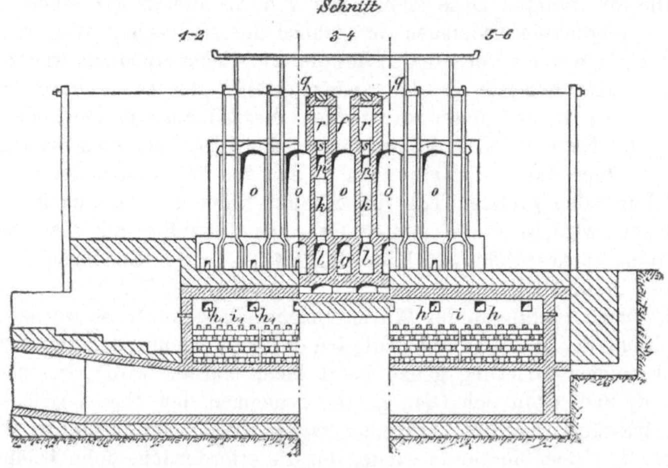

Fig. 36.

und 36 dargestellten Abänderung des Ofens. Die Einführung des Heizgases erfolgt behufs besserer Ausnutzung in wagerechte Kanäle l_1 l_1 unterhalb der Ofenwände; die Sohlenkanäle g g_1 dienen nur noch einerseits zur Zufuhr und Verteilung der erhitzten Luft, andererseits zur Abführung der Verbrennungsgase in den Wärmespeicher.

Zur Unterstützung der Wandheizung in derjenigen Ofenhälfte, wo die Gase abwärts fallen und dem Fuchse zufließen, ist in der Ofendecke eine Röhre *n* angeordnet, welche ununterbrochen Heizgas zuführt,

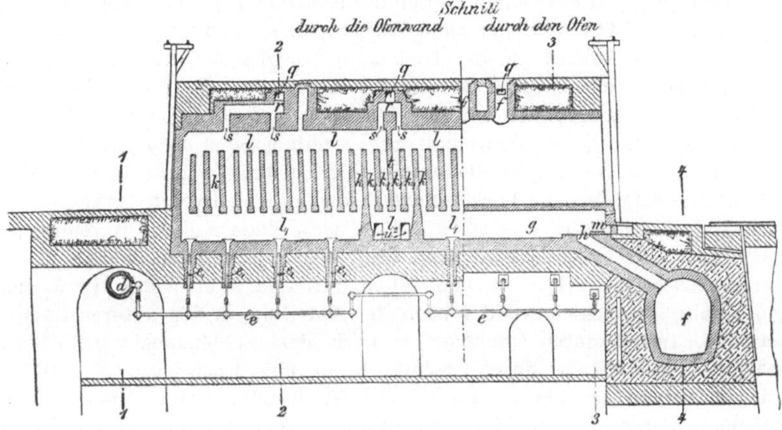

Fig. 37.

dessen Flamme also in dem oberen horizontalen Verbindungskanale mit dem Umsteuern von Gas und Luft ihre Stromrichtung wechselt.

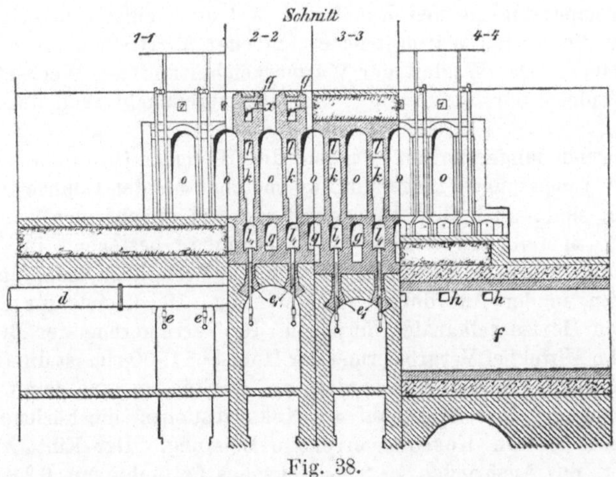

Fig. 38.

Öfen dieser Bauart stehen seit 1891 in Gebrauch. In der Abbildung sind die Vorlagen über, sowie die Gasleitungen auf, vor und hinter den Öfen weggelassen; letztere werden neuerdings auch wohl oberhalb der Öfen angeordnet. Die Öffnungen *q* in den Wänden der Füllrohre *f*, die anschließenden Schächtchen *r* und die nach dem oberen Längskanale p führenden Schlitze s bilden den Weg, welchen die Destillationsgase zu nehmen haben, während die Öfen in Betrieb gesetzt und ohne Gewinnung der Nebenerzeugnisse betrieben werden. Sobald sie heifs genug sind für regelrechten Betrieb, werden die Löcher q mit Steinen verschlossen.

Den jüngsten Fortschritt bildet der Koksofen mit Unterheizung, System Dr. Otto, welcher ohne Wärmespeicher und mit noch etwas geringerem Gasverbrauch als der Hoffmann-Otto-Ofen arbeitet. Seine Einrichtung ist in den Figuren 37 und 38 dargestellt. Die Hauptgasleitung d liegt in einem Tunnel vor der Koksseite des Ofenblockes. Von ihr aus zweigt unter jeder Ofenwand ein Verteilungsrohr e ab, welches das Gas durch acht grofse Bunsenbrenner e_1 in den unteren wagerechten Kanal l_1 führt. Die erforderliche Verbrennungsluft saugt sich das unter erheblichem Drucke ausströmende Gas selbst an. Aus l_1 fliefsen die Verbrennungsgase durch die Wandzüge k nach dem oberen Verbindungskanale l, in diesem nach der Mitte zu und fallen durch je zwei Wandzüge k_1 auf jeder Seite der Scheidewand t nach der Abteilung l_2 des unteren Längskanales, treten durch Öffnungen u nach dem Sohlenkanale g hinüber, welcher sie endlich durch Schlitz h in den Fuchskanal f entläfst. Die Bedeutung der übrigen Buchstaben ist dieselbe wie bei den vorhergehenden Figuren; auch hier sind die Vorlagen a b c aus der Zeichnung weggelassen.

Obgleich das Gas hier mit Luft verbrennt, die nur an dem Mauerwerke des Ofenunterbaues und an den Düsenwänden sich erwärmt, so ist die Temperatur in den Kanälen l_1 k l doch aufserordentlich hoch; sie dürfte die in den Wärmespeicheröfen eher übertreffen, als hinter ihr zurückbleiben. Der Wegfall der Wärmespeicher und der Wechselklappen verbilligt nicht nur die Anlage, sondern vereinfacht auch den Betrieb erheblich.

Während längerer Zeit wurden die Hoffmann-Otto-Öfen in genau denselben Abmessungen ausgeführt, welche oben bei den Coppée-Otto-Öfen angegeben sind; auch ihre Erzeugung war von gleicher Gröfse. Durch die ihnen zu teil gewordenen Verbesserungen, bestehend in der Einführung der Heizgase in einen besonderen Verteilungskanal unter den Wandzügen, in der Anordnung einer ständigen Heizflamme für die Mitte des oberen Horizontalkanales, ferner in der Verringerung der Breite auf 530 mm im Mittel bei Vergröfserung der Höhe auf 1900 mm ist die Garungszeit noch weiter herabgesetzt worden, auf 34 Stunden, und damit die tägliche Erzeugung eines Ofens auf 4 t Koks gestiegen, die höchste, bisher von keinem andern Koksofen erreichte Leistung. Der Einsatz beträgt rund 7,2 t, das Ausbringen 77,2 % Koks aus Fettkohle mit 6 % Wasser.

Der älteste Ofen mit wagerechten Wandkanälen ist der von Haldy (Fig. 39 und 40). Die Gase ziehen bei ihm durch eine Anzahl im Gewölbeansatze liegende und über die ganze Länge des Ofens verteilte Öffnungen in den Raum zwischen den Wänden zweier Nachbaröfen; eine wagerechte Zunge teilt diesen Raum in zwei Kanäle, in deren oberem *b* die Gase sich sammeln und nach einem Ende des Ofens hin bewegen. Dort fallen sie in den unteren Seitenkanal, ziehen bis zum andern Ende, gehen abermals abwärts unter die Sohle, wo durch einen Scheider ebenfalls zwei Kanäle gebildet sind, und nehmen in diesen den Weg wie in der Seitenwand; aus dem Sohlenkanal entweichen sie schliefslich in die unterirdische Hauptgasleitung.

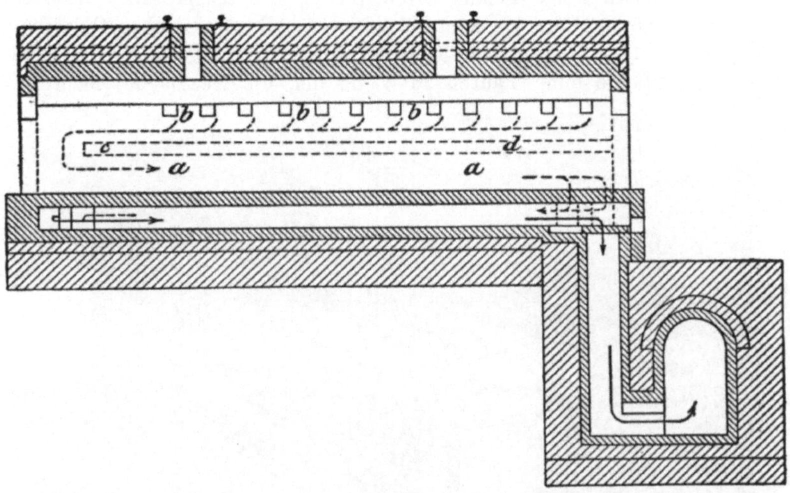

Fig. 39.

Ganz ähnlich ist die Einrichtung des Ofens von Smet (Fig. 41), der eigentlich nur als eine Abänderung der Haldyschen Bauart betrachtet werden darf, sich aber weiter verbreitet hat, als diese.

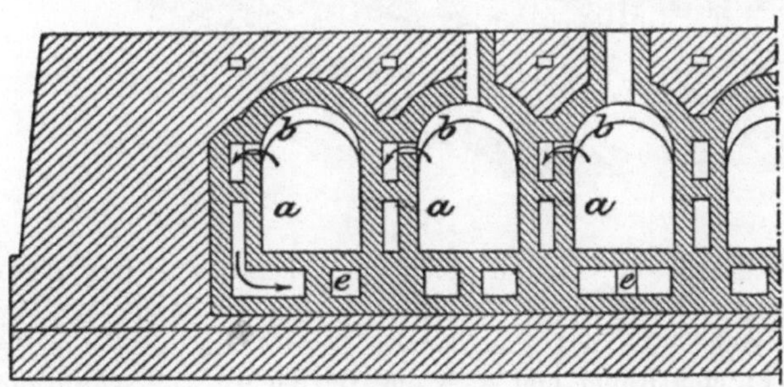

Fig. 40.

Die Gasentziehung findet hier nur an der Hälfte (in der Abbildung der vorderen) einer Langseite statt; senkrechte Zungen halbieren die langen Wandkanäle, so dafs die Gase zunächst nur die vordere Hälfte derselben und des linken Sohlenkanals bestreichen können; im rechten Sohlenkanal ziehen sie aber bis zum andern Ende des Ofens, machen nun in der hinteren Hälfte des linken Sohlenkanals und der Wandkanäle den Weg umgekehrt wie vorn und entweichen in der Mitte des Ofens in den über dem ganzen Blocke sich hinziehenden Fuchskanal. Der Weg der Gase ist in der Abbildung durch Pfeile angedeutet.

Smets Ofen hat 8,5 m Länge, 0,680 bzw. 0,760 m Breite (die einseitige Erweiterung ist behufs Erleichterung des Auspressens erforderlich) und 1,65 m Höhe bis zum Scheitel des halbcylindrischen Gewölbes. Aus diesen Maſsen berechnet sich der Inhalt zu 11,353 cbm, die gesamte Innenfläche ohne Thüren zu 37,66 qm, die Heizfläche (nach Ab-

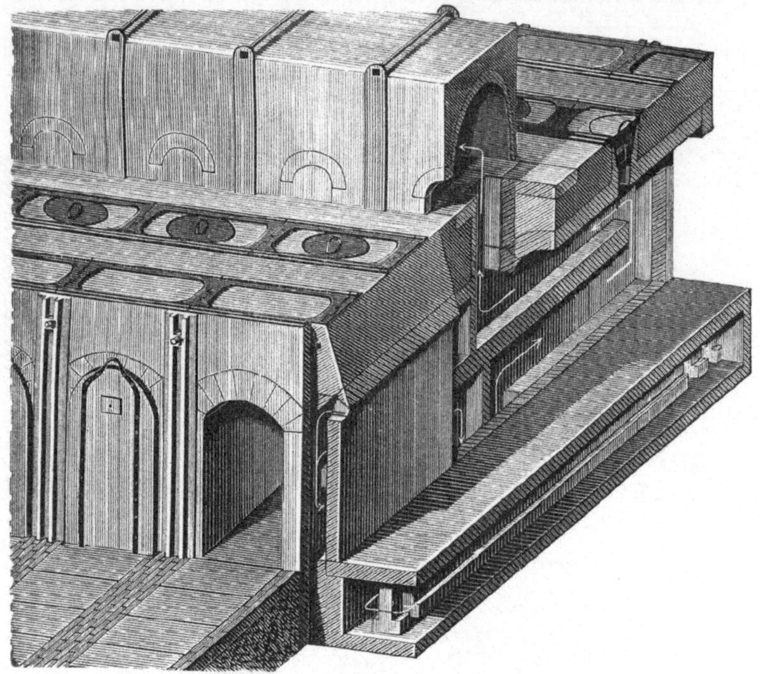

Fig. 41.

zug der durch die Zungen gedeckten Teile und des Gewölbes) zu 21,70 qm. Bezogen auf die Einheit des Rauminhaltes ergiebt dies 1,91 qm Heizfläche, auf eine Tonne der 5000 kg schweren Beschickung aber 2,271 cbm Raum und 4,34 qm Heizfläche. Die schweren Ladungen brauchen 42—48 Stunden Brennzeit.

In Oberschlesien hat sich der hinsichtlich der Gasführung dem Smetschen sehr ähnliche Ofen von Wintzeck mehrfach Eingang verschafft. Die Gase treten nur durch zwei groſse, nahe der Mitte befindliche Öffnungen in die Seitenwand und verfolgen hier ihren Weg, jeder Strom unabhängig vom andern, nach der Thür und zurück und in einer tiefer als die Ofensohle gelegenen Ebene abermals nach der Thür, treten dort in einen unteren Sohlenkanal und aus diesem, wie bei Smet, an der Mitte in den über den Öfen befindlichen Fuchskanal. Die Sohle wird durch die am Boden des Ofens sich entwickelnden und durch Schlitze in den oberen Sohlenkanal eintretenden Gase, denen die Verbrennungsluft an den Kopfseiten des Ofens zuströmt, geheizt. Der Austritt findet in der Mitte in die aufsteigenden Abzugskanäle statt. Dieser für gasreichere Kohlen besonders geeignete Ofen soll sich durch höheres Ausbringen an Stückkoks auszeichnen.

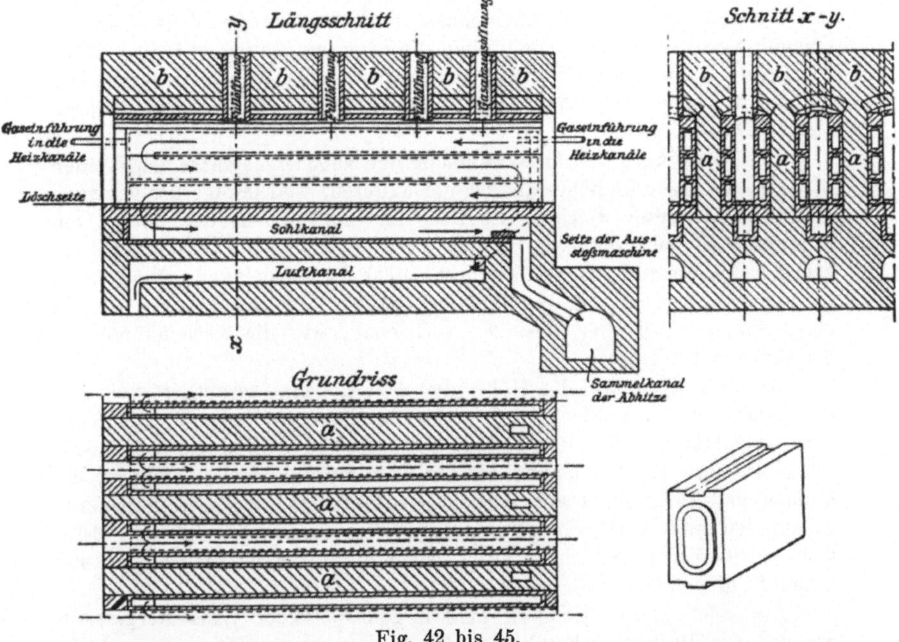

Fig. 42 bis 45.

Von den Öfen mit wagerechten Wandkanälen für Gewinnung von Nebenerzeugnissen sind zu erwähnen der von Carvès als der erste Koksofen, dessen Destillate auszunutzen versucht wurde (1867), nebst seiner Abänderung von Hüssener, der Ofen von Festner-Hoffmann und der von Semet-Solvay. Alle drei haben in Deutschland nur je in einer Anlage Anwendung gefunden, weshalb auf die ersteren nicht weiter eingegangen werden soll.

Der Semet-Solvay-Ofen hat, obgleich das betr. Patent nur einige Wochen jünger ist, als das von Hoffmann-Otto, bis vor wenig Jahren nur in Belgien sich Eingang verschafft. Seiner im Vergleich zu dem Hoffmann-Otto-Ofen einfachen Bauart wegen möge er aber hier Platz finden (Fig. 42 bis 44). Als wesentlich sind die dicken Pfeiler *a* anzusehen, welche einerseits das schwere Deckgewölbe *b* tragen und so die Kanalwände entlasten, andererseits für die dünnwandigen Züge dann als Wärmespeicher dienen sollen, wenn die Wände jener durch die frischen, z. T. nassen Kohlen stark abgekühlt werden. Die Seitenwände bestehen aus drei Schichten hohler Formsteine (Fig. 45) und enthalten drei wagerechte Züge übereinander, in deren obersten an beiden Ofenenden je ein Gasrohr mündet; die Verbrennungsluft wird nur an der Koksseite zugeführt, nachdem sie sich unter dem Sohlkanal und in der Zwischenmauer *a* etwas erwärmt hat. Diesen Öfen wird neben niedrigeren Anlagekosten besonders heifser Gang und geringer Verbrauch an Heizgas nachgerühmt, so dafs mit ihnen nicht nur verhältnismäfsig schlecht backende Kohlen verkokt, sondern auch mit dem Gasüberschusse noch bedeutende Mengen Dampf erzeugt werden können. Die geringe Verbreitung des Semet-Solvay-Ofens im Vergleich zu den Hoffmann-Otto- und Otto-Öfen verschiedener Bauart (etwa 500 gegen 3300 Stück) macht aber erhebliche Vorzüge des ersteren nicht wahrscheinlich.

Das Ausbringen der mit Gewinnung der Nebenerzeugnisse arbeitenden Öfen ist um 5—6 % höher als das der anderen, weil infolge des geringen Überdruckes, unter welchem die Gase im Ofen stehen, der Zutritt von Luft gänzlich ausgeschlossen ist. In den gewöhnlichen Öfen herrscht ein geringer Unterdruck, so dafs durch nicht zu vermeidende feine Risse im Mauerwerk oder bei der Thür ein wenig Luft angesaugt wird und einen kleinen Teil des Einsatzes verbrennt, wie die Aschenköpfe der Kokskuchen beweisen.

Im übrigen hängt die Höhe des Ausbringens wesentlich von der Beschaffenheit der Kohlen ab; je gasärmer diese sind, desto mehr Koks wird ausgebracht. Man ist deshalb seit etwa 10 Jahren auf den Kokereien, die ihre Kohlen kaufen müssen, mit Erfolg bemüht gewesen, die billigen und sonst nicht gut anders als zu Briketts verwertbaren mageren Feinkohlen und Anthracite den Fettkohlen zuzumischen. Guter, fester Koks wird aber nur dann erhalten, wenn die Mischung der mageren und fetten Kohlen äufserst innig ist.

Ein solch inniges Gemisch wird in ganz derselben Weise hergestellt, wie das aus Pech und Feinkohlen für die Briketterzeugung, also durch Abmessen der entsprechenden Kohlenmengen mittels Trichtern über darunter sich drehenden Tischen und nachfolgendes Mischen in einer Schleudermühle. Die Mengen der Magerkohlen hat man in sehr heifs gehenden Öfen bis zu 25 % steigern können; mit Anthraciten vom Piesberge, deren Mitverwendung in der Kokerei früher wiederholt zu vollkommenen Mifserfolgen führte, kann man bis zu 15 % gehen.

Aus Kohlen, die während des Kokens infolge hohen Gasgehaltes sehr stark blähen und daher lockeren, weichen Koks geben, sowie aus Kohlen, die sehr schlecht backen (z. B. Gemische mit Anthracit), läfst sich sehr dichter und fester Koks erzeugen, wenn sie im erweichten, halbgeschmolzenen Zustande zusammengeprefst werden, wie dies Lürmann in seinem ununterbrochen arbeitenden Koksofen that. Die Schwierigkeiten, welche bei Verwendung dieses Verfahrens sich herausstellten, gaben Anlafs, dafs von anderen Seiten mit dem Zusammenpressen der Kohlen vor dem Eintragen in den Ofen erfolgreiche Versuche gemacht wurden.

Quaglio ordnet auf der Maschinenseite des Ofenblockes einen Wagen von der Länge der Koks-Öfen an, auf dessen in der Höhe der Ofensohle gelegener Bodenplatte zwei niederlegbare Längswände in solchem Abstande angebracht sind, dafs zwischen denselben die ganze Ofenfüllung von ein paar Arbeitern zu einem ziemlich festen Block aufgestampft werden kann. Ist dies geschehen, so werden die Wände niedergelegt, und der nun frei auf der Bodenplatte stehende Kohlenkörper wird von der Ausdrückmaschine in den Ofen hineingeschoben. Mit Hilfe dieses Stampfverfahrens ist es gelungen, sowohl aus den weniger gut backenden oberschlesischen Kohlen als aus Gemischen von westfälischen Fettkohlen mit Anthracit vom Piesberge vorzüglichen Koks zu erzeugen. In Belgien hat man dagegen — ebenfalls mit gutem Erfolge — die Feinkohlen in Brikettpressen zu Stücken vereinigt und mit diesen die Koksöfen gefüllt.

Der Betrieb der besprochenen Koksöfen wird absatzweise geführt, d. h. er wird, wenn eine Beschickung gar gebrannt ist, unterbrochen, der Koks ausgeprefst und frische Kohle eingefüllt. Jede Garungszeit zerfällt dabei in vier Abschnitte; im ersten wird die frische Kohle eingetragen; im zweiten geben die heifsen Wände die aufgespeicherte und die von den Gasen der Nachbaröfen oder von den eingeblasenen Gasen fortwährend entwickelte Wärme an die kalte Kohle ab und bringen sie allmählich auf die Destillationstemperatur; im dritten beginnt die Gasentwickelung und nimmt mit der fortschreitenden Erhitzung der Kohlenmasse stetig zu bis zu einem Höchstbetrage; im vierten endlich wird die Gasentwickelung wieder schwächer und hört schliefslich ganz auf; der Koks ist gar gebrannt und wird ausgeprefst.

Während der Dauer des vierten Abschnittes werden die Wände nur noch schwach, zuletzt gar nicht mehr geheizt; beim Pressen, sowie im ersten und zweiten Abschnitt erleiden sie starke Abkühlung. Es findet also ein fortwährender Wechsel zwischen Wärmeaufnahme und -Abgabe seitens der Wände jedes Ofens statt. Damit nun den Wänden die zur Erzeugung eines guten Koks erforderliche hohe Temperatur jederzeit erhalten bleibt, ist es unerläfslich, dafs ein frisch gefüllter Ofen immer zwischen zwei in der stärksten Gasentwickelung begriffenen stehe, welche seine Heizung übernehmen, solange er selbst noch Wärme verbraucht; es mufs deshalb auf regelmäfsigen Wechsel gehalten werden und unter Umständen ein früher gar gebrannter Einsatz länger im Ofen verbleiben, damit das System nicht in Unordnung gerate. Nur die Semet-Solvay-Öfen können ganz unabhängig von einander arbeiten.

Eine Regelung des Luftzutrittes je nach der Stärke der Gasentwickelung ist bei den neueren Öfen vorgesehen; weniger leicht ausführbar ist die Regelung des Zuges, da eiserne Fuchsschieber in so hoher Temperatur rasch verbrennen, solche aus feuerfesten Steinen aber sehr oft festbrennen und sich werfen.

Die Garungszeit steht im geraden Verhältnisse zum Ofenquerschnitte; z. B. haben Coppée-Öfen von 0,5 m Weite und 1 m Höhe mit 0,5 qm Querschnitt 18—20 Stunden, solche von 0,6 m zu 1,6 m mit 0,96 qm Querschnitt aber 36 Stunden Brennzeit.

Das Füllen der Öfen erfolgt von Schienengeleisen auf dem Deckmauerwerk aus mittels Trichterwagen, die ihren Inhalt unmittelbar in die Fülltrichter entleeren. Die eingefüllten Kohlen werden im Ofen mit Krücken möglichst gleichmäfsig verteilt. Das Entleeren geschieht heute nur noch bei den Bienenkorböfen mit Haken und von Hand; alle Öfen mit Thüren an beiden Enden werden mit Kokspressen entleert, wenn nicht, wie bei Appolts, Goedeckes und Bauers Ofen, der Koks durch das eigene Gewicht herausfällt.

Eine Kokspresse besteht im wesentlichen aus einer kräftigen Zahnstange, die an ihrem vorderen Ende ein Schild von der Form des Ofenquerschnittes trägt und gemeinschaftlich mit der zu ihrer Bewegung dienenden Winde oder Dampfmaschine auf Rädern ruht, um vor jeden Ofen gefahren werden zu können. Bei der Vorwärtsbewegung der Zahnstange drückt das Schild auf den Kokskuchen, prefst ihn zunächst zusammen und schliefslich zur gegenüberliegenden Thür hinaus, wo er von den Arbeitern mittels Haken auseinandergezogen und mit Wasser abgelöscht wird. Aufser dem durch die rasche Abkühlung erzielten Schutze vor Verbrennen bewirkt das Ablöschen eine teilweise Entschwefelung des Koks infolge Umsetzung von Wasser und Einfachschwefeleisen in Eisenoxyd und Schwefelwasserstoff.

Behufs Erleichterung des Entleerens giebt man den Koksöfen von der Maschinenseite nach der Koksseite hin eine Erweiterung von 60—100 mm. Hinsichtlich der Thüren ist man zu der älteren Einrichtung, nämlich zu den durch Winden hochzuziehenden, zurückgekehrt, da die in Angeln hängenden, deren schwere Rahmen gleichzeitig die Verankerung des ganzen Ofensystems bildeten, infolge Verschiebung durch den Temperaturwechsel sehr häufig zum Festsetzen des Koks beim Ausdrücken und zu Ausbesserungen Veranlassung gaben.

Die Absicht, welche uns bei der Verkokung der Steinkohle leitet, ist die, ein ohne Rauch und Flamme brennendes, nicht mehr backendes, sowie reineres Brennmaterial zu erhalten, das infolge seiner grofsen Druckfestigkeit und Härte bei der Verwendung in Schachtöfen die Last einer hohen Beschickungssäule ertragen kann, ohne zu zerbröckeln.

Obwohl der Koks nicht vollkommen gasfrei ist, sondern immer noch 0,27—2,2 % Wasserstoff und 1,7—6,1 % Sauerstoff in der aschenfreien Koksmasse enthält, so brennt er doch ohne Flamme; auch die Backfähigkeit ist vollkommen aufgehoben und somit der Widerstand, den der Brennstoff den aufsteigenden Gasströmen entgegensetzen kann, auf das geringste Mafs zurückgeführt. Weniger vollkommen ist die erzielte Reinigung, da der Schwefelgehalt der Kohle trotz Abdestillation und trotz Vergasung beim Ablöschen nach den Gleichungen

$$7\,FeS_2 = Fe_7S_8 + 6\,S$$
$$\text{und } FeS + H_2O = FeO + H_2S$$

nie auf die Hälfte vermindert wird. Er beträgt bis zu 2,5 %. Die Asche, welche bei gutem Koks 10 % nicht übersteigen darf, ist von derselben Zusammensetzung wie die der Kohlen; ihr Phosphorgehalt beträgt bis zu 0,5 % der Aschenmenge und darf mit Rücksicht auf die Verwendung des Koks häufig nicht unbeachtet bleiben.

Obwohl Koks wenig Feuchtigkeit anzieht und bei längerem Liegen an der Luft bis auf 1—3 % Wasser austrocknet, so nimmt er doch beim Ablöschen oder durch Regen grofse Mengen Wasser auf, die nach mehreren Tagen noch bis zu 17 % seines Gewichtes ausmachen. Es ist daher beim Ankauf von Koks über den zulässigen Wassergehalt ebensogut Vereinbarung zu treffen, wie über den Höchstbetrag des Aschengehaltes.

Guter Schmelzkoks soll silberweifse bis hellgraue Farbe, metallischen Glanz, stängeliges Gefüge und hellen Klang besitzen. Das wird nur erreicht bei sehr hitzigem Ofengange; denn bei kaltem Gange oder aus wenig backenden Kohlen erzeugte Koks sind dunkelgrau bis schwarz gefärbt, glanzlos, ohne Klang und leicht zerreiblich. Grofse Festigkeit und Härte, sowie eine gewisse Porigkeit mufs aber dem Koks für die Verwendung im Hochofen eigen sein. Aller Koks besitzt zelliges Gefüge, ist also porig. Sind diese Zellen zahlreich und grofs, ihre Oberflächen entwickelt, die Wände dünn, so wird der Koks nur geringe Festigkeit besitzen, sich leicht zerreiben und dem Einflusse des Kohlendioxydes schon in höheren Zonen des Hochofens zugänglich sein; je kleiner die Zellen sind, desto gröfser ist die Festigkeit und das Gewicht; die Koksmasse überwiegt; der Koks schwimmt nicht auf dem Wasser, wie der grofszellige es thut. Als Gewicht eines Raummeters Koks kann man durchschnittlich 420 kg annehmen; das Gewicht eines Kubikmeters Koksmasse (ohne Poren) beträgt aber 1200—1900 kg. Die Druckfestigkeit schwankt von 44 bis 80 kg/qcm. Die Wärmeleistung von 1 kg Koks nimmt man zu 8000 W.-E. an.

9. Destillationsgas.

Ist es nicht der Koks, sondern das Gas, um dessen Gewinnung es sich in erster Linie handelt, so bedient man sich zur Destillation der Steinkohlen auch anderer Vorrichtungen. Man stellt es dar durch Erhitzen der zu entgasenden Kohlen in Schamottretorten *a* (Fig. 46), die zu 2—9 in einen Ofen eingebaut sind. Jede Retorte trägt am vorderen Ende einen gufseisernen Kopf *b* mit angegossenem Rohrstutzen *c*, durch welchen das Gas in die auf dem Ofen liegende, in der Zeichnung aber weggelassene Vorlage übertritt. Nach dem Eintragen der Kohle wird jede Retorte mittels eines durch Lehm gedichteten und aufgeschraubten Deckels *d* fest verschlossen. Die Gasentwickelung beginnt sofort und dauert etwa 4—5 Stunden, nach deren Verlauf man den Koks auszieht.

Die Erhitzung der Retorten auf Hellrotglut geschieht durch Verbrennen von Koks auf der unten liegenden Feuerung *e*.

Der Anteil, welchen die gasförmigen Destillate von dem Gewichte selbst gasreicher Steinkohlen ausmachen, ist verhältnismäfsig gering, nur etwa ein Viertel; dies erklärt zur Genüge den hohen Preis des Gases und die noch immer recht beschränkte Verwendung desselben zum Heizen. Zur Zeit wird es noch ganz vorwiegend zu Beleuchtungszwecken

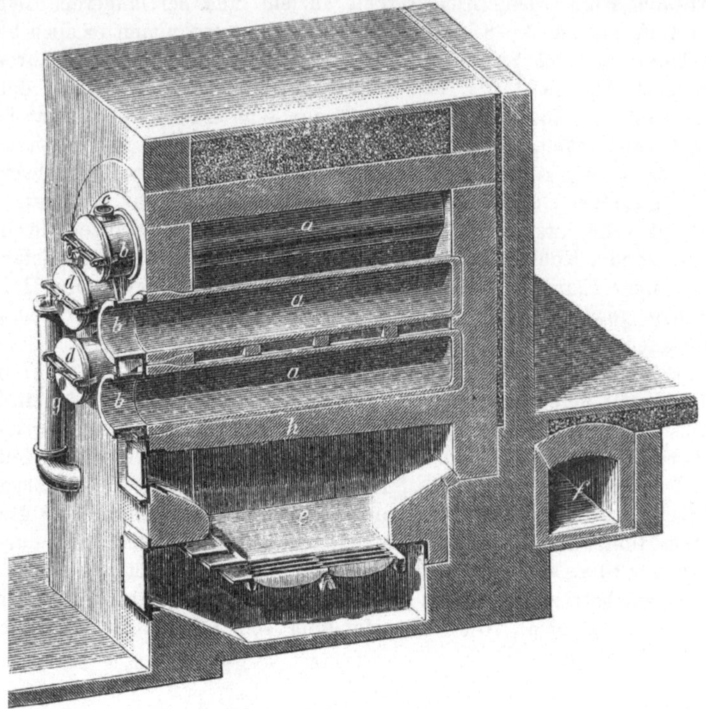

Fig. 46.

hergestellt, weshalb man auch auf die Erzielung hoher Leuchtkraft viel gröfsere Rücksicht nimmt, als auf hohen Heizwert und grofse Gasausbeute. Dieser Bestimmung des Gases entsprechend ist der Destillationsvorgang zu leiten.

Die zahlreichen Bestandteile des Gases lassen sich in drei Gruppen ordnen:

a) Lichtgeber oder leuchtende Bestandteile: schwere Kohlenwasserstoffe verschiedener Zusammensetzung, vorwiegend Äthylen, dann Propylen, Benzol u. a., zusammen 3—13 Raum-%;

b) Wärmeentwickler oder verdünnende Bestandteile: Wasserstoff (37—60 Raum-%) und Methan (30—45 Raum-%);

c) verunreinigende Bestandteile: Kohlenoxyd (6—11 Raum-%), Kohlendioxyd (0,5—3 Raum-%) und Stickstoff (0,8—3,5 Raum-%)

hierüber Schwefelwasserstoff, Ammoniakverbindungen und Teerdämpfe, welche durch Reinigungsvorrichtungen aus dem Rohgase entfernt werden.

Je stärker die erste Gruppe vertreten ist, desto heller leuchtet das Gas, z. B. Fettgas mit etwa 10—13 Raum-% davon dreimal so stark als Steinkohlengas. Welchen Einfluſs Destillationstemperatur und Dauer auf die Gröſse der Gasausbeute und die Zusammensetzung haben, erhellt aus folgenden Analysen.

Aus drei gleichgroſsen Mengen derselben Kohle wurden bei verschieden hoher Temperatur steigende Mengen Gas gewonnen, und zwar:

	8,25 cbm	9,7 cbm	12 cbm
	Zusammensetzung in Raumteilen		
Kohlenoxyd	8,72 %	12,50 %	13,96 %
Wasserstoff	38,09	43,77	48,02
Methan	42,72	34,50	30,70
schwere Kohlenwasserstoffe	7,55	5,83	4,51
Stickstoff	2,92	3,40	2,81

Eine Kohle, welche zu vollständiger Entgasung 6 Stunden nötig hatte, ergab zu vier verschiedenen Zeitpunkten nach Beginn der Erhitzung Gase folgender Zusammensetzung:

Zusammensetzung in Raumteilen	10 Min.	1 Std. 30 Min.	3 Std. 25 Min.	5 Std. 30 Min.
	nach Beginn der Destillation			
Schwefelwasserstoff	1,30 %	1,42 %	0,49 %	0,11 %
Kohlendioxyd	2,21 „	2,09 „	1,49 „	1,50 „
Kohlenoxyd	6,19 „	5,68 „	6,21 „	6,12 „
Wasserstoff	20,10 „	38,33 „	52,68 „	67,12 „
Methan	57,38 „	44,03 „	33,54 „	22,58 „
schwere Kohlenwasserstoffe	10,62 „	5,98 „	3,04 „	1,79 „
Stickstoff	2,20 „	2,47 „	2,55 „	0,78 „

Hohe Temperatur und lange Dauer der Destillation vermehren hiernach zwar sehr die Ausbeute, vermindern dagegen die Leuchtkraft ganz erheblich, selbstverständlich aber nur bei Benutzung gewöhnlicher Brenner; zur Erzeugung von Gasglühlicht ist das schlechter leuchtende Gas dem gut leuchtenden gleichwertig, so daſs der Nachteil, welcher den Gasanstalten infolge Einführung der Auerbrenner durch Verminderung des Gasverbrauches erwachsen könnte, durch die Möglichkeit der stärkeren Ausnutzung der Kohlen ausgeglichen werden dürfte.

Die Verminderung, welche die Leuchtwirkung des Gases durch hohe Temperatur erleidet, ist nicht zum geringsten Teile auf einen Zerfall der schweren Kohlenwasserstoffe in leichten und in Kohlenstoff zurückzuführen; letzterer scheidet sich an den Wänden der Gasretorten als Graphit ab und findet Verwendung für Kohlenstäbe zur elektrischen Beleuchtung und zu galvanischen Elementen.

Behufs Erhöhung der Leuchtkraft (Aufbesserung) des Steinkohlengases werden zwei Wege eingeschlagen; entweder mischt man mit den gewöhnlichen Gaskohlen kleinere Mengen solcher Kohlenarten, die stark leuchtendes Gas geben, wie Cannel-, Boghead- oder böhmische

Plattenkohle bezw. australische Ölschiefer, oder man spritzt in die bereits z. T. entgasten, glühenden Kohlen schwere Kohlenwasserstoffe, z. B. Paraffinöl, Erdöl, Benzol, welche in der hohen Temperatur in Kohlenstoff und niedere, aber haltbare, d. h. sich nicht mehr zu Flüssigkeiten verdichtende, Kohlenwasserstoffgase zerlegt werden (Karburieren des Gases).

Die Zusammensetzung eines gereinigten Leuchtgases mittlerer Beschaffenheit ist folgende:

	Benzol	Propylen	Äthylen	Methan	Wasserstoff
Raumteile	0,8	0,7	2,3	36,4	48,2
Gewichtsteile	5,3	2,5	5,5	49,2	8,2

	Kohlenoxyd	Kohlendioxyd	Sauerstoff	Stickstoff	brennbare Bestandteile in Sa.	
Raumteile	8,0	1,4	0,1	2,1	96,4	%
Gewichtsteile	18,9	5,2	0,2	5,0	89,6	%

Gewicht	eines cbm	0,530 kg	Rauminhalt	eines kg	1,887 cbm
Heizwert		5350 W.-E.	Heizwert		10160 W.-E.

Die Leuchtkraft schwankt bei einem stündlichen Verbrauche von 150 l zwischen 10 und 22 Normalkerzen.

An Gas und Koks ergeben je 100 kg Gasförderkohlen:

westfälische	28—31 cbm Gas	63—72 kg Koks
von der Saar	26—29 „ „	58—65 „ „
niederschlesische . . .	25—27 „ „	65—70 „ „
oberschlesische . . .	27—28 „ „	65—70 „ „
sächsische (Zwickau) . .	24—26 „ „	50—60 „ „
böhmische	24—27 „ „	50—60 „ „
englische (New-Castle) .	26—30 „ „	65—70 „ „
schottische Cannelkohlen	30—40 „ „	30 „ „
schottische Bogheadkohle	27—33 „ „	21—24 „ thonigen Rückstand.

Wie bereits erwähnt wurde, mufs das den Retorten entströmende Rohgas von seinen Verunreinigungen befreit werden. Die hierbei fallenden Nebenerzeugnisse haben so hohen Wert, dafs es sich lohnt, sie dem Destillationsgase auch dort zu entziehen, wo die Reinigung nicht Bedingung ist für die nachfolgende Verwendung, z. B. als Brennstoff für gewerbliche Zwecke (Heizen von Koksöfen, Dampfkesseln, Winderhitzern u. s. w). In gröfstem Mafsstabe wird die Gewinnung der Nebenerzeugnisse in neuerer Zeit mit der Kokerei verbunden.

Sie zerfällt im wesentlichen in drei Abschnitte: 1. in das Niederschlagen der Teerdämpfe; 2. in das Waschen mit Lösungsmitteln für Ammoniumverbindungen und Benzol; 3. in die Reinigung von Schwefelverbindungen.

Das Verdichten der Teerdämpfe beginnt sofort nach dem Austritte der Gase aus der Retorte oder der Verkokungskammer in der Vorlage bezw. den Sammelröhren erstreckt sich aber zunächst nur auf die höchstsiedenden Teile; eine vollständige Verdichtung des Teeres erfordert kräftige Kühlung bis herab auf 20°. Behufs Reinigung von mitgerissenem Staub, welcher die nachfolgenden Kühler rasch verschmutzen und ihre Wirksamkeit beeinträchtigen würde, durchfliefst der mit etwa 140° eintretende Gasstrom mehrere Kohlenstaubabscheider (einfache Blech-

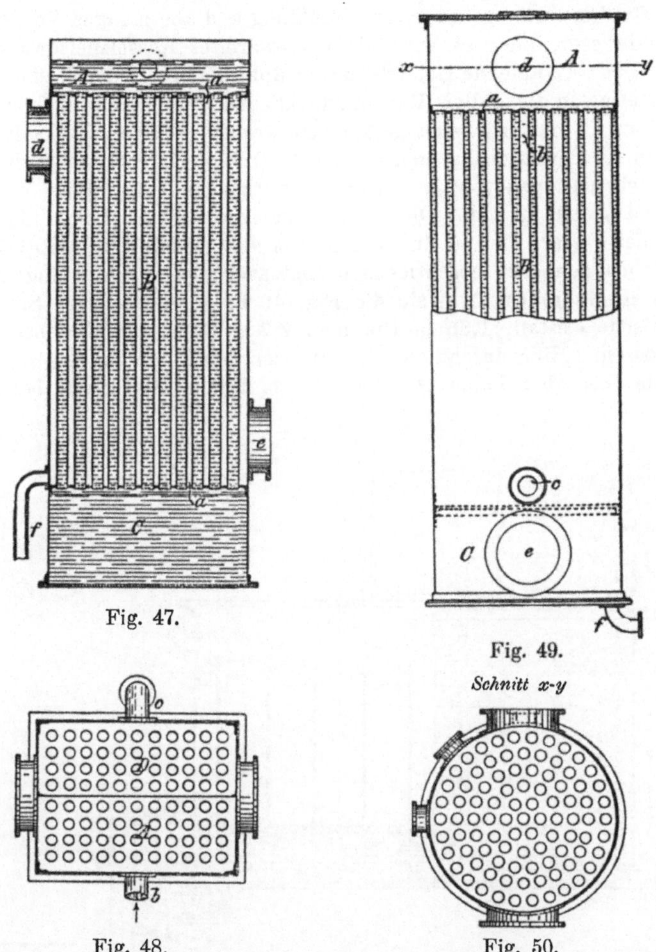

Fig. 47. Fig. 49. Fig. 48. Fig. 50.

cylinder von 1,5 bis 2,0 m Weite und 6 bis 6,5 m Höhe) und tritt dann in die eigentlichen Kühlvorrichtungen ein. Die Gaskühler sind gewöhnlich ca. 7 m hohe Blechkästen von rechteckigem (1,65 × 1,25 m) Grundrisse (Fig. 47 u. 48), die in 0,5 bis 0,75 m Abstand von den beiden Grundflächen Böden *a a* besitzen, welche einen 5,5 m hohen, von etwa 90 Stück 100 mm weiten Röhren durchzogenen Raum *B* einschliefsen; oben sind die Kästen offen, unten durch einen zweiten Boden geschlossen. Durch Rohr *b* fliefst in den Raum *A* kaltes Wasser, sinkt durch die Hälfte der Röhren abwärts nach *C*, steigt durch die andere Hälfte der Röhren wieder aufwärts nach *D* und fliefst durch Rohr *c* in den nächsten Kühler, wo es denselben Weg wiederholt. Aus dem letzten von vier hintereinandergeschalteten Kühlern wird das von 19 auf 60° erwärmte Wasser nach einem Gradierwerke geleitet zur Abkühlung und abermaligen Verwendung als Kühlwasser, oder es wird als vorgewärmtes Kesselspeisewasser benutzt. Das zu kühlende Gas tritt durch Rohr *d* oben in den Raum *B* ein, giebt Wärme an die kalten Rohrwände ab und verläfst den Kühler unten bei *e*, um in den nächsten geführt zu werden. Für 60 Koksöfen sind in vielen Kondensationsanlagen von Dr. C. Otto & Co. zwei nebeneinandergeschaltete Gruppen von je 4 Kühlern vorhanden; sie kühlen die Gase von rund 75 auf 25° ab. Die niedergeschlagenen Flüssigkeiten, Teer und Ammoniakwasser, fliefsen durch Rohr *f* in den gemauerten Hauptbehälter.

Neben den oben beschriebenen sind auch etwas anders eingerichtete Kühler in Gebrauch, wie sie die Fig. 49 u. 50 darstellen. Sie haben cylindrische Gestalt, 1,65 m Durchm., 7,7 m Höhe und sind beiderseits geschlossen. Hier durchfliefst das Wasser den Raum *B*, das bei *d* eintretende Gas aber Raum *A*, die Röhren, Raum *C* und tritt bei *e* aus.

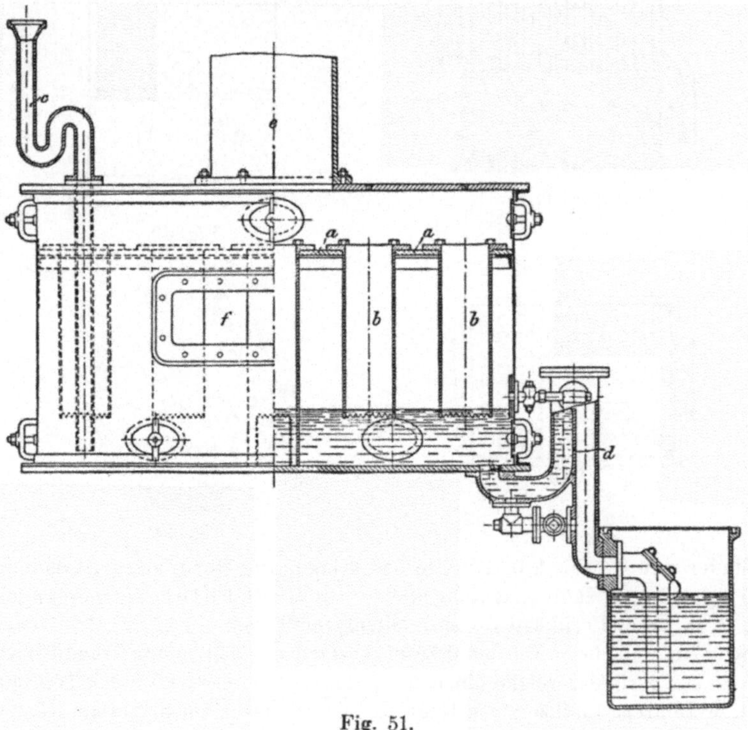

Fig. 51.

In den Gasfabriken genügen für die Kühlung der sehr viel kleineren Gasmengen in der Regel Luftkühler, d. s. doppelwandige Blechcylinder, zwischen deren beiden Mänteln die Gase hindurchströmen, während der innere, oben und unten offene Cylinder ebenso wie der äufsere der Luft zugänglich ist.

Nach dem Kühlen folgt die Gewinnung der Ammoniumverbindungen durch Lösen in kaltem Wasser, und zwar, wie das Kühlen, in zwei Absätzen. Die zur Verwendung gelangenden Vorrichtungen sind die Vorreiniger und die Glockenwascher. Beide beruhen auf derselben Grundlage; der Gasstrom wird gezwungen, aufgelöst in einzelne Blasen, wiederholt durch eine Wasserschicht aufzusteigen.

Die Vorreiniger (Fig. 51) sind Blechkästen von quadratischem Grundrisse (2 m Seitenlänge) und 1,2 m Höhe mit einem Zwischenboden *a* in 0,25 m Abstand von der Decke. In diesen Zwischenboden sind 25 Rohre *b* von 200 mm Durchm. und 775 mm Länge eingelassen, die mit ihrem unteren offenen und gezahnten Ende 55 mm tief in die Lösungsflüssigkeit eintauchen. Die letztere wird durch das Trichterrohr *c* zu-, durch das Überlaufrohr *d* wieder abgeführt und gleichzeitig der Flüssigkeitsspiegel dauernd auf einer bestimmten Höhe gehalten. Das Gas tritt durch Rohr *e* und die Deckplatte in den oberen Raum ein und wird von einem Gassauger durch die Röhren *b* und die Lösungsflüssigkeit nach

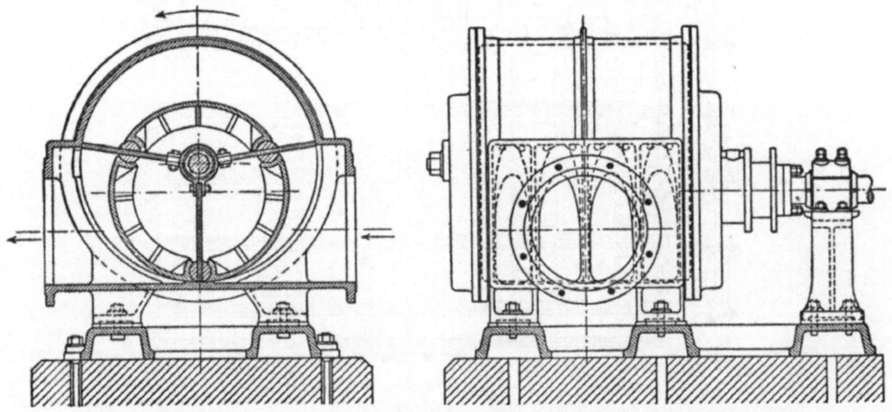

Fig. 52 und 53.

dem unteren Raume, endlich durch das an Stutzen *f* anschliefsende Rohr abgesaugt. Der gezahnte untere Rand der Rohre zwingt die Gasströme, sich in viele kleine Teile, in einzelne Gasblasen, aufzulösen. Als Lösungsflüssigkeit dient das in den Kohlenstaubabscheidern und Gaskühlern niedergeschlagene verdünnte Ammoniakwasser. Das abfliefsende konzentrierte Ammoniakwasser wird einem besonderen Behälter zugeführt.

Bis hierher wird das Gas gesaugt. Die Spannungen betragen vor den Kühlern und den Vorreinigern, von denen 3 Stück nebeneinandergeschaltet sind, — 30 mm, vor den zwei gleichzeitig arbeitenden Gassaugern — 95 mm Wassersäule.

Die Gassauger sind Flügelpumpen von der aus Fig. 52 und 53 ersichtlichen Einrichtung. Bei 450 mm lichter Weite des Einströmungsrohres, 1000 mm Durchmesser des äufseren Cylinders und 80 Umdrehungen, werden von jedem Sauger in der Minute 2300 cbm Gas bewegt.

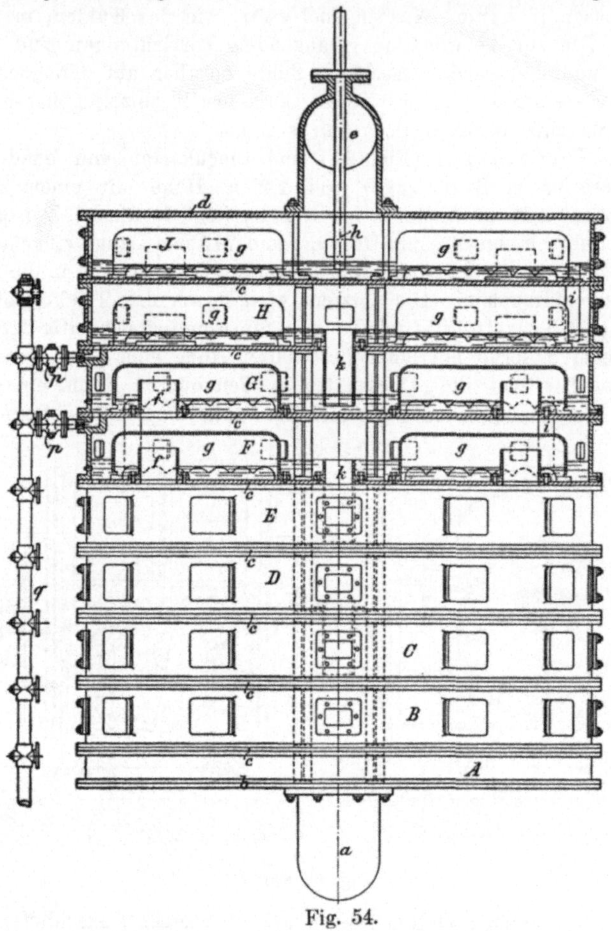

Fig. 54.

Hinter den Saugern bis zum Koksofen herrscht Druck, und zwar unmittelbar hinter den Saugern 540 mm Wassersäule, so dafs also der gesamte durch sie erzeugte Pressungsunterschied rund 650 mm Wassersäule beträgt. Diese Zusammenpressung der Gase hat eine Erwärmung von 4—5 ^{0} zur Folge, welche durch einen Kühler von der zweiten oben beschriebenen Einrichtung, den sogen. Schlufskühler, wieder beseitigt wird.

Von dem Schlufskühler strömt das Gas drei nebeneinandergeschalteten **Glockenwaschern** zu, Vorrichtungen, in denen sich der Vorgang der Teilung der Gasströme und des Durchstreichens von Lösungsflüssigkeit häufiger wiederholt, zu welchem Zwecke eine Anzahl, z. B. acht, gleiche cylindrische Wascher von 2,75 m innerem Durchmesser und 0,350 m lichter Höhe übereinander angeordnet sind. Die Einrichtung ist in den Figuren 54 bis 56 dargestellt. Das Gas tritt durch Rohr *a* und den untersten Boden *b* in den cylindrischen Raum *A*, strömt durch 12 auf dem ersten Zwischenboden *c* angebrachte Rohrstutzen *f* in den zweiten Cylinder *B*, kann aber nicht sofort den ganzen Raum ausfüllen, sondern wird von den Glocken *g* aufgefangen, die es zwingen, unter ihrem ausgezackten Rande hinweg, in zahlreiche dünne Ströme geteilt, die Waschflüssigkeit zu durchdringen. Es vereinigt sich das Gas wieder über der Waschflüssigkeit und den Glocken, fliefst durch den zweiten Zwischen-

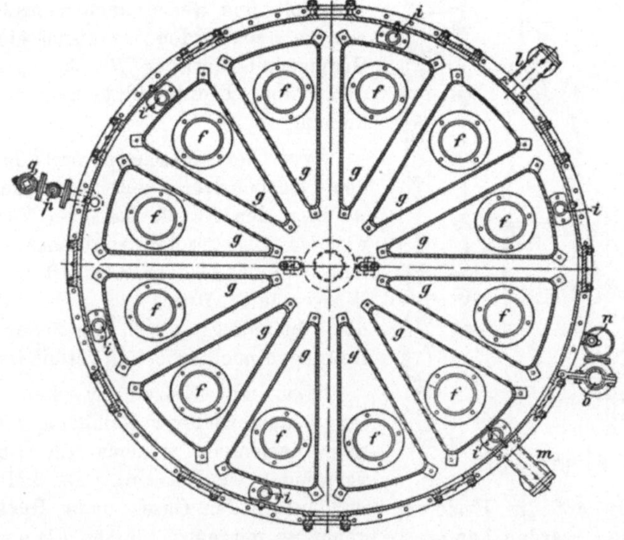

Fig. 55.

boden *c* und 12 Stutzen *f* unter die Glocken im dritten Cylinder *C* u. s. w., bis es durch die Deckplatte *d* und Rohr *e* weiter geführt wird. Als Waschflüssigkeit dient zunächst klares Wasser, welches durch Rohr *h* in den obersten Cylinder *J* eintritt, dort eine Flüssigkeitsschicht von 100 mm Höhe bildet und durch 6 am Umfange verteilte Rohre *i* nach dem nächsten Cylinder *H* abfliefst. Aus diesem gelangt es durch das Mittelrohr *k* nach Cylinder *G* und durch Rohre *i* nach *F*, aus welchem es durch Überlauf *l* (Fig. 55 und 56) in den Behälter für schwaches Ammoniakwasser abfliefst. Die folgenden Waschcylinder *E* bis *B* werden mit schwachem Ammoniakwasser gespült; das konzentrierte fliefst durch Überlauf *m* nach dem entsprechenden Behälter. Behufs Entleerung des ganzen Waschers kann das sämtliche Wasser durch die Hähne *n* und das Trichterrohr *o*, der auch hier noch in geringer Menge zur Ausscheidung gelangende Teer durch Hähne *p* und Rohr *q* abgelassen werden. Von Zeit zu Zeit (dreiwöchentlich) wird der ganze Wascher mit Dampf ausgespült behufs Entfernung der nicht zu vermeidenden Naphtalinausscheidungen. Die Austrittstemperatur des Gases beträgt 16—20°. Niedrigere Temperaturen befördern zwar die Lösung der Ammoniakverbindungen, verursachen aber häufige Naphtalinverstopfungen. Der Glockenwascher bietet dem Durchgange des Gases erheblichen Widerstand; denn der Druck beträgt vor ihm 500, hinter ihm nur noch 140 mm Wassersäule.

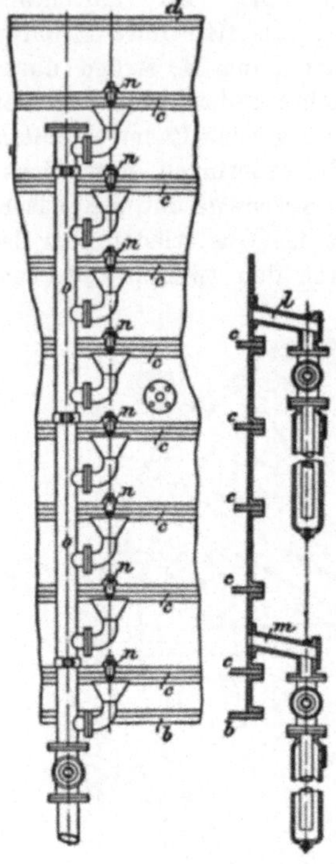

Fig. 56.

Soll den Gasen auch Benzol entzogen werden, so werden sie durch eine weitere Gruppe gleichartiger Wascher geführt, in denen aber Teerdestillate als Lösungsmittel dienen.

Von den Waschern tritt das Gas in den Gasbehälter über, welcher jedoch weniger den Zweck hat, als Vorratsraum, wie als Druckregler zu dienen. Übrigens mufs, da das Gas mit nur 40 bzw. 20 mm Wassersäule Druck in die Öfen tritt, die Spannung durch Schieber in den Leitungen noch erheblich vermindert werden.

Das zu Heizungszwecken dienende Gas bedarf weiterer Reinigung nicht, wohl aber dasjenige, welches zur Beleuchtung verwendet werden soll. Da bei der Verkokung auf die Erzielung gut leuchtenden Gases nicht Rücksicht genommen werden kann, so brennt es mit ganz blasser Flamme, eignet sich daher nur zur Erzeugung von Glühlicht.

Die noch vorzunehmende Reinigung des Gases von Schwefelverbindungen erfolgt in rechteckigen Kästen, welche in Abständen von Handbreite mit Korbhorden ausgelegt sind, auf denen je 50—75 mm hoch Raseneisenerz oder Lamingsche Masse (d. i. ein Gemisch von Sägespänen, Kalkhydrat und Eisenspänen, die behufs rascher Einleitung des Rostens mit Eisenvitriollösung oder etwas Essig befeuchtet wurden) ausgebreitet ist. Das die Schichten von Eisenoxydhydrat durchströmende Gas giebt die in ihm enthaltenen Schwefelverbindungen an jenes ab unter Bildung von Schwefeleisen. Ist die Füllung des ersten Reinigungskastens infolge Sättigung unwirksam geworden, so leitet man den Gasstrom durch einen zweiten, frisch gefüllten, entleert den ersten und breitet die Masse aus. Durch mehrfaches Umschaufeln wird die oxydierende Wirkung der Luft begünstigt und das Schwefeleisen wieder in Eisenoxydhydrat zurückverwandelt unter Abscheidung von Schwefel, der nach erfolgter Anreicherung aus der unbrauchbar gewordenen Masse gewonnen werden kann.

β. Durch unvollkommene Verbrennung erzeugte künstliche Brennstoffe.

10. Verbrennungsgas.

Wird Kohlenstoff mit Luft verbrannt, so entsteht in niederer Temperatur ein Gemisch von Kohlendioxyd und Stickstoff, bei etwa 1000^0 dagegen von Kohlenoxyd und Stickstoff (Luftgas, Luftkohlenoxyd); in zwischenliegenden Temperaturen bildet sich ein Gas, das neben Stickstoff und Kohlenoxyd mehr oder weniger Kohlendioxyd enthält.

Wird ausschliefslich zu Kohlenoxyd verbrannt, so hat das Gas folgende Eigenschaften:

Zusammensetzung	Kohlenoxyd	Stickstoff	Heizwert
in Raumteilen	34,57 %	65,41 %	1 cbm = 1060 W.-E.
in Gewichtsteilen	34,59 %	65,43 %	1 kg = 843 „

In Wirklichkeit wird diese Zusammensetzung nicht erreicht, da die Gaserzeuger nicht so heifs zu gehen und nicht so hohe Brennstoffschicht zu haben pflegen, dafs sich nicht von vornherein etwas Kohlendioxyd bilden oder dafs nicht etwas Sauerstoff unverbraucht hindurchgehen und Kohlenoxyd nachträglich verbrennen könnte.

Man erhält gewöhnlich Gase von etwa folgender Zusammensetzung:

	Kohlendioxyd	Kohlenoxyd	Stickstoff	Heizwert
in Raumteilen	3,3 %	30,0 %	66,7 %	1 cbm = 920 W.-E.
in Gewichtsteilen	4,5 %	25,7 %	69,8 %	1 kg = 630 „

Für Hüttenbetriebe pflegt man solches Gas nicht darzustellen; dagegen erzeugen es die Gasanstalten zur Heizung der Retorten. Auch der Retortenofen Fig. 46 besitzt als Feuerung einen solchen Koksgaserzeuger, welchem die Luft in regelbarer Menge zuströmt. Das im Gaserzeuger gebildete Gas tritt durch Öffnungen im Gewölbe *h* in die Zwischenräume der rechts liegenden Retorten, verbrennt dort mit Luft, welche durch das Rohr *g* angesaugt und in zahlreichen Kanälen von den Fuchsgasen vorgewärmt wird, und nimmt seinen Weg, die obere und die linken Retorten allseitig bespülend, nach dem Fuchskanale *f*.

Diesem mit Luft erzeugten und mit Stickstoff verdünnten Kohlenoxyd kommt das Gichtgas der Eisenhochöfen in seiner Zusammensetzung ziemlich nahe. Es hat bei gutem Betriebe mit Koks durchschnittlich folgende Zusammensetzung:

	in Raumteilen	in Gewichtsteilen
Kohlendioxyd .	11,7	17,5 %,
Kohlenoxyd .	26,2	25,0 %,
Stickstoff . .	59,5	56,8 %,
Methan . . .	1,1	0,6 %,
Wasserstoff .	1,5	0,1 %,
Heizwert 1 cbm = 940 W.-E.		1 kg = 710 W.-E.

Der Unterschied desselben von dem Koksgas besteht also hauptsächlich in dem geringeren Stickstoff- und höheren Kohlendioxydgehalte, welch letzterer nicht nur seinen Heizwert stark beeinträchtigt, sondern auch die Entzündung und das Fortbrennen erschwert.

Unterwirft man, wie es viel häufiger geschieht, statt Kohlenstoffes (oder genauer verkohlten Brennstoffes) natürliche Brennstoffe der unvollkommenen Verbrennung, so wird während deren allmählicher Erwärmung auf die Verbrennungstemperatur die Zersetzung eingeleitet, und die Destillate entweichen mit dem Verbrennungsgase des früher aufgegebenen Brennstoffes. Das Erzeugnis ist ziemlich gleichartiger Zusammensetzung, sei es aus Holz (Sägemehl), Torf, Braun- oder nicht backenden Steinkohlen erzeugt; sie schwankt aber mit der Schütthöhe und der Temperatur im Gaserzeuger, welch letztere wesentlich von der Lebhaftigkeit der Verbrennung abhängt. Hierauf ist die Art des Betriebes, ob mit Schornsteinzug oder Gebläsedruck, von gröfstem Einflusse.

Die früher allein gebräuchlichen Zuggaserzeuger können mit einer im Durchschnitt 1 m hohen Kohlenschicht arbeiten, welche jedoch bei grobstückigem Brennstoffe höher, bei feinkörnigem, dichtliegendem oder Neigung zum Backen zeigenden weniger hoch sein mufs. Wird dagegen die Luft unter Druck mittels Gebläses zugeführt, so kann die Schütthöhe bis auf 2 m oder mehr steigen. Dies hat den Vorteil, dafs weniger leicht sich Kanäle in der Kohlenschicht bilden, die Luft unverbrannt hindurch lassen, welche ihrerseits (falls die Temperatur hoch genug ist) eine nachträgliche Verbrennung von Kohlenoxyd bewirkt und somit den Gehalt an Kohlendioxyd erhöht, den Heizwert des Gases aber verringert. Jetzt sind die mittels Gebläses (Flügel- oder Kapselgebläse) betriebenen Gaserzeuger die häufigeren, da sie infolge der starken Luftzufuhr unter einem Drucke von 80—100 mm Wassersäule beträchtlich gröfsere Kohlenmengen in der Zeiteinheit vergasen, wegen der höheren Temperatur an Kohlenoxyd reicheres Gas geben und dieses unter Druck den Verbrauchsstellen zuführen, so dafs dort ein Ansaugen von Luft durch die Thüren u. s. w. ausgeschlossen ist.

Die Zusammensetzung der Gase wird ferner beeinflufst durch den Ort der Entnahme aus dem Ofenschachte.

Findet sie, wie gewöhnlich, oben statt, so enthält das Erzeugnis alle Destillate der Kohle in unverändertem Zustande, so dafs durch Abkühlung Teer, Wasser u. s. w. in grofsen Mengen niedergeschlagen werden und besondere Vorkehrungen zu ihrer Entfernung nötig machen;

zieht man dagegen das Gas in halber Höhe des Schachtes ab, so werden die Destillate gezwungen, abwärts durch glühende Kohlen zu ziehen, was ihre Zersetzung und die Bildung leichterer, nicht verdichtbarer Kohlenwasserstoffe zur Folge hat.

Je nach der Lebhaftigkeit der Verbrennung zeigt das L u f t g a s aus rohen Brennstoffen etwa folgende Zusammensetzung:

	CO	CO_2	H	Kohlenwasserstoffe	N	Heizwert
			bei schwachem Zuge:			
Raum-%	23,3	5,1	6,3	2,2	63,1	1190 W.-E.,
Gew-%	24,0	8,3	0,5	2,2	65,0	980 W.-E.;
			bei lebhafter Verbrennung:			
Raum-%	27,7	2,1	7,8	2,2	60,2	1365 W.-E.,
Gew-%	29,5	3,5	0,6	2,3	64,1	1235 W.-E.

Die grofse Zahl von Bauweisen der Gaserzeuger läfst sich von zwei Gesichtspunkten aus übersichtlich ordnen, und zwar 1. nach der Art der Wärmebeschaffung für die Destillation; 2. nach der Anordnung zur Verbrauchsstelle des Gases.

Nach dem ersten Einteilungsgrunde zerfallen sie in solche, welche die Zerlegungswärme für die rohen Brennstoffe selbst liefern durch Entnahme aus den heifsen Verbrennungsgasen, und in solche, denen die Wärme für die Entgasung von aufsenher zugeführt wird, z. B. von heifsen Fuchsgasen, deren Erzeugnis somit keiner Abkühlung unterliegt. Di mit

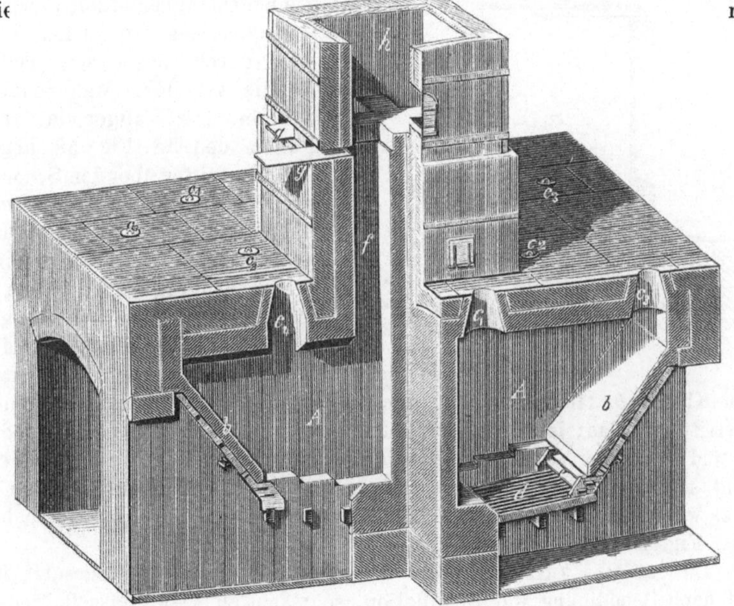

Fig. 57.

getrennten Ent- und Vergasungsräumen gebildet, wogegen zur ersteren alle anderen mit trockener Luft betriebenen Gaserzeuger gehören.

Nach der Anordnung zur Verbrauchsstelle unterscheiden wir Gruppen- und Einzelgaserzeuger; jene liegen in gröfserer Zahl vereinigt abseits von den zu beheizenden Öfen, diese einzeln und in unmittelbarer Verbindung mit letzteren.

Von ersteren war lange Jahre der Siemens-Gaserzeuger (Fig. 57) der weitaus am weitesten verbreitete.

Der Schacht *A* wird hinten und seitlich durch senkrechte oder etwas nach aufsen geneigte Wände, vorn durch eine schräg nach innen verlaufende, von Eisenplatten und feuerfesten Steinen gebildete Ebene *b* mit anschliefsendem Treppenrost *e* begrenzt. Oben überdeckt ein Gewölbe mit vier Füllöffnungen c_1—c_4 den Raum, während unten ein Planrost *d* den Abschlufs bildet. *f* ist der Abzugskanal für die Gase, dessen Querschnitt durch den Schieber *g*, dem Schornsteinzug entsprechend, verengt werden kann. Die Öffnungen *c* dienen auch zum Zerstofsen festgebackener Koksmassen und zum Reinigen der Wände von Schlackenansätzen mittels Brechstangen. Während der Rost bei 1,8 m Breite nur 0,9 m lang ist, hat der Schacht in dem oberen weiten Teil 2,75 m Länge und 2,17 m Breite; jeder Gaserzeuger fafst 10—12 t Kohle und vergast im Tag etwa 2 t.

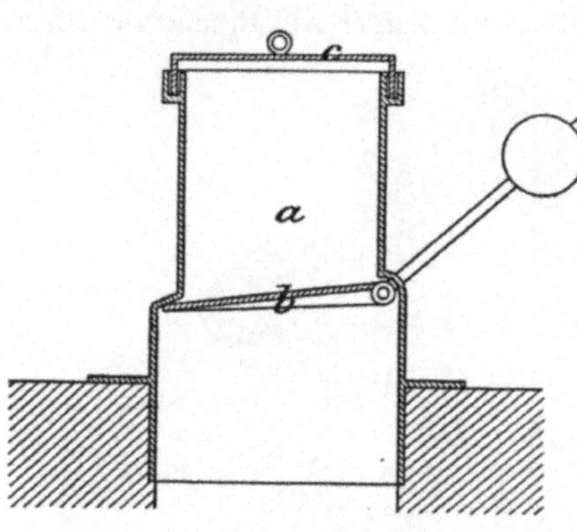

Fig. 58.

Das Füllen durch die kleinen Öffnungen ist zeitraubend, läfst viel Gas entweichen und wird durch dieses sehr lästig für die Arbeiter. Man benutzt deshalb jetzt allgemein zum Füllen den in Fig. 58 abgebildeten, mitten über dem Schacht angeordneten Trichter mit doppeltem Verschlusse oder auch Trichter mit Verschlufsbirnen (s. Fig. 62). Raum *a* wird mit Kohlen gefüllt gehalten; durch Umlegen des Hebels mit Gegengewicht öffnet sich Klappe *b*, läfst den Inhalt von *a* hinabfallen, und *c* verhindert den Austritt von Gas; ist *b* wieder geschlossen, so füllt man *a* sofort wieder an und verhindert damit weiteren Gasaustritt, selbst wenn *b* und *c* nicht dicht schliefsen sollten. Anstatt der Deckel auf den Schüröffnungen c_1 u. s. w. findet heute der sehr zweckmäfsige Kruppsche Kugelverschlufs (vgl. Fig. 59) vielfache Anwendung.

Da das Gas kurz nach dem Aufgeben anders zusammengesetzt ist, wie nach Beendigung der Destillation, so macht sich, soll dasselbe jederzeit möglichst gleiche Beschaffenheit haben, eine Vereinigung mehrerer Schächte zu einer Gruppe und abwechselnde Beschickung derselben notwendig; gleichzeitig läſst sich damit der Wärmeverlust durch Ausstrahlung vermindern. In der That bilden stets vier Siemensgaserzeuger einen Block, dessen Gase sich in dem gemeinschaftlichen Kanale *h*, an den in der Regel eine längere Blechleitung anschlieſst, mischen.

In dieser Leitung kühlt sich das Gas soweit ab, daſs sich der gröſste Teil der Wasser- und Teerdämpfe niederschlägt. Obwohl dies einerseits ein Vorteil ist, insofern trockenes Gas mit weniger Wärmeaufwand im Wärmespeicher hoch erhitzt werden kann, als nasses und teerfreies Gas keine Veranlassung mehr zum Verstopfen der Kammern durch abgeschiedenen Kohlenstoff giebt, so verlieren wir andererseits doch die beträchtliche Wärmemenge, welche Gas, Wasser- und Teerdämpfe mit sich führen. Dieser Verlust wird um so gröſser sein, je mehr wir behufs Bildung eines an Kohlendioxyd armen Gases die Temperatur im Gaserzeuger steigern, um schon dort die Zerlegung der verdichtbaren Kohlenwasserstoffe zu bewirken. Wollen wir durch Vergasung bei niedriger Temperatur den Verlust vermindern, so enthält das Gas viel Kohlendioxyd; es werden gröſsere Mengen leicht verdichtbarer Kohlenwasserstoffe gebildet; diese schlagen sich unter Verminderung des Heizwertes der Gase als Pech und Teer nieder und verstopfen die Leitungen. Wir erleiden also auf alle Fälle Verluste, die sehr beträchtlich, aber nicht zu vermeiden sind. Es ist deshalb in vielen Fällen, wo nicht die höchste Temperatur erreicht zu werden braucht, vorteilhafter, sich der Einzelgaserzeuger zu bedienen, deren Gase, weil sie keine Erhitzer zu durchflieſsen haben, die Abkühlung und Reinigung von Teer u. s. w. entbehren können.

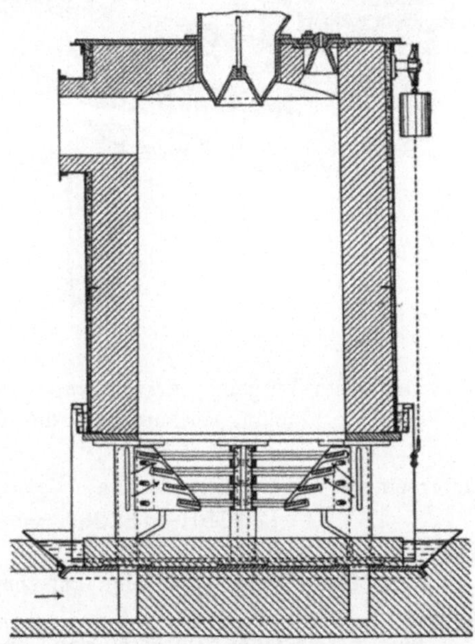

Fig. 59.

Als Beispiel eines mittels Gebläses betriebenen Gruppengaserzeugers diene der in Fig. 59 dargestellte, auf einem westfälischen Stahlwerk in Gebrauch stehende cylindrische Schacht mit Blechmantel, Treppenrost von achteckiger Form und Glockenverschluſs für den Aschenfall. Die Höhe beträgt 4 m, der Durchmesser 2 m, der Winddruck 80—100 mm Wassersäule, die in 1 Tag vergaste Kohlenmenge 7 t.

Von den in sehr zahlreichen Abänderungen ausgeführten Einzelgaserzeugern seien die von Boëtius, Pütsch (s. u. Gasfeuerungen) und Bicheroux (Fig. 60) angeführt. Dieses letzteren unterhalb der Hüttenschle liegender Vergasungsraum *A* weicht nicht erheblich von dem Siemensschen ab; er hat ebenfalls die schiefe Ebene *b*, auf der der entgasende Brennstoff zum Vergasen auf den Treppenrost *e* und den Planrost *d* hinabgleitet; die Füllöffnungen *c* liegen aber nicht im Gewölbe, sondern an der vorderen oberen Kante des Schachtes und werden von der Hüttensohle aus beschickt bzw. mit Kohle verschlossen; der Gasabzug findet durch den horizontalen Kanal *f* statt.

Anstatt mit dem Sauerstoffe der Luft kann die Vergasung des Kohlenstoffes auch durch Kohlendioxyd oder Wasser (Dampf) erfolgen unter Reduktion dieser Verbindungen zu Kohlenoxyd bezw. Wasserstoff und unter dem entsprechenden Wärmeaufwande.

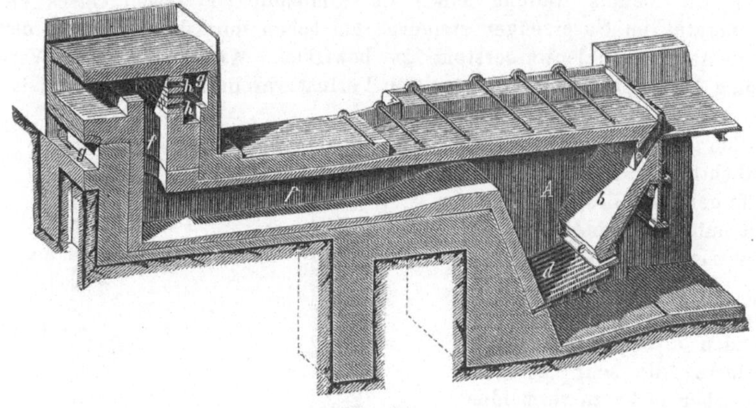

Fig. 60.

Der erste Vorgang, dessen Nutzbarmachung Lébédeff bereits 1868 in Vorschlag brachte, verläuft nach der Gleichung

$$2\ CO_2 + C_2 = 4\ CO$$

unter einem Wärmeaufwande von

$$-\ 136640 + 57290 = -\ 79350\ \text{W.-E.},$$

welcher, soll der Prozefs durchführbar sein, durch Verbrennen einer weiteren Menge Kohlenstoff oder auf sonst eine Weise gedeckt werden mufs.

Bei gewerblicher Durchführung des Vorganges wird man nicht reines Kohlendioxyd benutzen, sondern solches, das von Feuerungen herrührt, also mit mindestens 79 Raum-% Stickstoff gemischt ist.

Die Verbrennungserzeugnisse eines Kilogramm-Moleküls Kohlenstoff sind 2 . 22,3 = 44,6 cbm Kohlendioxyd und 168,67 cbm Stickstoff; aus ersteren werden 4 . 22,3 = 89,2 cbm Kohlenoxyd gebildet, so dafs die Vergasung eines Moleküls Kohlenstoff mit Feuergasen im Ganzen 257,87 cbm Gas liefert.

Die Bildung des Kohlenoxydes erfolgt aber bei 1000° (s. o. S. 5), und höhere Temperatur braucht im Gaserzeuger nicht zu herrschen. Die Gase entführen dann **257,87 . 0,3457 . 1000 = 89 145 W.-E.**

Beim Durchstreichen der **Beschickung** wärmen sie diese auf **1000°** an und kühlen sich selbst auf **820°** ab unter Abgabe von 24 . 0,415 . 1000 = 9960 W.-E. an 1 Mol. **Kohlenstoff.**

Hiernach erfordert die Vergasung jedes Moleküls Kohlenstoff mit Feuergasen:

zur Reduktion des Kohlendioxydes	—	79 350	W.-E.,
für Erhitzung der Erzeugnisse auf 1000°	—	89 145	„
dagegen führt der Kohlentoff zurück	+	9 960	„
bleiben zu beschaffen	—	158 535	W.-E.

Je nach der Temperatur, welche die in den Gaserzeuger einzuführenden Feuergase besitzen, d. i. der Wärmemenge, die sie mitbringen, wird ein mehr oder minder grofser Teil dieses Wärmebedarfs durch Vergasung mit Luft zu beschaffen sein.

Ein Molekül zu 44,6 cbm Kohlenoxyd mit 84,4 cbm Stickstoff, zusammen 129 cbm Gas, verbrennender Kohlenstoff entwickelt 57 290 W.-E.; die Gase entführen 129 . 0,3457 . 1000 = 44 595 W.-E.; aber der auf 1000° erhitzte Kohlenstoff bringt zurück 9960 W.-E.

Somit liefert 1 Mol. mit Luft vergaster Kohlenstoff einen Überschufs von 57 290 — 44 595 + 9960 = 22 655 W.-E., wobei vorausgesetzt ist, dafs die Gase den Ofenschacht mit 820° verlassen. Würde der Wärmeüberschufs anderweit nicht verbraucht, sondern die ganze Verbrennungswärme auf die Gase übertragen, so wäre die Verbrennungstemperatur 1564° (s. o. S. 15) und die Gase zögen mit 1250° ab.

Durch je ein in Gestalt von Kohlendioxyd in den Gaserzeuger eingeführtes Molekül Kohlenstoff wird ein anderes Molekül vergast unter Aufwand von 158 535 W.-E., welcher günstigsten Falles gedeckt werden kann durch die von den Feuergasen mitgebrachte Wärme. Dann würde mit einem Molekül Kohlenstoff ebensoviel Kohlenoxyd gebildet werden können, wie sonst durch Vergasung zweier Moleküle mit Luft, d. h. es würde die Hälfte Brennstoff erspart. Bei niedriger Temperatur der Feuergase wäre dagegen nebenbei noch Kohlenstoff zu verbrennen, z. B. 3 Moleküle, so dafs 4 Moleküle notwendig wären, um dieselbe Gasmenge zu erzeugen wie aus 5 Molekülen mit Luft, und die Brennstoffersparnis betrüge nur ein Fünftel. Da nun aber aus dem Brennstoffe auf die geschilderte Weise unmöglich mehr Wärme entwickelt werden kann, als bei unmittelbarer Verbrennung mit Luft, so kann diese als Brenstoffersparnis zu Tage tretende Mehrleistung nur eine scheinbare sein und mufs sich zurückführen lassen auf die Verminderung von Wärmeverlusten an anderen Stellen, worauf bei Betrachtung der Feuerungen weiter eingegangen werden soll.

Nachfolgende Zusammenstellung bietet eine Übersicht über die Verteilung des Wärmebedarfs auf die beiden Wärmequellen, die Temperaturen der eingeleiteten Feuergase und die Brennstoffersparnis.

Temp. der Feuergase °C	Mitgebrachte Wärmemenge W.-E.	Durch Verbrennung zu entwickelnde Wärme W.-E.	mit Luft zu verbrennende Menge C Mol.	Menge des gebildeten CO Mol.	Minderverbrauch an Brennstoff %
0	0	158 535	7	18	11,1
300	22 605	135 930	6	16	12,5
575	45 265	113 275	5	14	14,3
815	67 915	90 620	4	12	16,67
1035	90 570	67 965	3	10	20
1240	113 225	45 310	2	8	25
1435	135 880	22 655	1	6	33,3
1620	158 535	0	0	4	50

Das Gas hat auch bei Mitverwendung von Kohlendioxyd genau dieselbe Zusammensetzung wie bei der Erzeugung mit Luft allein. Nur wenn Gichtgas verwendet würde, dessen Stickstoffgehalt geringer ist als der von Verbrennungsgas, entstände ein Erzeugnis von höherem Heizwerte; aber trotz wiederholter Anregung ist der Vorschlag zur Anreicherung des Gichtgases in Gaserzeugern noch nirgends zur Ausführung gelangt, da die Hochofenwerke im Gichtgase allein schon einen Überschufs an Brennmaterial besitzen.

Nach der Anreicherung hätte das oben angeführte Gichtgas folgende Zusammensetzung:

	in Raumteilen	in Gewichtsteilen
Kohlenoxyd	44,4	45,1
Stickstoff	53,3	54,2
Methan	1,0	0,6
Wasserstoff	1,3	0,1

Heizwert 1 cbm = 1480 W.-E. 1 kg = 1200 W.-E.

Wird anstatt Luft W a s s e r d a m p f zum Verbrennen des Kohlenstoffes verwendet, wird also sogen. W a s s e r g a s (W a s s e r k o h l e n o x y d) erzeugt, so kann dies, je nach der Temperatur, nach einer der beiden folgenden Gleichungen vor sich gehen:

1. $C_2 + 2H_2O = 2CO + 2H_2$.
2. $C_2 + 4H_2O = 2CO_2 + 4H_2$.

In beiden Fällen reicht die entwickelte Wärme nicht aus; der erste hat aber trotz gröfseren Wärmebedarfs den Vorzug, ein Gas zu liefern, das ausschliefslich brennbare Bestandteile enthält und somit zur Erzeugung sehr hoher Verbrennungstemperaturen besonders geeignet ist.

Die ideale Zusammensetzung der Gase ist folgende:

nach 1:	Kohlenoxyd	Wasserstoff	Heizwert
in Raumteilen	50,0 %	50,0 %	1 cbm = 2842 W.-E.,
in Gewichtsteilen	93,3 %	6,7 %	1 kg = 4220 "

nach 2:	Kohlendioxyd	Wasserstoff	Heizwert
in Raumteilen	33,3 %	66,7 %	1 cbm = 1747 W.-E.,
in Gewichtsteilen	91,7 %	8,3 %	1 kg = 2428 "

Da behufs Erzeugung von kohlendioxydfreiem Kohlenoxyd die Verbrennungstemperatur auf 1000° gehalten werden mufs, so entsteht nach Gleichung 1 folgender Wärmeaufwand:

für die Gasbildung:	57 290 — 2 . 58 280 =	— 59 270 W.-E.,
für die Erwärmung von 89,2 cbm Gas:		
	89,2 . 0,3457 . 1000 =	— 30 836 „
dagegen bringt der durch die auf 700° sich abkühlenden Gase vorgewärmte Kohlenstoff zurück:		+ 9 960 „
der unter 5 kg/qcm eintretende Dampf bringt mit:		+ 2 616 „
		— 77 530 W.-E.

Dieser Wärmebedarf mufs durch Vergasen von Kohlenstoff mit Luft gedeckt werden, wobei jedes Molekül einen Überschufs von 22 655 W.-E. liefert, so dafs für jedes mit Dampf zu vergasende Molekül theoretisch 3,42 Moleküle mit Luft vergast werden müfsten.

Das kann auf zweierlei Weise erfolgen: Entweder man bildet eine Zeit lang Luftgas, bis im Gaserzeuger ein genügender Wärmevorrat aufgesammelt ist, und erzeugt dann während einer kürzeren Zeit solange Wassergas, als der Wärmevorrat gestattet, oder man bläst Luft und Dampf gleichzeitig ein, von letzterem aber nur soviel, als der durch Vergasung mit Luft entstehende Wärmeüberschufs erlaubt.

In ersterem Falle erhält man das im besonderen Wassergas genannte Erzeugnis abwechselnd mit Luftgas, im letzteren ein Gemenge von beiden, das Mischgas.

Zur Erzeugung von Wassergas dient die in den Fig. 61 und 62 dargestellte Vorrichtung, ein von einem Blechcylinder umhüllter, aus feuerfesten Steinen gemauerter Ofenschacht von 6,3 m Höhe, 2,5 m äufserem und 1,68 m innerem Durchmesser. Etwa 1,2 m über dem Boden beginnt eine, von dem Kühlringe *a* getragene Rast mit einem lichten Durchmesser von 1 m. Unterhalb der Rast sammeln sich Asche und Schlacken an; sie werden alle 6 Stunden etwa durch die Reinigungsöffnung *b* ausgezogen. Die Öffnungen *c* dienen zum Losbrechen zusammengeschmolzener Massen vom Kühlringe und zum Stören. Oben befindet sich ein Fülltrichter *d* mit Birne, seitwärts der Abflufsstutzen *e* für das Luftgas, gegenüber der Eintritt *f* für den Dampf, zu dessen Absperrung ein Kolbenschieber *g* in die Leitung eingeschaltet ist. Für den Austritt des Wassergases wie für den Eintritt des Windes beim Heifsblasen dient die Öffnung *h* unterhalb des Rastträgers, und der mit Wasser gekühlte Schieber *i*.

Während das Wassergas zunächst einen Skrubber, d. i. ein Gaswascher von der in Leuchtgasfabriken gebräuchlichen Art (mit Koksstücken gefüllter Blechcylinder, dessen Inhalt ununterbrochen mit Wasser berieselt wird), durchfliefst, um dann in dem Gasbehälter aufgesammelt zu werden, strömt das Luftgas unmittelbar den Verbrauchsstellen zu.

Als Brennstoff dient guter Schmelzkoks, in Ermangelung solches auch Anthracit (z. B. vom Piesberge bei Osnabrück); backende Kohlen sind selbstverständlich ausgeschlossen.

Das Heifsblasen dauert jedesmal 10 Minuten, die Erzeugung von Wassergas 4 Minuten; die Menge des in dieser Zeit gebildeten Wassergases ist durchschnittlich 150 cbm. Zwischen dem Blasen mit Wind und mit Dampf wird solange abgewechselt, bis die Notwendigkeit des Ascheziehens einen Stillstand von 30—40 Minuten bedingt.

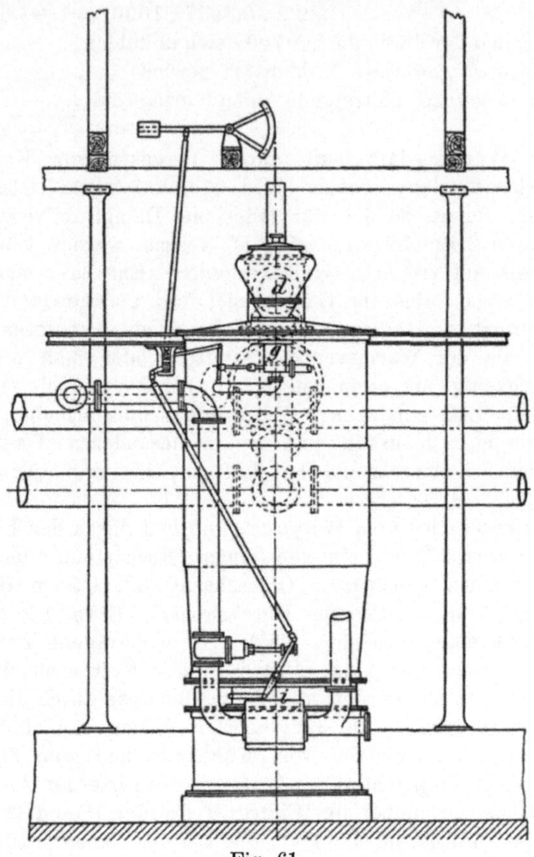

Fig. 61.

Die Erzeugnisse haben nun keineswegs die oben angegebene ideale Zusammensetzung, sondern im Durchschnitte die folgende:

I. Luftgas:	CO_2	CO	CH_4	H	N	Heizwert.
in Raum-%:	4,2	28,0	0,3	2,5	65,0	1 cbm = 750 W.-E.,
in Gewichts-%:	6,6	28,0	0,2	0,2	65,0	1 kg = 765 „
II. Wassergas:						
in Raum-%:	3,4	43,6	0,5	48,5	4,0	1 cbm = 2650 W.-E.,
in Gew.-%:	9,4	76,9	0,5	6,1	7,1	1 kg = 3715 „

Die Bildungstemperatur beider ist zu 930° anzunehmen. Das Methan ist ein Rest von Destillationsgas aus dem Koks, desgleichen der

Wasserstoff im Luftgas. Wird nun im Wassergas ein dem Methangehalt entsprechender Teil Wasserstoff gleichfalls als Destillatrest angesehen, so ist durch Vergasen entstanden:

in I: 6,6 Gew.-Teile CO_2, 28,0 Gew.-T. CO, 65 Gew.-T. N mit 13,8 kg Kohlenstoff in 100 kg Gas,

in II: 9,4 Gew.-T. CO_2, 76,9 Gew.-T. CO, 5,6 Gew.-T. H, 7,1 Gew.-T. N mit 35,52 kg Kohlenstoff in 100 kg Gas.

Die Vergasung eines Moleküles Kohlenstoff mit Luft entwickelt bei Erzeugung von Gas vorstehender Zusammmensetzung 75110 W-E.; zur Erhitzung der Gase auf die Bildungstemperatur 930° sind erforderlich 45655 W.-E.; der auf dieselbe Temperatur vorgewärmte Kohlenstoff bringt zurück 9170 W.-E., unter Abkühlung der Gase auf 760°; somit verbleibt ein Überschufs von 38625 W.-E.

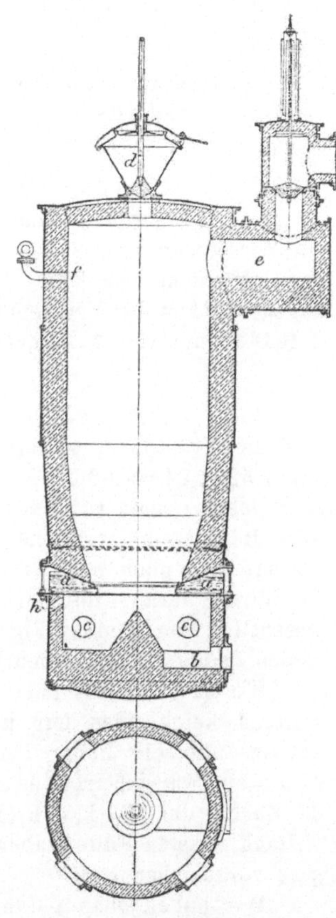

Fig. 62.

Bei Vergasung eines Moleküles Kohlenstoff mit Dampf erfordert dessen Zerlegung 116560 W.-E., wovon aber durch die Bildung von CO_2 und CO 67150 W.-E. gedeckt werden, so dafs noch 49410 W.-E. anderweit zu beschaffen bleiben. Die Erhitzung des Erzeugnisses auf 930° erfordert 30940 W.-E., wovon der Kohlenstoff durch Vorwärmung 9170 W.-E. zurückbringt (die Gase kühlen sich dabei auf 725° ab); somit müssen ersetzt werden 71180 W.-E., oder auf jedes mit Dampf vergaste Molekül Kohlenstoff sind 71180 : 38625 = 1,84 Moleküle mit Luft zu vergasen.

In Wirklichkeit verlassen die Gase den Erzeuger aber mit nur 500°, was bei der Luftgasbildung den Wärme-Überschufs um 13350 W.-E. erhöht, bei der Wassergasbildung den Wärmebedarf um 6060 W.-E. vermindert, so dafs das Verhältnis der mit Luft und mit Wasser vergasten Mengen Kohlenstoff sich auf 65120 : 51975 = 1,25 : 1 stellen sollte.

Ein Monatsbetrieb einer deutschen Wassergasanlage ergiebt folgende Zahlen: Erzeugung 272775 cbm Wassergas, welches 69732 kg Kohlenstoff enthält. Verbraucht wurden 235600 kg Koks mit einem Kohlenstoffgehalte von 84% oder 197900 kg. Im Luftgase befinden sich demnach 197900 — 69730 = 128170 kg Kohlenstoff, d. h. das Verhältnis der mit Luft und mit Wasser vergasten Kohlenstoffmengen ist 128170 : 69730 =

1,84 : 1. Dieser erheblich gröſsere Brennstoffaufwand entsteht durch Entführung groſser Wärmemengen seitens des Kühlwassers und durch Ausstrahlung seitens der Wände des Ofenschachtes.

Neben dem vorbeschriebenen Verfahren beginnt in neuester Zeit ein etwas anderes, von Dellvik in Stockholm angegebenes, sich Eingang zu verschaffen. Das Wesentliche desselben ist die Verbrennung des Kohlenstoffes beim Heiſsblasen zu Kohlendioxyd, wodurch erheblich an Koks gespart wird. Der Wärmehaushalt gestaltet sich dann folgendermaſsen:

C_2, verbrannt mit 213,3 cbm Luft zu 44,6 cbm CO_2 und 168,2 cbm N, liefert	193 920	W.-E.
Die mit etwa 700° entweichenden Gase führen fort.	56 990	„
bleibt verfügbar	136 930	W.-E.

Die Wassergasbildung erfordert

zur Zersetzung von $2\,H_2O = 2 . 58\,280$ . . .	—	116 560	W.-E.
zur Erwärmung von 89,2 cbm Gas auf 500° . .	—	14575	„
dagegen liefert die Verbrennung von C_2 zu 2 CO .	+	57 290	„
2 H_2O-Dampf von 5 kg/qcm bringen mit . . .	+	2 615	„
Fehlbetrag .	—	71 230	W.-E.

Zu dessen Deckung sind 71 230 : 136 930 = 0,5202 Mol. Kohlenstoff zu verbrennen, so daſs also zur Erzeugung von 89,2 cbm Wassergas 1,520 . 24 = 36,48 kg Kohlenstoff erforderlich sind. 1 kg Kohlenstoff liefert somit rechnungsmäſsig 2,445 cbm Wassergas; wenn dieser hohe Betrag im wirklichen Betriebe bisher auch nicht erreicht ist, so erzeugt man doch mehr als 2 cbm aus 1 kg Koks, wogegen das ältere Verfahren daraus nur 1,15 cbm liefert. Der Gaserzeuger weicht nicht wesentlich von dem in Fig. 61 und 62 dargestellten ab, nur hat er am Boden des Schachtes einen Rost, unter welchen der Wind geblasen wird.

Wo man für das nach dem älteren Verfahren notwendig entstehende Luftgas keine oder nur nebensächliche Verwendung hat und lediglich auf das mit sehr hoher Temperatur verbrennende Wassergas Wert legt, z. B. zu Schweiſsarbeiten, Glühlichterzeugung, Glasbläserei u. s. w., da dürfte das Dellvik-Verfahren das andere verdrängen. In den weitaus meisten Fällen aber wird noch mehr die Herstellung von Mischgas vorzuziehen sein.

Wir haben oben gefunden, daſs die Vergasung je eines Moleküles Kohlenstoff mit gesättigtem Dampfe von 5 kg/qcm Überdruck die Vergasung von 3,42 Mol. Kohlenstoff mit kalter Luft erfordert. Vollziehen sich die beiden Vorgänge gleichzeitig, indem man Luft und Dampf gemischt, z. B. mittels eines Dampfstrahlgebläses, in den Gaserzeuger einführt, so erhält man ein Gas von folgender (idealer) Zusammensetzung:

	Kohlenoxyd	Wasserstoff	Stickstoff	Heizwert
Raum-%	37,24	8,42	54,34	1 cbm = 1360 W.-E.,
Gew-%	40,31	0,65	59,04	1 kg = 1183 W.-E.

Da es den Gaserzeuger mit 775⁰ verläfst, so ist ein erheblicher Wärmeverlust unvermeidlich, sei es in den Leitungen oder erst durch die Fuchsgase. Es erscheint daher vorteilhaft, die dem Erzeugnis innewohnende Wärme auszunutzen zur Vorwärmung von Dampf und Luft. Diese in den Gaserzeuger zurückgeführte Wärme gestattet dort die Zerlegung gröfserer Dampfmengen, also die Darstellung heizkräftigerer Gase, wie folgende Beispiele beweisen.

Für jedes C_2 entsteht an	Luft 0⁰, Dampf gesättigt, 5 kg/qcm	Luft und Dampf erhitzt auf 300⁰	500⁰
Wärmeaufwand zur Wassergasbildung	— 77530	— 74450	— 69615 W.-E.
Wärmeüberschufs bei der Luftgaserzeugung	+ 22655	+ 32860	+ 40075 W.-E.
Mit Luft zu vergasen	3,42	2,27	1,74 C_2.
Auf 1 kg Kohlenstoff wird zerlegt	0,340	0,460	0,547 kg Dampf.

Zusammensetzung der Gase:

	Kohlenoxyd	Wasserstoff	Stickstoff	Heizwert
	Luft und Dampf vorgewärmt auf 300⁰.			
Raum-%	38,17	11,67	50,16	1 cbm = 1475 W.-E.,
Gew.-%	42,81	0,94	56,25	1 kg = 1320 W.-E.
	Luft und Dampf vorgewärmt auf 500⁰			
Raum-%	38,95	14,22	46,83	1 cbm = 1565 W.-E.,
Gew.-%	44,88	1,17	53,95	1 kg = 1435 W.-E.

Für die Herstellung solchen Mischgases kann selbstverständlich jeder Gaserzeuger dienen, doch hat vor anderen in Nord-Amerika die von Taylor gebaute Vorrichtung Verbreitung gefunden; sie besteht aus einem cylindrischen Schachte aus Eisenblech *B* (Fig 63) mit dem Aufgebetrichter *A*, dem feuerfesten Futter *M*, dem durch Thüren *D* verschliefsbaren Aschenfall und dem Grundmauerwerk *O*. In diesen wird durch ein Dampfstrahlgebläse *J* und Rohr *K* Luft eingeblasen, deren Menge durch den Hahn *P* geregelt werden kann. Das Windrohr *K* dient gleichzeitig als Drehzapfen für die ringförmige, von aufsen her mittels der Kurbel *E* drehbare Platte *G*. Die Schauöffnungen B_1—B_4 dienen zur Beobachtung, in welcher Höhe die Verbrennung der Beschickung L erfolgt; sie soll 10 cm über dem Windaustritte beginnen. Unterhalb dieser Ebene, im Trichter *F*, befinden sich nur Verbrennungsrückstände. Wird durch B_2 oder B_3 beobachtet, dafs die Verbrennung nach oben vorrückt, so ist es Zeit, durch Hineinstofsen der Stäbe *H* und Drehen von *G* die Asche von dem Tische abzustreifen, den Schachtinhalt zum Nachsinken zu bringen und frische Kohle aufzugeben. Sollten Rückstände zu Schlacken gesintert sein, so können diese durch die Störöffnungen *C* zerstofsen und entfernt werden. *N* ist das Abzugsrohr für das Gas.

Zu diesem an sich sehr zweckmäfsig eingerichteten Gaserzeuger haben Fichet und Heurtey eine, von ihnen Temperaturwechsler genannte Vorrichtung gefügt, behufs Vorwärmung von Luft und Dampf. Sie ist eingerichtet wie ein Dampfkessel mit engen Feuerröhren und in Fig. 64

mit dem zugehörigen Gaserzeuger abgebildet. Es bedeutet hier *N* den Aufgebetrichter, *F* die Aschefallthür, *P* die Kurbel zum Drehen des Aschеträgers, *r* eine Schauöffnung mit Verschluſs, *h* das Abzugsrohr für die Gase, *T* den Mantel des Temperaturwechslers, *t* die Rohre, welche die heiſsen Gase durchströmen müssen, um zu den nach den Hauptleitungen führenden Ventilen *R* und *S* zu gelangen. Der Dampf tritt bei *a* ein, durchflieſst die Rohre *v*, um überhitzt zu werden, saugt im Strahlgebläse *l* die Luft an und zieht mit dieser, die Heizröhren *t* von auſsen bespülend, durch *T* und *d* in den Brennstoff. Je nach der Art des zu verwendenden Brenn-

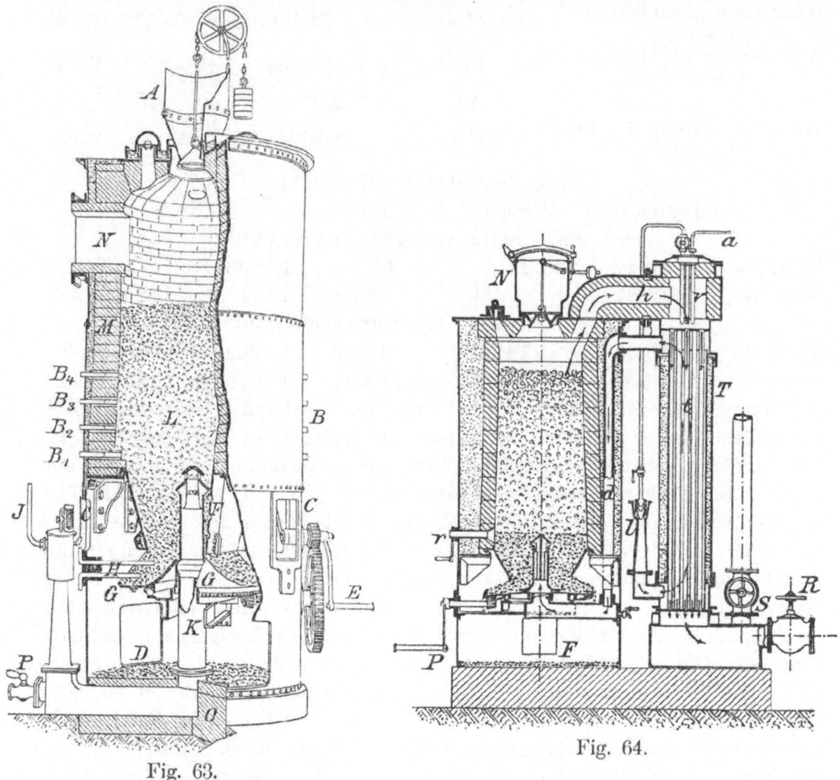

Fig. 63.

Fig. 64.

stoffes wird der Temperaturwechsler zwischen dem Gaserzeuger und dem Ofen oder zwischen dem Ofen und dem Schornstein aufgestellt. Ersteren Platz erhält er beim Vergasen von Koks oder magerer Kohle, weil deren Gase beim Abkühlen keinen Teer abscheiden, letzteren beim Vergasen von Gaskohlen. Dann ist der Gaserzeuger möglichst nahe am Ofen unterzubringen, damit die Gase ohne Abscheidung von Kohlenwasserstoffen und möglichst ohne Wärmeverlust verbrannt werden; zur Luft- und Dampferhitzung findet hier die Wärme Anwendung, welche die Fuchsgase in den Wärmespeichern nicht abgeben konnten.

C. Die Feuerungen.

Feuerungen werden diejenigen Vorrichtungen genannt, welche die Entwickelung von Wärme aus Brennstoffen zum Zwecke haben.

Dient die entwickelte Wärme zur andauernden Erwärmung von Körpern auf verhältnismäfsig niedrige Temperatur, so ist der Unterschied zwischen dieser und dem natürlichen Höchstwerte der Verbrennungstemperatur grofs genug, auf dafs rascher Übergang der Wärme von den Verbrennungserzeugnissen auf den zu erhitzenden Gegenstand stattfinde. Es genügt also, die Verbrennung so zu leiten, dafs die Verbrennungswärme der Brennstoffe vollständig und unter dem kleinstmöglichen Luftverbrauch entwickelt werde.

Soll dagegen der zu erhitzende Körper auf einen möglichst hohen, der Verbrennungstemperatur nahe liegenden Hitzegrad gebracht werden, so ist dies nur durch künstliche Steigerung jener in kürzester Zeit und mit dem geringsten Wärmeaufwand zu erreichen, und die Aufgabe besteht aufser in vollkommener Wärmeentwickelung noch in möglichster Erhöhung der Verbrennungstemperatur.

Eine gute Feuerung soll folgenden Bedingungen Genüge leisten, soweit es eben zu erreichen ist:

1) Sie mufs den Brennstoff vollkommen verbrennen, d. h. sämtlichen Kohlenstoff und Wasserstoff in Kohlendioxyd und Wasser überführen.

2) Die vollkommene Verbrennung mufs mit einer die theoretisch erforderliche nicht oder nur sehr wenig übersteigenden Luftmenge erreicht werden, da jeder Überschufs an nicht wirksamen Stoffen die Flammentemperatur erniedrigt und die Wärmeverluste durch die Fuchsgase vergröfsert.

3) Die Wärmeentnahme darf nicht zu früh beginnen, d. h. bis zu vollendeter Verbrennung dürfen die Brennstoffe oder die Erzeugnisse unvollkommener Verbrennung nicht mit Wärme entziehenden Gegenständen in Berührung kommen, da diese die Abkühlung jener unter die Verbrennungstemperatur bewirken (diese Bedingung wird besonders von vielen Dampfkesselfeuerungen nicht erfüllt).

4) Durch geeignete Bauart sollen Wärmeverluste mittels Ausstrahlung möglichst vermieden werden.

5) Erforderlichenfalls mufs die Verbrennungstemperatur möglichst weit über ihren natürlichen Grad hinaus gesteigert werden können.

Je nach der Zusammenhangsform der Brennstoffe unterscheiden wir Feuerungen für feste, flüssige oder gasförmige Brennstoffe.

a. Feuerungen für feste Brennstoffe.

Alle festen Brennstoffe hinterlassen unverbrennliche Rückstände, die Asche, deren Beseitigung aus der Feuerung in gewissen Zeiträumen erfolgen mufs, wenn nicht der Luftzutritt erschwert und schliefslich ganz verhindert werden soll. Abgesehen von steinigen Zwischenmitteln der

Kohlen hat die Asche Pulverform und kann in dieser oder in zusammengesinterten Stücken, immer aber in festem Zustande, entfernt werden, wenn die Verbrennungstemperatur den Schmelzpunkt der Asche nicht erreicht und der Feuerungsraum leicht zugänglich ist. Dies ist der Fall bei den Rostfeuerungen, d. h. solchen Feuerungsanlagen, in denen die Verbrennung auf einer behufs Luftzufuhr durchbrochenen Unterlage erfolgt. Ist der Feuerungsraum aber mehr oder weniger unzugänglich, so müssen die Verbrennungsrückstände zu Schlacke geschmolzen werden, die man von Zeit zu Zeit durch Öffnen eines Stichloches oder ununterbrochen durch Öffnungen mit gekühlten Wänden ausfliefsen läfst. Bei blofsen Feuerungen ist die Bildung flüssiger Schlacken nicht häufig, da die meisten Brennstoffaschen, z. B. die fast aller Steinkohlen und Koks, für sich allein sowohl als mit Zuschlägen zu strengflüssig sind, und die Schlacken das Mauerwerk stark angreifen; am besten eignen sich dazu die thonerdearmen Aschen von Holz- und Braunkohlen, die mit Kalkstein leicht zum Fliefsen gebracht werden. Da in solchen geschlossenen Feuerungen ohne Rost sich in der Regel neben der Verbrennung gleichzeitig die Wärmeübertragung auf die zu erhitzenden Gegenstände vollzieht, so haben wir später Veranlassung, eingehender auf diese Vorrichtungen zurückzukommen und können sie hier übergehen.

Von den Rostfeuerungen ist der Planrost die älteste und verbreitetste; er bildet eine aus einzelnen Stäben zusammengesetzte wagerechte oder geneigte Ebene, auf welcher der Brennstoff ausgebreitet wird; die Verbrennungsluft strömt durch die Rostfugen, das sind freie Räume zwischen den Stäben, in beliebiger, nur durch den Zug geregelter Menge zu oder wird mittels Gebläses eingeblasen.

Angenommen, der Rost sei mit einem verkohlten Brennstoff in solcher Höhe beschickt, dafs kein Sauerstoff unverbraucht hindurchziehen kann, so wird die Temperatur in der brennenden Schicht sehr bald eine Höhe erreichen, bei welcher nicht mehr, wie beabsichtigt, ausschliefslich Kohlendioxyd, sondern auch Kohlenoxyd entsteht. Unmittelbar über dem Roste bildet sich zwar infolge Kühlung durch die Luft nur Kohlendioxyd, aber beim Durchstreichen der überliegenden heifseren Schichten wird es reduziert; die Ausnutzung des Brennstoffes ist sehr mangelhaft. Hält man dagegen die Brennstoffschicht so niedrig, dafs die durchströmende grofse Luftmenge die Verbrennungstemperatur auf einen zu vollkommener Verbrennung ausreichend niedrigen Grad herabdrückt, so nimmt die Menge der Fuchsgase derart zu, dafs die von ihnen fortgeführte Wärmemenge einen grofsen Verlust darstellt. Am vorteilhaftesten wird der Brennstoff ausgenützt, wenn man zwar mit Luftüberschufs verbrennt, diesen aber nur so grofs wählt, dafs wenige Raum-% Kohlenoxyd entstehen. Früher nahm man allgemein an, dafs zur vollständigen Verbrennung doppelt so viel Luft nötig sei, als nach der Rechnung erforderlich ist; man hat aber allmählich gelernt, mit erheblich geringeren Mengen auszukommen, so dafs bei sehr gut bewarteten

Rostfeuerungen 12—25 %, bei mittelguter Wartung 33—70 % Luftüberschufs genügen.

Beim Heizen mit rohen Brennstoffen, z. B. mit Steinkohle, wird der Vorgang durch die Entgasung noch verwickelter. In der Regel wird die kalte Kohle auf den glühenden Koks geworfen; ist sie bis auf die Zersetzungstemperatur erwärmt, so entwickeln sich plötzlich grofse Mengen Gas, zu deren Verbrennung natürlich die immer in gleich starkem Strom eintretende Luft nicht ausreicht, so dafs die Zuführung einer zweiten Luftmenge unmittelbar in diesen Gasstrom hinein nötig wird. Dann erscheint es vorteilhafter, geringeren Wert auf die vollständige Verbrennung auf dem Roste zu legen, dort mit höherer Brennstoffschicht und geringem Luftüberschusse zu arbeiten, gröfsere Mengen Kohlenoxyd entstehen zu lassen und diese nachträglich, möglichst mittels vorgewärmter Luft, gemeinschaftlich mit den Destillaten zu verbrennen. Derartig betriebene Rostfeuerungen werden Halbgasfeuerungen genannt.

Die Verdampfung der Feuchtigkeit der Kohle und die Entbindung der Gase erfordern so viel Wärme, dafs die Temperatur der an den heifsen Wänden des Aschenfalles, den Roststäben und den unten liegenden Koksschichten vorgewärmten Luft, sowie die der Gase selbst häufig unter den Entzündungspunkt sinkt, dafs also auch bei genügender Luftmenge die Verbrennung der Gase unterbleibt. Berühren die Teerdämpfe und andere schwere Kohlenwasserstoffe die glühenden Wände der Feuerung, so wird Kohlenstoff daraus abgeschieden, der als Rauch und Rufs ebenfalls unverbrannt mit den Gasen aus dem Schornstein entführt wird. Diese Übelstände könnten wenigstens zum Teil vermieden werden, wenn man die frische Kohle unter die bereits verkokte brächte. Bis zu einem gewissen Grad läfst sich das zwar auch bei einem Planrost ausführen; es wird aber dabei die zum Beschicken erforderliche Zeit so sehr verlängert, dafs die durch die geöffnete Feuerthür und den freigelegten Rost eintretende Menge kalter Luft und damit die schädliche Abkühlung der ganzen Feuerung unnötig vergröfsert wird. Unumgänglich ist es aber auch bei der gewöhnlichen Art und Weise des Beschickens, jedesmal nur eine dünne Schicht aufzutragen und diese gleichmäfsig über den Rost zu verteilen.

Der Planrost für Dampfkessel- oder ähnliche Feuerungen mit geringer Schichthöhe besteht aus gufseisernen Stäben von trapezförmigem Querschnitte mit Köpfen an den Enden, welche die Spaltweite regeln und auf den Rostbalken aufliegen. Die Stäbe haben oben 15—20 mm, unten 10 mm Stärke und sind in der Mitte etwa 100 mm, an den Enden 40—50 mm hoch. Der besseren Haltbarkeit wegen giefst man sie jetzt sehr viel aus kohlenstoffarmem Eisen und härtet sie an der dem Feuer ausgesetzten Seite durch Abschrecken beim Gusse. Die Zahl der Roststabformen ist aufserordentlich grofs, die Gestalt sehr mannigfaltig und oft recht verwickelt, aber auch sehr häufig unzweckmäfsig. Für Flammofenfeuerungen mit hoher Brennstoffschicht benutzt man der höheren

Temperatur wegen schmiedeeiserne Quadratstäbe von 30—40 mm Stärke. Die Weite der Rostfugen schwankt, je nach dem Brennstoffe, von 2—10 mm. Die auf einem Roste verbrennende Brennstoffmenge steht in geradem Verhältnisse zur Rostgröfse und zur zugeführten Luftmenge; letztere ist abhängig von der Gröfse der freien Rostfläche, dem Schornsteinzug und der Schichthöhe.

Für die gebräuchlichsten Brennstoffe erhalten die Roste nachstehende Abmessungen:

In 1 Std. zu verbrennende 100 kg	erfordern an ganzer Rostfläche	Verhältnis der freien zur ganzen Rostfläche
Koks.	1,32 bis 2 qm	1:3 bis 1:2
Steinkohle	0,75 „ 1,4 „	1:3,3 „ 1:2
Braunkohle . . .	0,25 „ 1,0 „	1:5 „ 1:3
Torf, Holz	0,75 „ 1,25 „	1:7 „ 1:5

Die Länge des Rostes macht man selten gröfser als 2 m, da andernfalls die Beschickung zu schwierig wird. Am hinteren Ende des Rostes

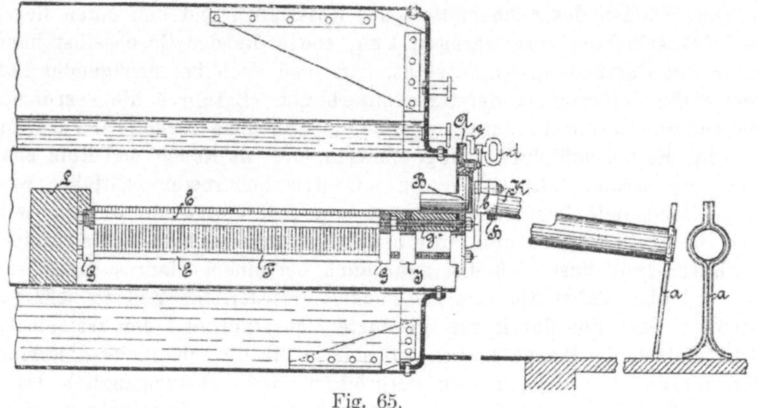

Fig. 65.

ist der Feuerraum durch eine Querwand, die Feuerbrücke, abgeschlossen, welche sowohl das Hinabfallen von Brennstoff verhindert, als auch die Verbrennungsgase in die gewünschte Richtung leitet. Das Mindestmafs ihrer Höhe richtet sich nach der Höhe der Brennstoffschicht.

Die Mängel der Planrostfeuerung hat man teils durch geeignete Beschickungsverfahren, teils durch Vorkehrungen zum Verbrennen der Destillate zu beheben versucht; bei zahlreichen Feuerungen hat jedoch der Planrost ganz anderen Formen weichen müssen.

Die Aufgabe des Heizers, den Brennstoff in dünner Schicht gleichmäfsig über den ganzen Rost zu verteilen, erfordert Anstrengung, Geschick und grofse Gewissenhaftigkeit. Diese schwierige Arbeit des Beschickens wird bei der Cario-Feuerung (Fig. 65 und 66) aufserordentlich erlciehtert. Die auf drei schmiedeeisernen Rostbalken *E* geneigt liegenden Roststäbe *F* werden mit Brennstoff bedeckt, indem man die Kohlenmulde *K* mittels der als Handgriff dienenden Stütze *a* auf dem Rücken des Rostes entlang schiebt bis zur Feuerbrücke *L* und dann umkehrt, so dafs der Inhalt die geneigten Rostflächen in dünner Schicht und den Rostrücken bedeckt; bei fernerem Aufgeben schiebt die Mulde die oben liegenden entgasten Massen seitwärts hinunter, so dafs die ausgebrannten Schlacken von den geneigten Flächen auf den wagerechten Rostteilen sich sammeln, und der Koks auf jene fällt, während der frische Brennstoff nur in dünner Schicht über den brennenden sich verteilt, meist aber auf dem Rücken liegen bleibt. Das Einführen der Mulde erfolgt durch die aus pendelnd aufgehängten Hälften bestehende kreisrunde Thür, welche sich beim Zurückziehen selbstthätig wieder schliefst, und durch die Leitrinne *B*. *C* sind Glimmerfenster zur Beobachtung des Feuers, *D* geteilte, ebenfalls pendelnd aufgehängte Thüren zum Abschlacken, die im Bedarfsfalle mittels der Handgriffe *d* unter die Knaggen *f* gehängt und somit ganz offen gehalten werden können. In der Regel genügt die Eröffnung eines schmalen Spaltes für die Einführung des Schürhakens. Die ganze Einrichtung ist an der Stirnplatte *A* befestigt.

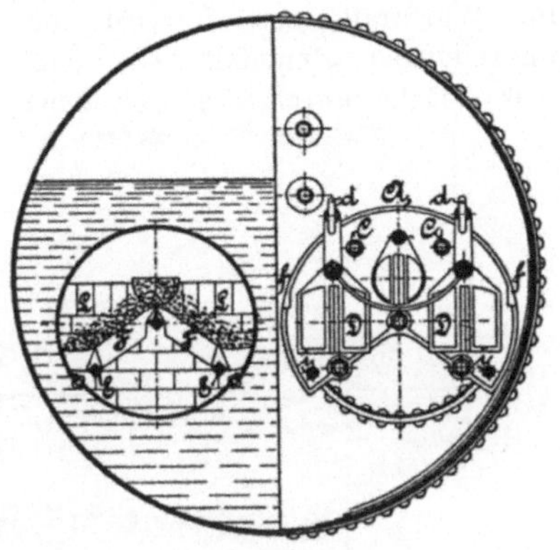

Fig. 66.

Demselben Zwecke dienen in noch vollkommenerer Weise verschiedene mechanische Beschickvorrichtungen, von denen eine der einfachsten die von Ruppert (Fig. 67 und 68) ist, bestehend aus zwei nebeneinander angeordneten Scheiben *a* und *b* mit gesonderter Lagerung, von denen *a* einen Kurbelzapfen *c* trägt und von einem Riemen angetrieben wird, während *b* eine Kulisse hat, in deren Steine *d* der Kurbelzapfen *c* gelagert ist. Da die Achsen der Scheiben gegeneinander versetzt sind, so mufs bei einem Umlaufe von *a* der Stein *d* mit *c* einen Kreis beschreiben, der zur Achse von *b* um den Achsenabstand excentrisch liegt. *a*, *c* und *d* erhalten gleichmäfsige Geschwindigkeit, Scheibe *b* dagegen, sowie die auf deren Achse befestigte Schaufel *i* zu- und abnehmende, welche am

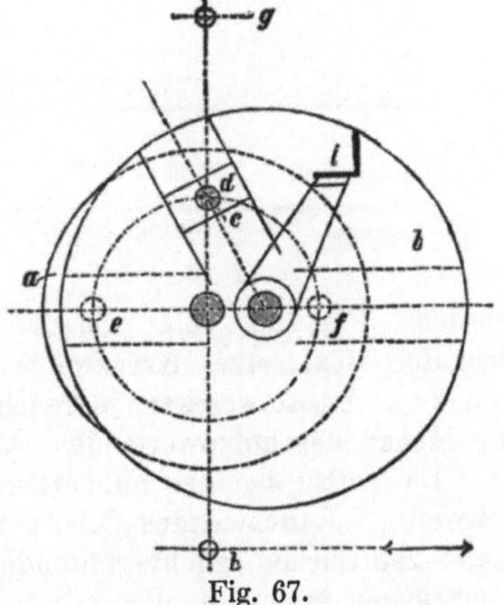

Fig. 67.

kleinsten ist bei der Stellung des Steines in *e*, am gröſsten bei der in *f*; der Unterschied ist abhängig von dem Achsenabstande. Hat *i* die gröſste Geschwindigkeit, und nimmt diese dann ab, so wird auf *i* liegender Brennstoff die Schaufel verlassen und um so kräftiger vorwärts geworfen, je gröſser die Excentrizität ist. Scheibe *a* ist in einem Hebel *gh* gelagert, der in *g* aufgehängt ist und durch eine in *h* angreifende Stange eine schwingende Bewegung erhält, so daſs die Achsen von *a* und *b* sich einander nähern und wieder entfernen. Die Wurfkraft von *i* wird deshalb bei den aufeinanderfolgenden Umdrehungen gleichfalls ab- und zunehmen, so daſs alle Punkte einer Fläche durch die Bewegung der Schaufel mit Kohle beworfen

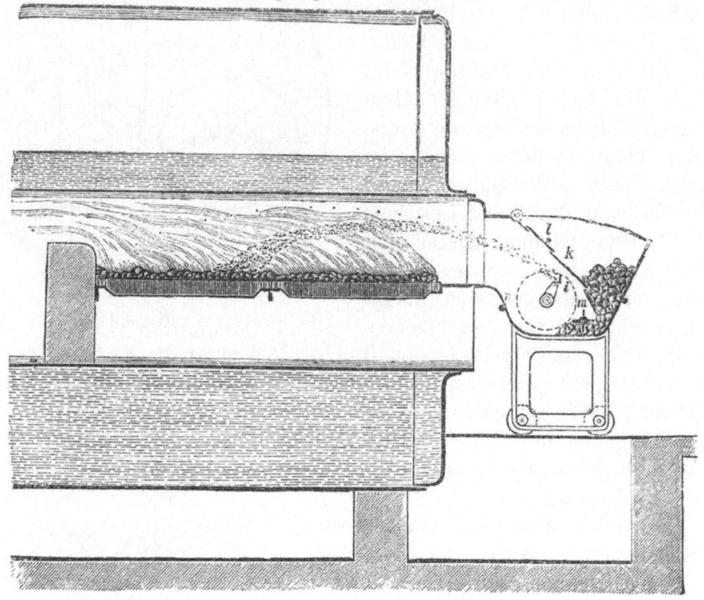

Fig. 68.

werden. Fig. 68 zeigt die Anordnung an der Feuerung. Vor der Schaufel liegt eine Kreuzwalze, deren Drehung die Schaufel füllt, und zwar um so stärker, je rascher sie umläuft. Somit läſst sich auch die Menge des aufzuwerfenden Brennstoffes dem Bedarf anpassen.

Da selbst bei der aufmerksamsten Bedienung eines Planrostes das zeitweilige Rauchen des Schornsteines nicht zu vermeiden ist, so hat man zahlreiche rauchverhütende, richtiger rauchvermindernde Feuerungen ersonnen, die sich in folgende Gruppen ordnen lassen:

a. Doppelroste, die abwechselnd beschickt werden und so durch Mischen ihrer Verbrennungsgase die Destillate auf die Entzündungstemperatur bringen.

b. Geneigte und Treppen-Roste, auf deren oberem Teile der Brennstoff angewärmt und zerlegt wird, um dann allmählich in die heifseren Gegenden des Feuerungsraumes vorzurücken. Der Treppenrost (Fig. 69) schliefst gleichzeitig durch die Anwendung breiter Rostplatten das Durchfallen feiner Kohlen aus; er ist für erdige Braunkohlen sehr beliebt und besonders in der Bauart des Münchener Stufenrostes zu empfehlen.

c. Langens Stufenrost, von dem Fig. 70 die verbesserte Form der Maschinenbauanstalt Humboldt in Köln-Kalk dargestellt ist; er besteht aus einem Planrost zur Aufnahme der Schlacken und drei Reihen knieförmiger Roststäbe, die einerseits von gekühlten röhrenförmigen Rostbalken getragen werden, andererseits an drei übereinander liegende Platten anschliefsen. Auf letztere wird frischer Brennstoff ge-

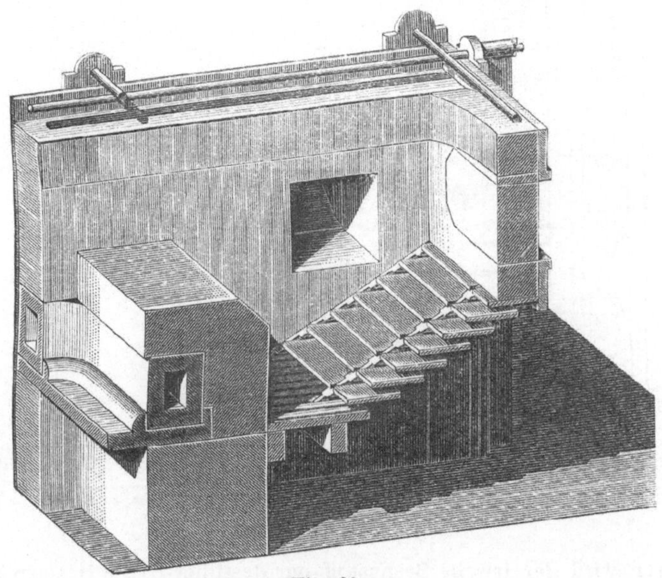

Fig. 69.

worfen und mittels Krücken unter den Rostträgern hinweg in das Feuer gestofsen, kommt also unter die heifsen Kohlen zu liegen.

d. Hieran schliefsen sich die Pultfeuerungen, in denen die Luft durch das frische Brennmaterial nach dem brennenden hinströmt. Als verbreitetster Vertreter dieser Gattung sei der richtig behandelte Regulier-Füllofen zur Zimmerheizung angeführt.

c. Halbgasfeuerungen mit Zuführung von Luft in die Verbrennungsgase, aus deren grofser Zahl nur einzelne Beispiele angeführt werden können.

Die Wehrfeuerung von Wilmsmann in Hagen (Fig. 71). Vor der Feuerbrücke ist oberhalb ein Bogen *f* aus feuerfesten Steinen geschlagen, der übrigens, falls er dauerhaft sein soll, hohl sein und mit Luft oder Wasser gekühlt werden mufs, und welcher den Feuerraum nach hinten abschliefst.

Der Brennstoff wird auf dem ebenen Roste *g* so hoch aufgetragen, dafs keine Luft über denselben hin in die Feuerzüge treten kann. Die Verbrennung erfolgt lediglich auf der hinteren Rosthälfte; auf der

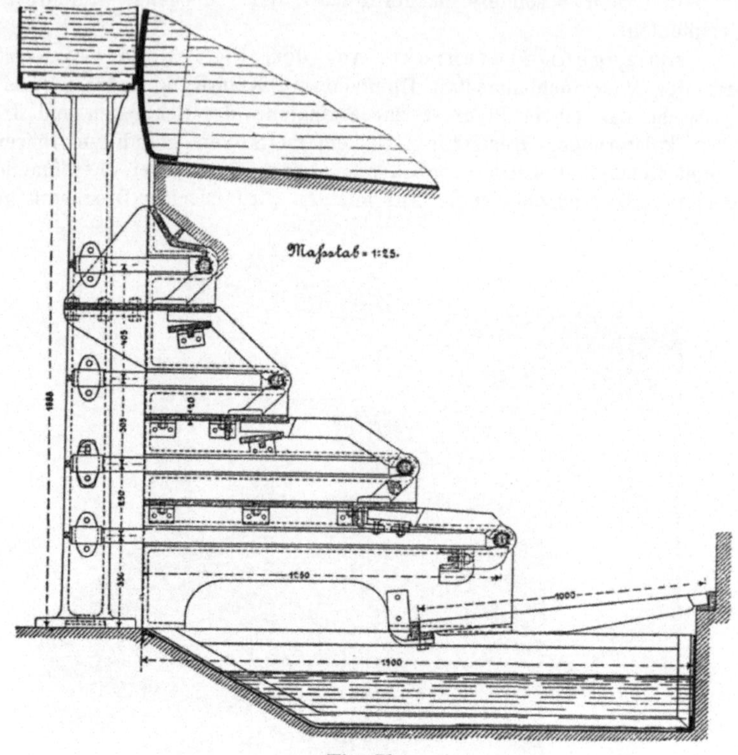

Fig. 70.

vorderen wird der frische Brennstoff nur destilliert. Die Gase treten bei *t* in einen seitwärts im Mauerwerke liegenden Kanal ein und bei *n* wieder aus, unmittelbar in die heifse Flamme. Kanal *r* führt derselben noch Luft zu. Die Feuerung arbeitet bei leichter Bedienung durchaus ohne Rauch, erfordert aber wegen Ausnutzung nur eines Teiles derselben eine gröfsere Fläche als der Planrost.

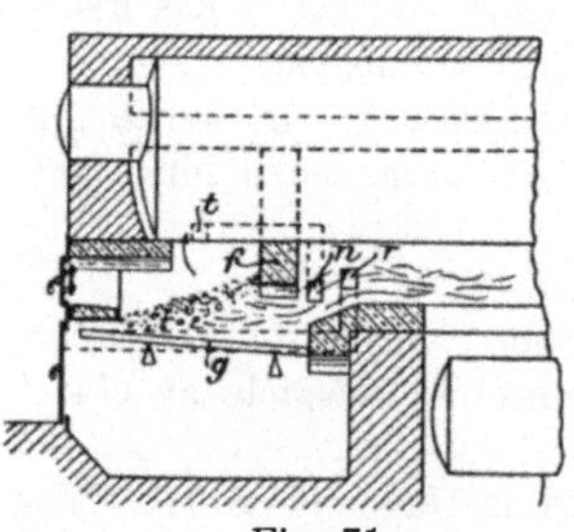

Fig. 71.

Die Innenfeuerung von Schulz-Knaudt in Essen (Fig. 72 und 73), an welcher das hinter der Feuerbrücke eingebaute Gitter aus feuerfesten Steinen den wesentlichen Bestandteil bildet. Das Steinwerk erhitzt sich so hoch, dafs es auch die während der Entgasung aus den Kohlen entweichenden kühleren Destillate auf die Verbrennungstemperatur bringt. Die Verbrennungsluft für den Rost wird durch ein flaches, in das Flammrohr eingebautes Rohr zugeführt; zur vollständigen Verbrennung der Gase dient die am Ende des Gitters aus zwei Röhren austretende, durch die Feuergase selbst vorgewärmte Luft.

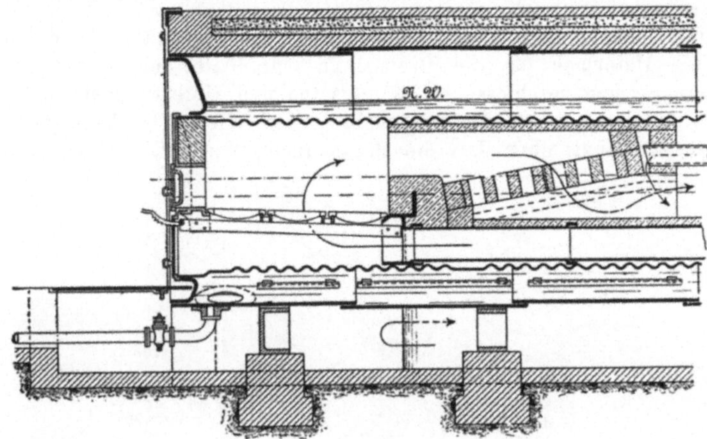

Fig. 72

Mit ebensolchem, aber senkrecht stehendem Gitter ist die Unterfeuerung von Wirth & Co. in Frankfurt a. M. versehen. Die Vorwärmung der Luft erfolgt in den Seitenwänden des Feuerraumes, der Austritt aus der Feuerbrücke.

Die Feuerung von Schulz in Halle a. S. (Fig. 74) zeigt die Eigentümlichkeit, daſs die obere Hälfte des Rostes, die Entgasungszone, gegen die untere, je nach dem Brennstoffe, mehr oder weniger zurücksteht. Die richtige Schichthöhe wird durch den im Fülltrichter befindlichen Schieber eingestellt. Die Zuführung erhitzter Luft durch das Gewölbe und am Fuſse des Rostes kann von der hinteren Stirnwand des Kessels aus geregelt werden, von wo aus auch die maſsgebende Beobachtung der Flammenspitze erfolgt.

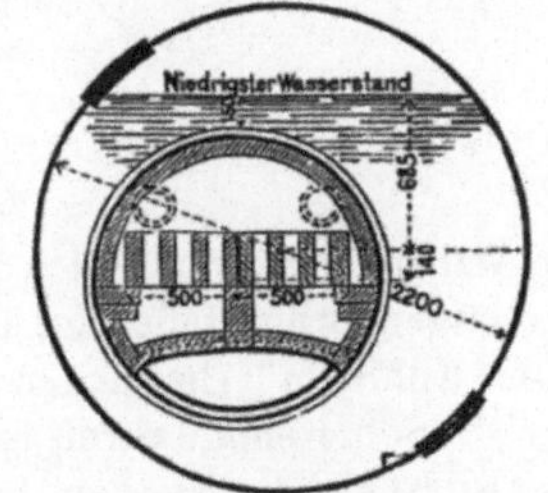

Fig. 73.

e. Endlich sind noch einige Feuerungen zu erwähnen, die für sehr feinkörnigen Brennstoff, teils für Abfälle (Kleinkoks, Feinkohle), teils für wirklichen Kohlenstaub, der auf Schleudermühlen besonders hergestellt wird, bestimmt sind.

Der Umlaufrost von Mehrtens in Haspe besteht aus hohlen, aus Fluſseisen geschmiedeten Roststäben keilförmigen Querschnittes, die in zwei als Rostträger dienenden Querröhren befestigt sind und dicht, ohne Spalten, nebeneinander liegen. Für den Luftdurchlaſs sind in geeigneten Abständen Löcher gebohrt. Stäbe und Rostbalken werden mittels durchströmenden Wassers gekühlt, das dann zur Kesselspeisung dient. Die Luftzufuhr erfolgt, je nach der Höhe der Brennstoffschicht, durch Zug oder durch Gebläse. Zur Verbrennung des Kohlenoxydes dient frische Luft, welche in engen Spalten der hocherhitzten Feuerbrücke vorgewärmt ist.

Die Kudlicz-Feuerung (Fig. 75 und 76) ist ganz ähnlich; nur dient hier als Unterlage für die Brennstoffe eine Platte mit kegelförmigen Löchern, einem geschlossenen Windkasten und Unterwindgebläse. Die Staubkohle wird durch den Krater bildenden Wind schwebend gehalten und so verbrannt, ohne dafs die Platte angegriffen wird. Die Feuerung

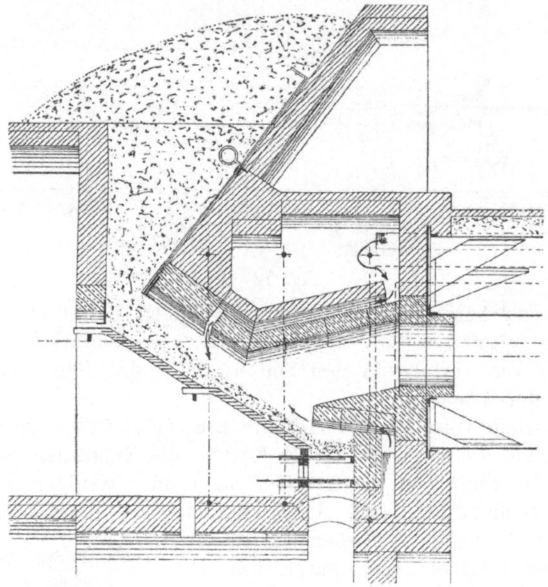

Fig. 74.

bewährt sich vorzüglich und gestattet die Verwendung des geringstwertigen Brennstoffes, z. B. Braunkohlenstaub, wie er bei der Gewinnung der Kohle in erheblichen Mengen fällt, und der sonst zur Halde geht.

Seit wenig Jahren hat, vorwiegend als Schmiedefeuer, die Wasserstaubfeuerung von Bechem & Post mit grofsem Erfolge bezüglich Rauchfreiheit und hoher Temperatur Anwendung gefunden. Das Wesentliche daran ist das Wasserstrahlgebläse. Das unter 5 bis 6 kg/qcm Druck aus einer Streudüse besonderer Form austretende kalte Wasser zerstäubt vollständig und reifst Luft mit sich, welche unter dem niedrigen Drucke von nur 10 mm Wassersäule in Gemeinschaft mit dem Wasserstaub in den Brennstoff tritt. Die Entstehung der auffällig hohen Temperatur wird erklärt durch die Annahme, dafs der Wasserstaub an den glühenden Kohlen sich augenblicklich in Dampf verwandele, welcher zersprengend auf die Stückchen wirke und so deren vollkommene und rasche Verbrennung befördere, selbst aber in Knallgas zerfalle, das dann in höherer Schicht wieder verbrennen soll. Weder Wasserdampf, noch warmes Wasser hat dieselbe Wirkung wie das zerstäubte kalte Wasser.

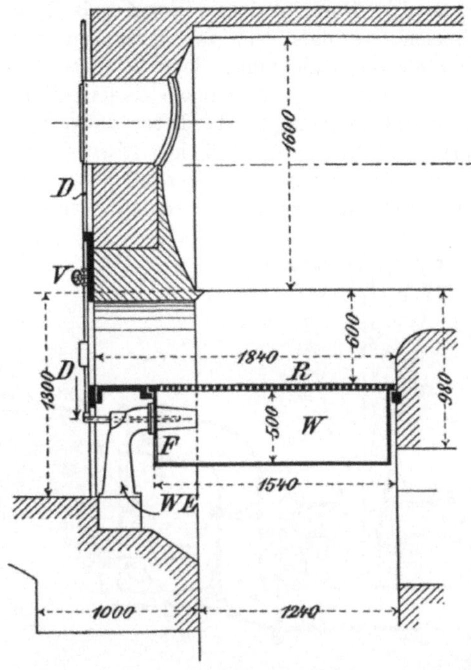

Fig. 75.

Die **Kohlenstaubfeuerungen** haben, obwohl sie nicht neu sind, vor einigen Jahren viel von sich reden gemacht, und zahllose Bauarten sind bekannt gegeben worden. Die ihnen nachgerühmten Vorzüge bestehen in einer durch innigste Mischung von Luft und Kohlenstaub (erstere dient mehrfach gleichzeitig zur Fortbewegung des letzteren) erzielten vollständigen Verbrennung, also auch Rauchlosigkeit. Doch hat sich herausgestellt, dafs unter Umständen die Kohle wohl entgast, aber nicht vollständig verbrannt wird und dann als schwarzer Staub dem Schornstein entströmt. Den meisten Erfolg hat bisher die Feuerung von A. **Friedeberg** in Berlin gehabt.

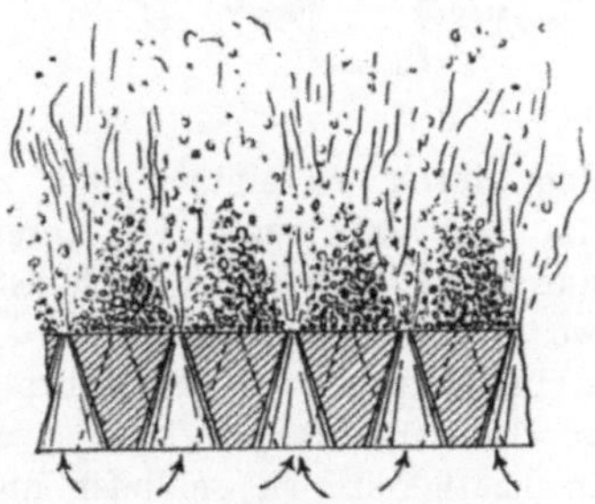

Fig. 76.

Der Kohlenstaub gelangt aus dem Schütttrichter *a* (Fig. 77) in einen darunter befindlichen Kasten *a*, in dessen oberer Hälfte zwei gegenüberliegende, nach unten offene Taschen *b* angebracht sind, durch welche an der äufseren Wand des Trichters aus dem Luftzuführungsrohre *dd* je eine Düse *e* hindurchtritt; letztere haben eine solche Lage und Richtung, dafs sie den in *a* befindlichen Kohlenstaub aufwirbeln, sowie auch die in dem Bereiche ihres Streukegels liegenden Teile der Schüttsäule fortblasen, so dafs letztere, ihrer Unterlage beraubt, zusammensinken und nachrutschen mufs. Der Wind treibt den Staub aus den Taschen *b* in die Kanäle *c*, in welchen derselbe in inniger Mischung mit Luft zum Steigerohr *g* gelangt; da dieses aufwärts führt, so fallen bis dahin mitgerissene schwerere Stückchen (feste Kohle, zusammengeballte Klumpen) zu Boden, von wo aus sie bei *h i* zeitweilig entfernt werden. Das Luft-Kohlenstaubgemisch wird am oberen Ende von *g* von

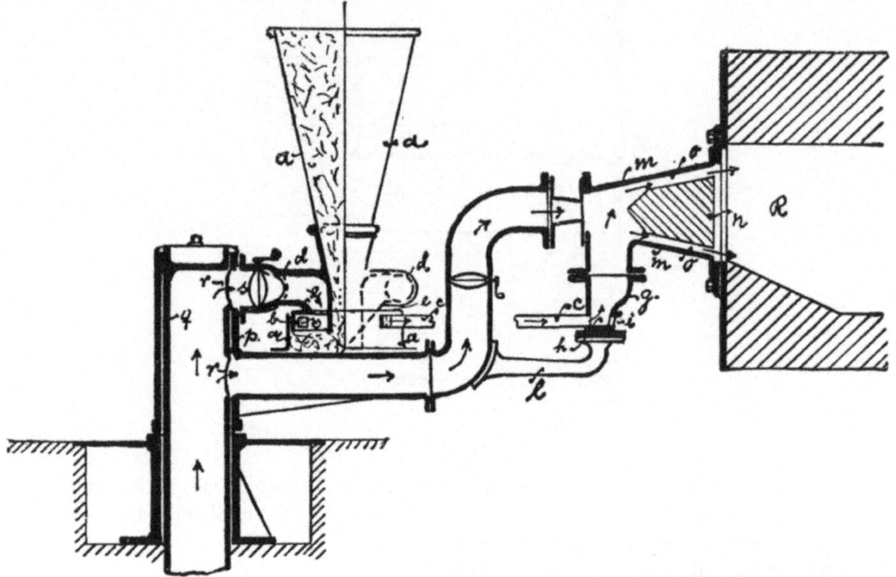

Fig. 77.

dem durch g_1 eintretenden zweiten Luftstrom erfafst und auf den in die Düse *m* eingesetzten Zerstäubungskegel *n* so aufgetrieben, dafs es durch die Ringdüse *o* in feinster Verteilung in den Feuerraum gelangt, wo es sofort sich entzündet. Die ganze Vorrichtung hängt durch Versteifungsrippen und die Rohre *d* an der Hülse *p*, welche über das oben geschlossene Hauptluftrohr *q* aufgeschoben ist. Ist die Feuerung nicht in Thätigkeit, so schliefst die Hülse die Windöffnungen *r*, was durch Seitwärtsdrehen der Vorrichtung bewirkt wird. Der Luftstrom zur Bewegung der Kohle hat 3—4 cm, der zweite 8—12 cm Wassersäule Pressung. Die Verbrennung geht mit so hoher Temperatur vor sich, dafs die Feuerung mit Erfolg zum Betriebe von Tiegelschmelzöfen in der Metallgiefserei verwendet wird.

b. Feuerungen für flüssige Brennstoffe.

Die meisten sind für die Verbrennung von Erdöl und Erdölrückstanden, einige auch für Steinkohlenteer bestimmt.

Am verbreitetsten sind Zerstäubungsfeuerungen, denen das Öl mittels eines Dampfstrahles zugeführt wird. Die Zerstäubungsvorrichtung erhielt in Rufsland den Namen Forsunka. Eine solche Vorrichtung von Brandt (Fig. 78) besteht aus zwei Messingrohren, von

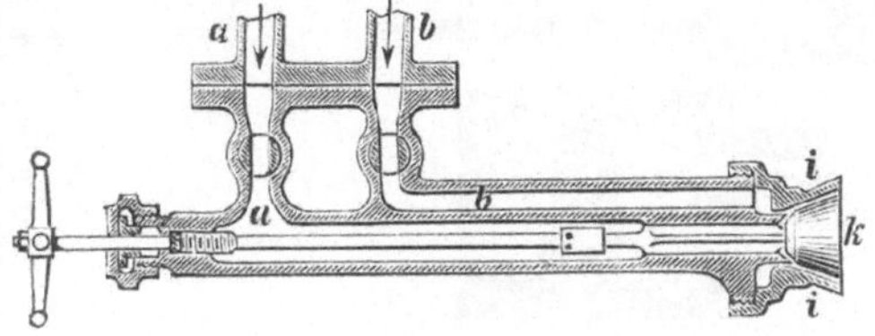

Fig. 78.

denen das eine *a* das Öl, das andere *b* den Wasserdampf zuführt. Das Ölrohr trägt am Ende einen verstellbaren Kegel *k*, welcher in einem ebenfalls verstellbaren Hohlkegel *i* beweglich angeordnet ist. Das Öl tritt durch einen mit Hilfe des Kegels verstellbaren Schlitz aus, der Wasserdampf durch einen zweiten, den ersten umgebenden Schlitz. In dem Ringraume zwischen den beiden Kegeln *i* und *k* mischen sich die beiden Flüssigkeitsströme, treten als feines Strahlenbüschel aus demselben aus, und das Öl verbrennt.

Die Zerstäubung mittels Dampfstrahles verursacht viel Geräusch, welches durch die Forsunka von Tentelew vermieden wird. Diese ist

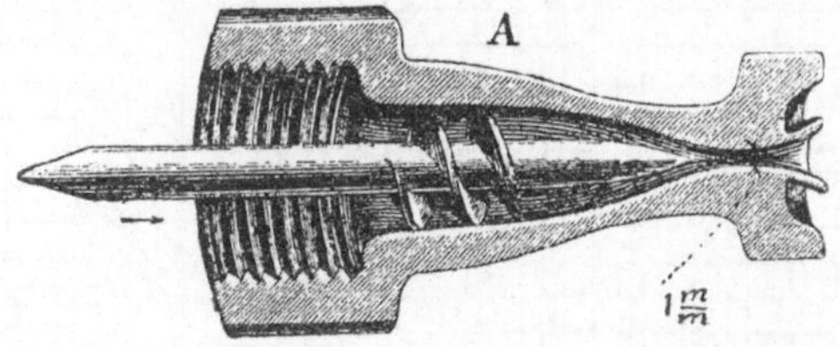

Fig. 79.

nichts anderes als eine einfache Körtingsche Streudüse (Fig. 79) mit 1 mm weiter Öffnung; sie besteht aus einem Mantel und einer in diesem befindlichen Schraube, die dem ausfliefsenden Ölstrahl eine drehende Bewegung erteilt, wobei er vermöge der Fliehkraft zerstäubt wird. Die Streudüse ist an einem mit Stopfbüchse und Reguliervorrichtung versehenen Rohre befestigt, so dafs sie sich durch eine Drehung leicht in die Arbeitsstellung und aus dieser herausbringen läfst. Die Rohnaphtha wird zunächst filtriert, durchDampf auf 70—80° erwärmt und der Streudüse unter einem Drucke von 6—8 kg/qcm zugeführt.

Anders eingerichtet ist die Feuerung von Ludwig Nobel (Fig. 80). Sie besteht aus mehreren in der Kopfwand eines Ofens angeordneten gufseisernen Öltrögen. Das Öl wird aus dem Behälter zunächst in den

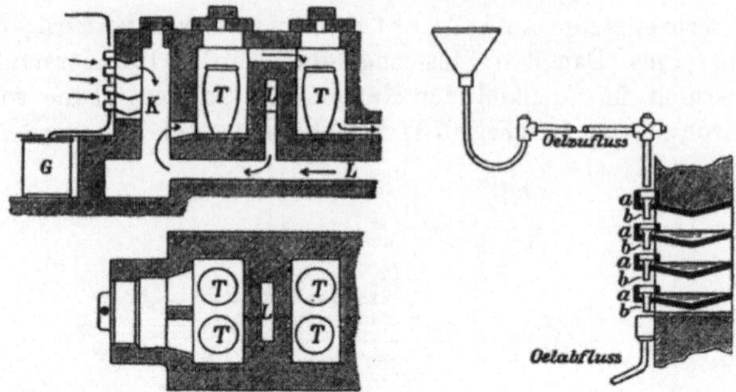

Fig. 80.

Napf *a* an der vorderen Seite des oberen Troges (der übrigens ausgemauert ist) geleitet, aus dem es durch Überlaufrohr *b* in den Napf des nächsten Troges gelangt u. s. w.; unten fliefst der Überschufs in das Sammel-

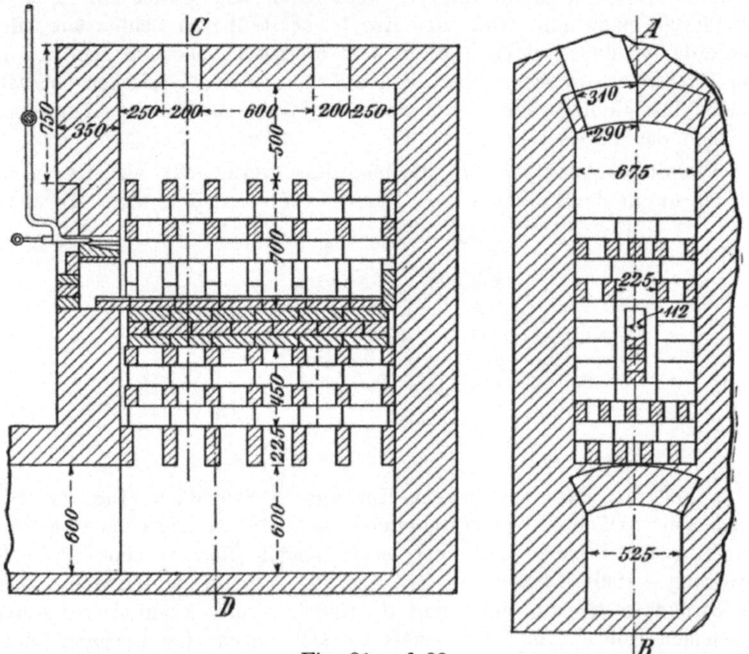

Fig. 81 und 82.

gefäfs *G*. Durch die Hitze der Flammen werden die Tröge warm, so dafs das Öl in ihnen verdampft und die Dämpfe mit der von aufsen her zuströmenden Luft verbrennen, was besonders in der Mischkammer

K, welcher noch in den Kanälen L vorgewärmte Luft zuströmt, vor sich geht. Diese Feuerung entwickelt aufserordentlich hohe Temperatur, so dafs sie zum Betriebe von Tiegelöfen, in denen ganz weiches Schmiedeeisen (Mitisgufs) geschmolzen wird, dienen kann.

An Öfen, die sonst mit Gas beheizt zu werden pflegen, läfst man in Südrufsland die Verdampfung des Öles in den Wärmespeichern vor sich gehen. Die Kammern (Fig. 81 und 82) haben 2,5 m Höhe und 0,675 m Weite; über der vierten Schicht des von Gewölbebogen getragenen Steingitters ist aus feuerfesten Steinen die Rinne für die Naphtharückstände mit einem Gefälle von 12—15 mm angebracht. Das Öl fliefst aus dem Zuleitungsrohre durch einen entsprechend geformten Stein der Aufsenwand in die Rinne und verdampft dort rasch in Be-

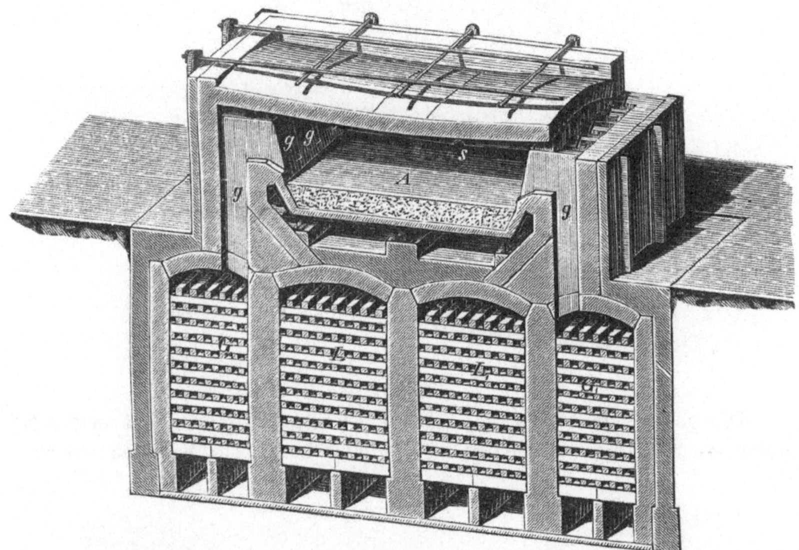

Fig. 83.

rührung mit den glühenden Steinen. Die Dämpfe erhitzen sich an darüber liegenden vier Schichten Gittersteinen, ziehen durch die Öffnungen im Gewölbe und die Kanäle in den Ofenköpfen dem Herde zu, wo sie mit der Verbrennungsluft zusammentreffen. Zum Anheizen des Ofens mufs zunächst die Forsunka gebraucht werden, bis die Kammern auf Glühhitze gelangt sind.

c. Gasfeuerungen.

Wesentlich einfacher als bei der Heizung mit festen Brennstoffen liegen die Verhältnisse, wenn Gase zu verbrennen sind; es ist dann lediglich für gehörige Mischung derselben mit der Verbrennungsluft und für Erhaltung der Entzündungstemperatur Sorge zu tragen. So innig die Mischung von Gas und Luft auch sein mufs, so darf sie doch erst an der Entzündungsstelle vor sich gehen, da bereits fertige Gemenge (Knallgas) explodieren.

Fig. 84.

Die genügende Zumischung von Verbrennungsluft erreichen wir entweder durch grofse Oberflächenentwickelung am Gasstrome, den wir aus

Fig. 85.

einem langen und schmalen Spalt ausströmen lassen, durch Einführung der Luft in parallelen Strahlen in den Gasstrom selbst oder auch mittels Kreuzung des letzteren durch den Luftstrom.

In dem Flammofen Fig. 83 sind die Gas- und Luftschlitze an der Kopfseite abwechselnd angeordnet, so dafs Luft die Gasströme allseitig umgiebt; häufig läfst man auch jene über dem Gas eintreten (nie umgekehrt), da sie infolge ihres höheren Volumen-Gewichtes nach unten sinkt, wogegen das Gas nach oben strebt. Bei dem Brenner Fig. 84 tritt sie durch die mittels Drehschieber *e* mehr oder weniger verschliefsbaren Röhren *d* in den aus der Hauptleitung *a* dem Brennerrohre *c* zu-

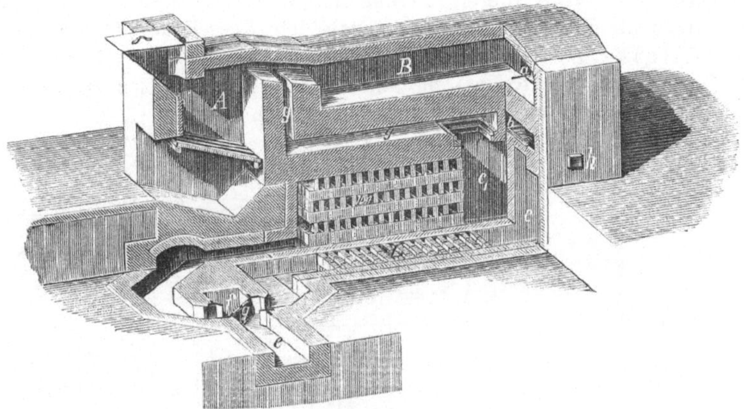

Fig. 86.

geführten und der Stärke nach mittels des Schiebers *b* geregelten Gasstrom; in der Bicherouxfeuerung (Fig. 85) kreuzt die aus *g* durch zahlreiche Öffnungen *h* austretende Luft die Richtung des in *f* aufsteigenden Gases, während bei der Pütschfeuerung (Fig. 86) umgekehrt der aufsteigende Luftstrom auf den wagerechten Gasstrom trifft. Blezinger läfst sogar Luftstrom *a* und Gasstrom *b* (Fig. 87) in entgegengesetzter Richtung zusammentreten. Bei gleicher Stromrichtung von Heizgas und Luft ist ein Unterschied in der Geschwindigkeit beider von günstiger Wirkung hinsichtlich der Vollkommenheit der Mischung, und zwar hat es sich als zweckmäfsig erwiesen, dem Luftstrom eine etwas kleinere Geschwindigkeit zu geben als dem Gasstrome.

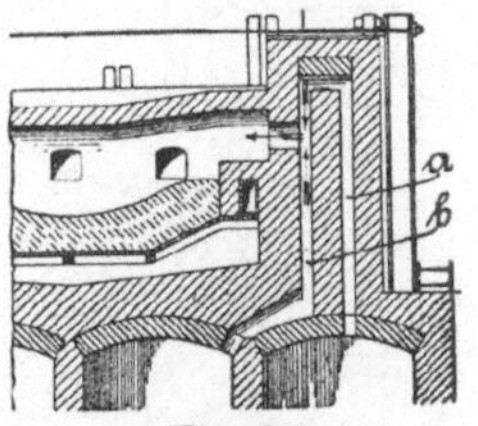

Fig. 87.

Was die Menge der Verbrennungsluft betrifft, so braucht dieselbe nur unwesentlich gröfser zu sein als die theoretische; jedenfalls genügt ein Überschufs von 10 %, falls das Vereinigungsbestreben beider Gase durch Vorwärmung und gründliche Mischung erhöht wurde. Sind sie kalt, so ist ein gröfserer Sauerstoffüberschufs von Vorteil, wenn nicht die Verbrennung des durch Stickstoff und Kohlendioxyd ohnehin stark verdünnten Gases nur sehr langsam vor sich gehen soll.

Die Entzündungstemperatur der Gase liegt sehr hoch, bei heller

Rotglut. An nicht brennbaren Teilen reiches, feuchtes und staubiges Gas entzündet sich besonders schwer und erlischt leicht wieder.

Für Leuchtgas genügt die ihm im Brenner zu teil werdende Vorwärmung; Heizgase (ausgenommen das Wassergas) machen besondere Vorrichtungen nötig, welche sie aur die Entzündungstemperatur bringen und so ihr Fortbrennen sichern. Dahin gehören Hilfsfeuerungen, über welche das Gas streicht, und Vorfeuerungen, deren hocherhitzte Wände den Gasen die zur Wiederentzündung nötige Wärme zuführen. Als Beispiel diene die in Fig. 88 und 89 abgebildete Kesselfeuerung mit Gichtgas von Grau. Das Gas nimmt den Weg *abc*, die Luft den Weg *defgh*. Der Rost ist vorgesehen, um im Notfalle mit Kohlen heizen zu können; *i* ist der bei Heizung mit Gas verschlossene Aschenfall.

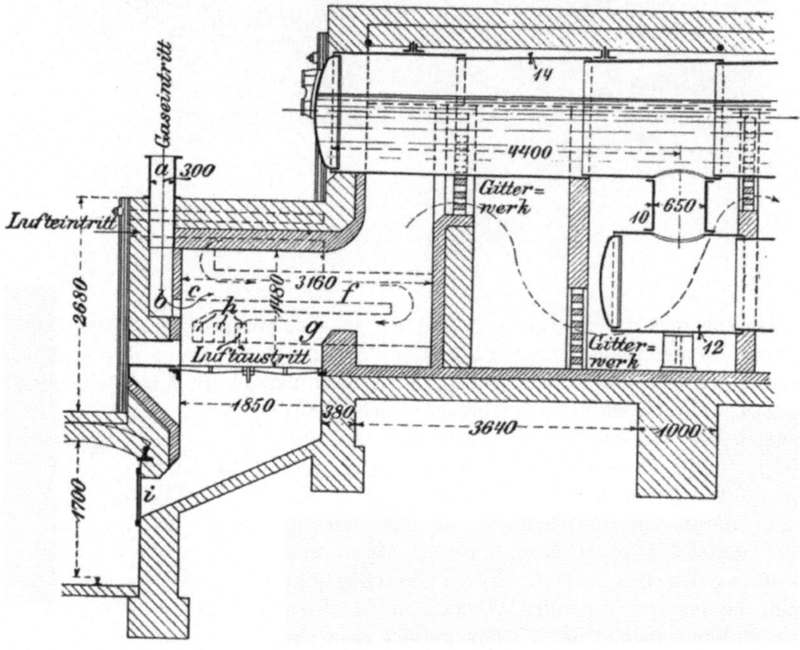

Fig. 88.

Gilt es, die Verbrennungstemperatur möglichst zu steigern, so ist, wie oben S. 12 erörtert wurde, die Vorwärmung von Brennstoff und Luft oder wenigstens die der letzteren erforderlich. Man bedient sich dazu allgemein der abziehenden Feuergase, denen auf diese Weise ein grofser Teil der sonst verloren gehenden Wärme entzogen und nutzbar gemacht wird.

Während die festen Brennstoffe sich an den hindurch streichenden heifsen Feuergasen von selbst vorwärmen, erfordert die Erhitzung von Heizgas und Luft besondere Vorrichtungen, die allerdings häufig nur aus Kanälen in den Wänden des Verbrennungsraumes bestehen, wie beispielsweise bei der Wilmsmannschen Wehrfeuerung (Fig. 71), der Grauschen Kesselfeuerung (Fig. 88 und 89), der Bicheroux- und der Boëtius-Feuerung und zahlreichen Halbgasfeuerungen. (Fig. 85 bezw. 90 und 91.) Soll die Vorwärmung aber bis auf Glühhitze getrieben werden, so müssen eigentliche Lufterhitzer zur Anwendung kommen. Das sind unter, neben oder selbst über dem zu beheizenden Ofen angebrachte Kammern aus feuerfesten Steinen, die entweder mit einem Gitterwerk aus losen Steinen ausgesetzt oder mit einem System von Kanälen erfüllt sind.

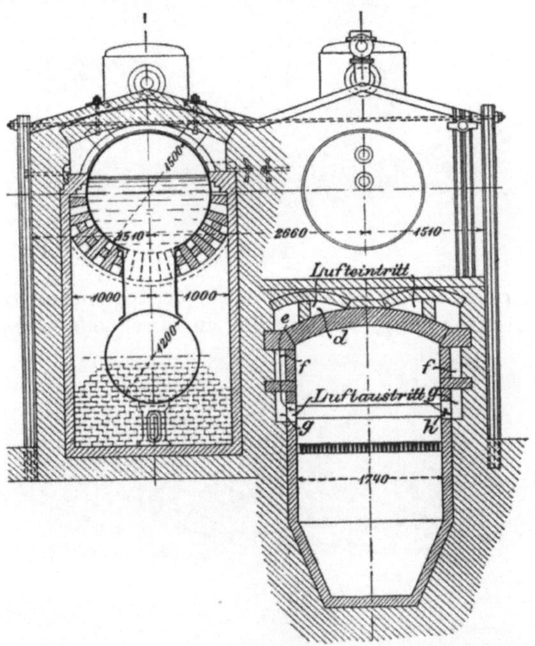

Fig. 89.

Erstere, die einräumigen Erhitzer, Wärmespeicher oder Regeneratoren, wie sie von Siemens, dem Erfinder dieses Heizungsverfahrens, genannt worden sind, werden abwechselnd von den heifsen Feuergasen und dem zu erhitzenden Heizgase bezw. der Luft durchströmt. Erstere geben ihre Wärme an das Gitterwerk der Kammern G und L (Fig. 83) ab und treten abgekühlt in den Schornsteinkanal. Ist die Steinfüllung auf helle Glühhitze gebracht, so leitet man den Strom der Feuergase durch ein zweites Paar Wärmespeicher G_1 und L_1, durch G aber das Heizgas und durch die gröfsere Kammer L die Luft, welche jetzt die in den Steinen aufgespeicherte Wärme aufnehmen, auf Glühhitze gelangen und im Ofenraum A mit der gewünschten hohen Temperatur verbrennen. Ist nach einiger Zeit das Gitterwerk in L und G so weit abgekühlt, dafs die Verbrennungstemperatur sinkt, was man an der Farbe der Flamme erkennen kann, so wird die Stromrichtung wieder geändert; Luft und Gas entnehmen Wärme aus L_1 und G_1, und die Fuchsgase erhitzen L und G aufs neue.

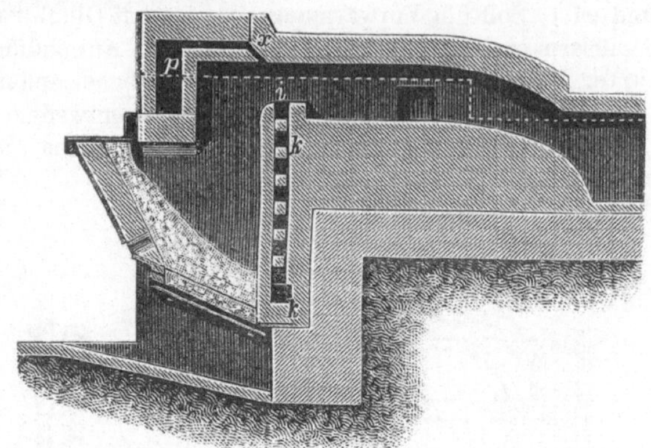

Fig. 90.

Die Vorrichtung zum Umkehren der Stromrichtung, die Siemenssche Wechselklappe (Fig. 92), besteht aus zwei gufseisernen Hauben H

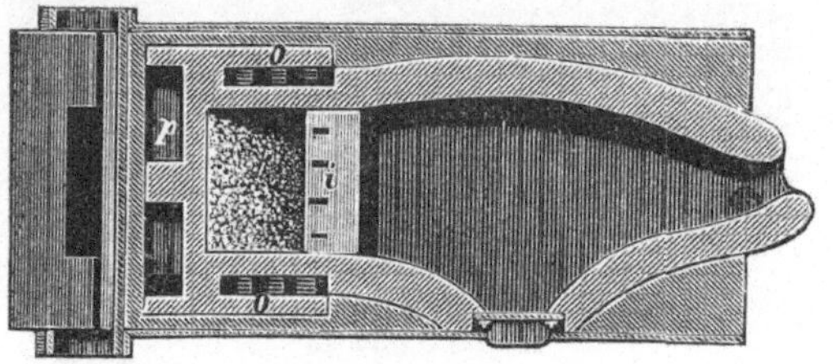

Fig. 91.

und H_1 mit Drosselklappen d, welche den Gasströmen ihre Wege anweisen. In der gezeichneten Stellung würde die in den Ventilkasten mündende Gasleitung, falls das Ventil V geöffnet wäre, mit dem nach der Kammer G führenden Kanale g in Verbindung stehen, während die in G_1 abgekühlten Verbrennungserzeugnisse durch g_1 unter d hinweg nach dem Fuchskanal f gelangen können. Durch V_1 tritt die Luft ein und zieht, da die Klappe in H_1 dieselbe Stellung hat wie d, nach L; L_1 steht ebenfalls mit dem Fuchs in Verbindung. Nach dem Umlegen der Klappen, welches mittels der Hebel h und h_1 erfolgt, strömen Gas und Luft nach G_1 bezw. L_1, die Feuergase durch G und L nach f. Behufs Regelung der Mengen von Gas und Luft hebt oder senkt man die Ventilteller V und V_1 an den mit Schrauben versehenen Stangen durch Umdrehen der Muttern m und m_1.

Der Umstand, daſs die Drosselklappen unter der Einwirkung der glühenden Feuergase leicht undicht werden, bei Kühlung mit Wasser aber sich aus dem Heizgase Teer auf ihnen niederschlägt, der gleichfalls Undichtheit und damit Gasverluste hervorruft, hat zur Anwendung von Tellerventilen und Muschelschiebern geführt. Letztere Vorrichtung ist nach der Bauart von Schmidhammer in Fig. 93

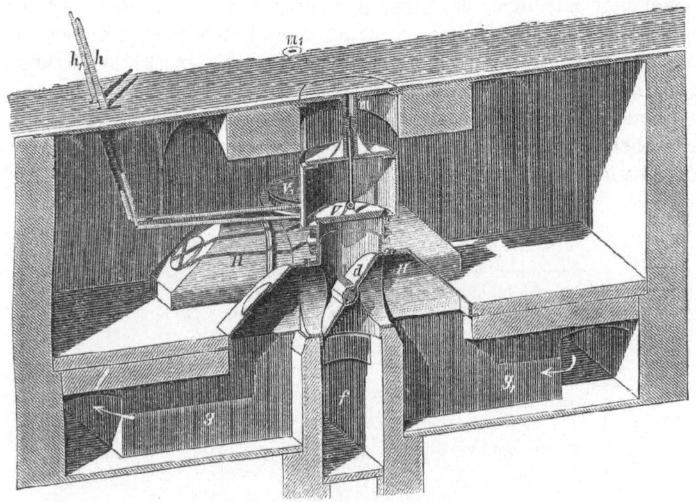

Fig. 92.

dargestellt und ihre Wirkungsweise ohne weitere Beschreibung verständlich.

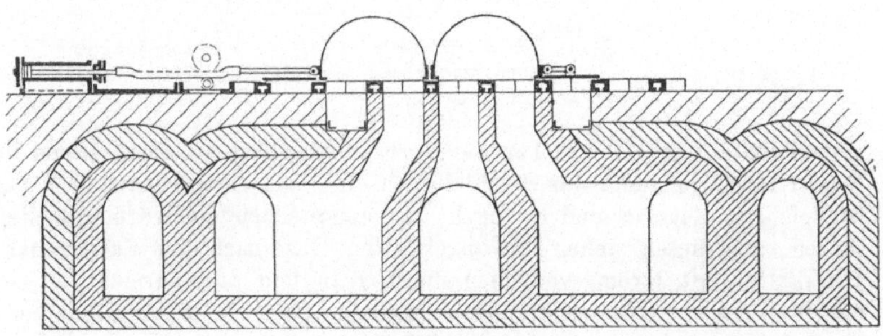

Fig. 93.

Wie groſs auch der Fortschritt ist, den die Siemens-Feuerung darstellt, so hat sie doch den groſsen Mangel, daſs die gesamte den Heizgasen inne wohnende Wärme — und diese macht nicht weniger als rund 30 % von deren Verbrennungswärme aus — verloren geht, sei es auf dem langen Wege von dem entfernt liegenden Gaserzeuger zum Wärmespeicher, oder, bei Öfen mit Einzelgaserzeugern, in den Heizkammern selbst, aus denen die Fuchsgase nicht kälter, als die eintretenden noch heifsen Heizgase sind, entweichen können. Die Erkenntnis dieses Grundfehlers im Vereine mit den hohen Anlage- und Wiederherstellungskosten der wenig einfachen Umschaltvorrichtung, sowie die Möglichkeit der Verstopfung der Gaskammern durch Graphitausscheidungen hat vielfach zum Verzicht auf die Vorwärmung der Gase geführt. Man leitet sie vielmehr mit ihrer Entstehungstemperatur unmittelbar aus dem Gaserzeuger in den Verbrennungsraum und beschränkt sich auf die Vorwärmung der Luft. Als Beispiel diene die in Fig. 87 abgebildete Pütsch-Feuerung mit zwei Lufterhitzern L und L_1, die ähnlich wie die Siemensschen mit Steinen ausgesetzt sind. Das in A erzeugte Gas wird über der Feuerbrücke mit der durch g senkrecht aufsteigenden Luft gemischt, verbrennt in B und verläfst den Herd durch den ab-

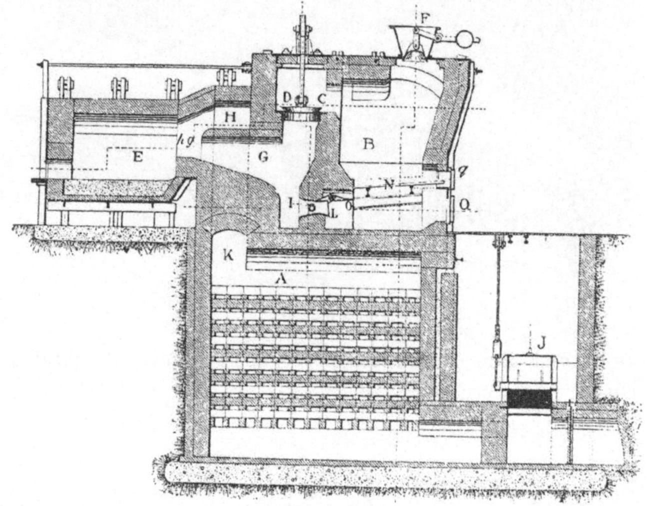

Fig. 94.

steigenden Kanal a, welcher die Verbrennungsgase in einen Raum gelangen läfst, von dem aus zwei abwechselnd mit einem Schieber b verschliefsbare Züge c und c_1 nach den entsprechenden Wärmespeichern führen; aus diesen ziehen die abgekühlten Gase nach dem Fuchskanal e. Die kalte Luft strömt von oben durch f zu und durchstreicht je nach der Stellung der Wechselklappe g entweder L_1 (wie in der Figur) oder L, steigt in c_1 bezw. c aufwärts und durch eine weiter vorn gelegene, ebenfalls abwechselnd mit der andern durch Schieber verschliefsbare Öffnung in den nach der Feuerbrücke führenden Kanal g. Durch die mit dem Steine h verschlossene Öffnung und eine zweite nicht sichtbare werden die Schieber bewegt.

Hierher gehört auch die neue Siemens-Feuerung Fig. 94 bis 97, bei welcher die Vergasung der Kohle z. T. durch Feuergase erfolgt (vergl. oben S. 92), und gleichfalls nur die Luft vorgewärmt wird. Die in dem Gaserzeuger *B* mit Fülltrichter *F* entwickelten Gase ziehen durch C^1, Ventil D^1 in den Raum G^1, treffen bei hg^1 mit der im Wärmespeicher A^1 erhitzten, durch Kanal K^1 H^1 eintretenden Luft zusammen und bilden eine den Flammofen *E* durchstreichende Flamme. Die Verbrennungserzeugnisse entweichen bei *hg* teils durch Kanal *HK*

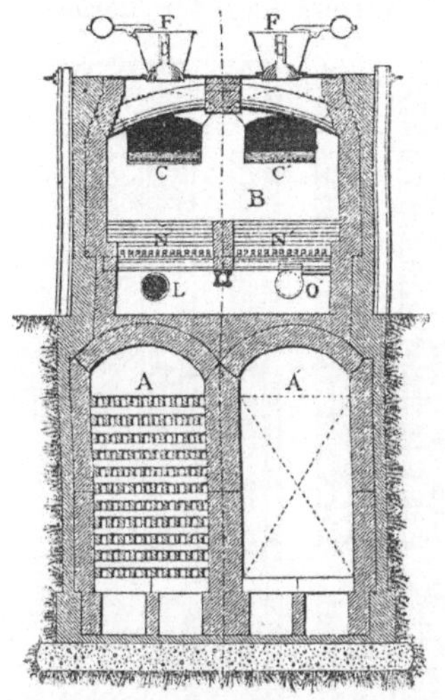

Fig. 95.

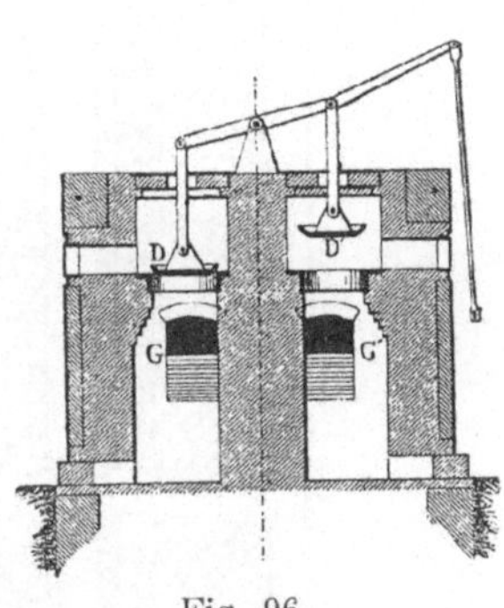

Fig. 96.

nach dem Wärmespeicher *A*, teils nach *G* und werden von dort durch den Dampfstrahlsauger *JL* unter den Rost *N* des Gaserzeugers getrieben. Die Aschefallthüren Q Q^1 sind geschlossen. Nach einiger Zeit wird

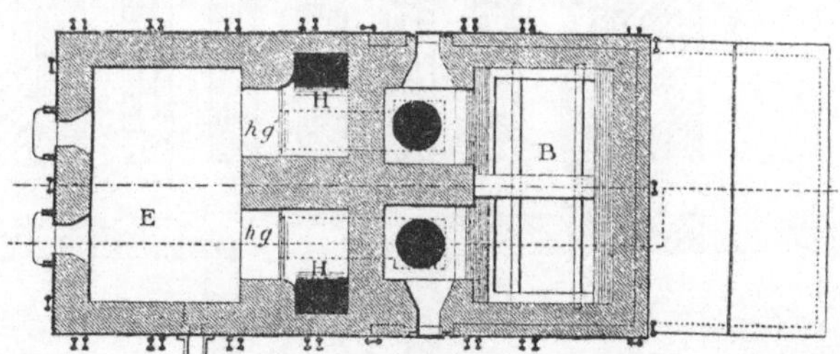

Fig. 97.

bei *D*, bei *J* und bei *L* (hier durch Schliefsen der Klappe *O*) umgesteuert, und die Gase nehmen den umgekehrten Weg. Um den Gaserzeuger nicht kalt zu blasen, darf nicht mehr als ein Drittel der Feuergase diesem zugeführt werden, und deren mitgeführte Wärme allein ist es, welche die nachgewiesene Brennstoffersparnis verursacht.

Noch einfacher als mit Wärmespeichern nur für die Luft gestaltet sich das Heizverfahren bei Anwendung zweiräumiger Lufterhitzer

(**Rekuperatoren**), da jede Umschaltvorrichtung wegfällt; denn die beiden Gasströme, der Wärme abgebende und der zu erhitzende, sind durch Wände getrennt und verfolgen ihren Weg ununterbrochen und ganz unabhängig voneinander. Die schlechten Erfahrungen, welche mit der früher in Frankreich beliebten Ponsard-Feuerung infolge häufigen Reifsens der Wände zwischen den Kanälen für Heizgas und Luft einerseits und für die Fuchsgase andererseits und der daraus ent-

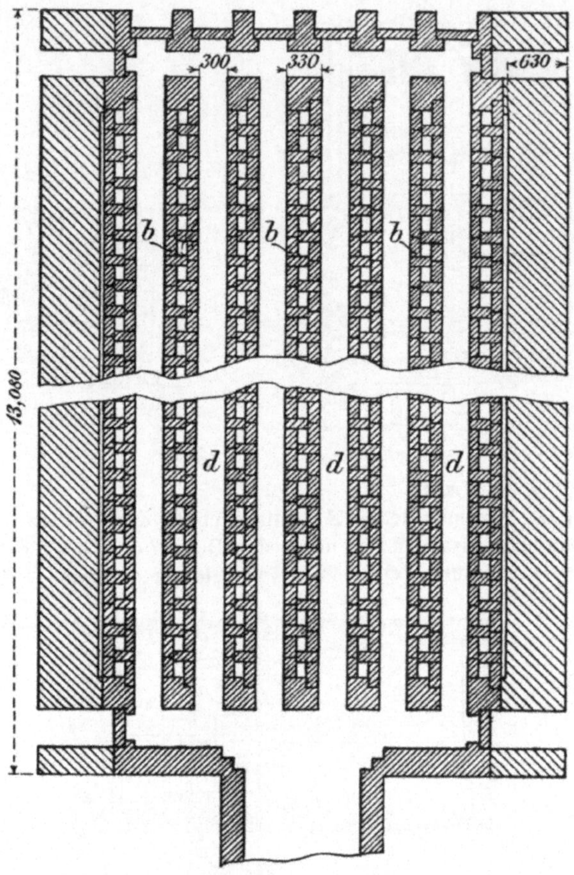

Fig. 98.

stehenden Gasverluste und Zugverminderung im Ofen gemacht worden sind, haben lange von der weiteren Verwendung ähnlicher Vorrichtungen abgeschreckt. Neuerdings breiten sich aber die zweiräumigen Erhitzer mehr und mehr aus, nachdem von verschiedenen Seiten bessere Bauweisen angegeben worden sind.

Als Beispiele seien die Lufterhitzer von Lürmann und von

Blezinger und Daelen angeführt. Erstere sind 13,08 m lange, 5,47 m breite und 3,0 m hohe Mauerkörper (Fig. 98 u. 99) aus feuerfesten Steinen von Normalformat, die in wagerechter Richtung von sechs 300 mm weiten Kanälen *d* für die Fuchsgase, in senkrechter Richtung von 266 im Schornsteinverband hergestellten Röhren *b* von 165×220 mm Querschnitt für die Luft durchzogen werden. Die kalte Luft tritt in die wagerechten Sohlkanäle *a* ein, steigt durch die Röhren *b* auf, sammelt sich wieder in den wagerechten Kanälen *c* und strömt von hier nach der Verbrauchsstelle. Das ganze Bauwerk stimmt in der Anordnung der Kanäle und Wände ganz und gar überein mit einem Block Koksöfen nach Coppée. Seit nahezu zwei Jahrzehnten hat sich dieser Lufterhitzer im Glashüttenbetrieb aufs beste bewährt.

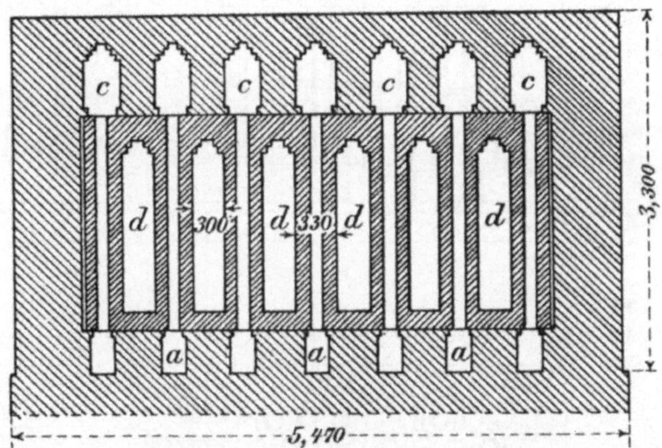

Fig. 99.

Der in den Fig. 100 und 101 dargestellte Erhitzer von Blezinger und Daelen ist aus feuerfesten Röhren von 25—30 mm Wandstärke und geeigneten Formsteinen aufgebaut. Die Feuergase strömen durch die Röhren auf und ab nach dem Schornstein; das Heizgas oder die Luft umspülen die Röhren von aufsen. Die Erhitzung kann entweder durch die Abhitze des Ofens oder durch besondere Feuerung mit erhitztem Heizgas und heifser Luft erfolgen. — Sehr ähnlich ist der Erhitzer von Pietzka eingerichtet; hier liegen die Röhren wagerecht, besitzen quadratische Köpfe, welche beim Aufbau die Seitenwände bilden, und werden von dem zu erhitzenden Gase durchströmt, während die heifsen Fuchsgase die Röhren umspülen.

d. Die Vorrichtungen zur Herbeiführung der Verbrennungsluft.

Die atmosphärische Luft besteht in getrocknetem und reinem Zustand

aus	79,04 Raum-%	Stickstoff und	20,96 Raum-%	Sauerstoff,
	78,81 Gew.-%	- -	23,19 Gew.-%	- ;

hierzu kommen stets noch wechselnde Mengen von Wasserdampf (0,1—30 g im Kubikmeter) und durchschnittlich 0,03 Raum-% Kohlendioxyd. 1 cbm trockene Luft wiegt bei 0° und 760 mm Barometerstand unter 45° Br. 1,2936 kg, unter 51° Br. 1,29375 kg.

Außer bei der Verbrennung findet die Luft auch in vielen Hüttenprozessen die ausgedehnteste Verwendung als Oxydationsmittel. Um sie, deren Sauerstoff ja rasch verbraucht wird, in immer neuen Mengen mit dem zu oxydierenden Körper in Berührung zu bringen, ist es erforderlich, sie in Bewegung zu setzen, was entweder durch Verdünnen an

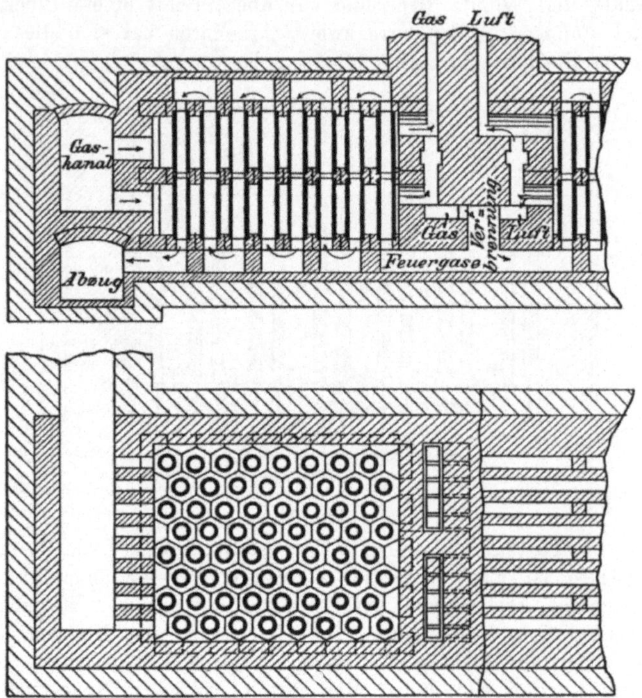

Fig. 100 und 101.

irgend einer Stelle, wohin sie dann infolge des natürlichen Druckes nachfließt, oder durch Zusammendrücken und Ausströmenlassen am Verbrauchsorte bewirkt werden kann. Das Verdünnen erfolgt durch Erwärmen und Abführung in Schornsteinen, oder durch Maschinen, die Sauger, das Zusammenpressen mittels der Gebläse genannten Vorrichtungen.

Ein Schornstein oder eine Esse ist eine senkrechte Leitung in der Nähe einer Feuerung, welche durch den Gewichtsunterschied der sie umgebenden und der sie erfüllenden Luft diese in Bewegung setzt.

In dem Schornstein $ABCD$ (Fig. 102) von 1 Meter Höhe und f Quadratmeter Querschnitt sei auf dem Roste CD ein Feuer entzündet, durch welches die Luftsäule l cbm auf $t_1{}^0 = t_1{}^0$ abs. erwärmt worden ist; die Temperatur der äußeren Luft sei $t^0 = t^0$ abs.

Bei $0^0 = t_{273}{}^0$ abs. und 760 mm Barometerstand wiegen l cbm Luft 1,2938 l kg, nach dem Gay-Lussacschen Gesetze aber

bei t^0: $1{,}2938 \cdot \frac{t_{273}}{t} = p$ kg

und bei $t_1{}^0$: $1{,}2938 \cdot \frac{t_{273}}{t_1} = p_1$ kg.

Auf der Mündung des Schornsteines *AB* lastet die Atmosphäre *C* mit P kg; der Druck auf *D* ist um das Gewicht der erwärmten Luftsäule größer, also $P + p_1$. Denken wir uns neben dem Schornstein einen zweiten von gleicher Höhe und gleichem Querschnitt errichtet, der aber mit Luft von t^0 erfüllt ist, so daß sein Inhalt p kg wiegt, und der Gesamtdruck in der Höhe des Rostes $= P + p$ kg beträgt; denken wir uns ferner beide Schornsteine unterhalb des Rostes miteinander verbunden und den Verbindungskanal mit Luft von t^0 erfüllt, so bilden sie kommunizierende Gefäße mit gleich hohen Schenkeln, enthaltend Flüssigkeitssäulen von verschiedener Schwere. Infolgedessen wirkt auf den Querschnitt CD von oben her der Druck $P + p_1$, von unten her der Druck $P + p$. Der letztere ist wegen des höheren Volumengewichtes der kälteren Luft größer, und die warme Luftsäule wird von jener in Bewegung gesetzt, gehoben mit der Kraft

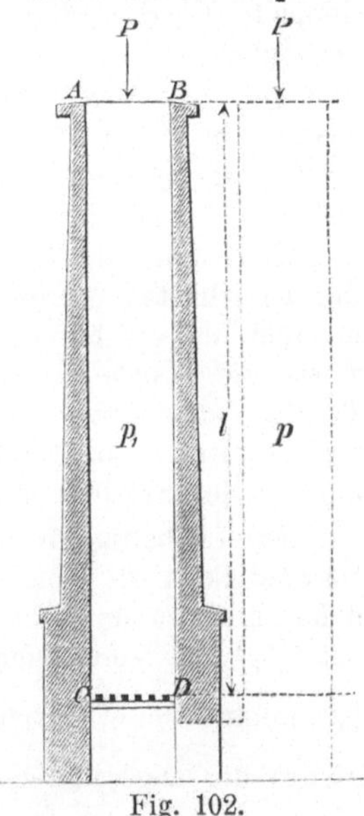

Fig. 102.

1. $$G = (P + p) - (P + p_1) = p - p_1 \text{ kg}.$$

Denken wir uns ferner die kältere Luftsäule durch Erwärmen von t bis $t_1{}^0$ auf dasselbe Volumengewicht gebracht, wie die warme im Schornsteine, so wird sie sich ausgedehnt haben auf $l \cdot \frac{t_1}{t}$ und höher sein als diese um

2. $$h = \frac{l\,(t_1 - t)}{t} \text{ Meter}.$$

Die kommunizierenden Gefäße sind jetzt mit gleich schweren Flüssigkeiten, aber mit ungleich hohen Flüssigkeitssäulen erfüllt. Von dem Höhenunterschiede beider, der sogen. G e s c h w i n d i g k e i t s h ö h e h, hängt aber die Geschwindigkeit v ab, mit welcher der Luftstrom die zahlreichen kleinen Kanäle zwischen den Brennstoffstücken auf dem Roste durchstreicht. Sie ist:

3. $$v = \sqrt{2\,g \cdot h}.$$

Da g, die Beschleunigung der Schwerkraft, für jeden Ort eine unveränderliche Gröfse ist, so hängt v allein von h ab; h wächst aber sowohl mit l als mit $t_1 - t$, woraus sich ergiebt, dafs wir die Geschwindigkeit des Luftstromes ebensogut durch Erhöhen des Schornsteines wie durch Steigerung der Temperatur der Verbrennungsgase vergröfsern können. v wächst jedoch nicht im Verhältnisse zur Höhe des Schornsteines oder der Temperatur der Verbrennungserzeugnisse, sondern nur proportional der Wurzel dieser Werte. Man kann also beispielsweise durch Erhöhung eines Schornsteines auf das Doppelte dem Gasstrome nicht die doppelte Geschwindigkeit erteilen, sondern nur die 1,41fache der ursprünglichen.

Die berechnete Geschwindigkeit wird nur in dem offenen Querschnitte f_1, auf dem Roste zwischen den Brennstoffstückchen, erreicht; die Gröfse dieses freien Querschnittes ist nicht bekannt, aber sicher nicht gröfser als $^1/_3$ des Schornsteinquerschnittes; demnach kann im Schornsteine die Geschwindigkeit des Gasstromes höchstens ein Drittel des berechneten Wertes betragen, und auch diese Gröfse wird noch nicht erreicht, da wir bei der Rechnung alle Widerstände, z. B. die Reibung, sowie die Wärmeverluste vollkommen unberücksichtigt gelassen haben. Da die Reibung viel stärker zunimmt als die Geschwindigkeit, so läfst man Gasströme in Kanälen und Schornsteinen sich selten rascher als 5 m in der Sekunde bewegen.

Die Lebhaftigkeit der Verbrennung hängt aber weniger von der Geschwindigkeit als von der Menge der zugeführten Luft ab. Es bleibt daher noch zu untersuchen, wovon diese beeinflufst wird. Hat die Luft bei $t_{273}{}^0$ das Volumengewicht $d_0 = 1{,}2938$ kg, so beträgt dasselbe bei $t_1{}^0$ infolge der Volumenzunahme noch $d_1 = d_0 \cdot \frac{t_{273}}{t_1}$. Es wird also die Menge der angesaugten und in den Schornstein eingetretenen Luft

$$4. \qquad Q = f_1 \, v \, . \, d_0 \frac{t_{273}}{t_1}$$

sein, wenn f_1 den freien Querschnitt zwischen dem Brennstoffe bezeichnet.

Jede Zunahme von v, die durch Erhöhen des Schornsteines erzielt wird, vermehrt auch die Menge der angesaugten Luft; nicht so einfach liegen die Verhältnisse hinsichtlich der Zunahme von v durch Steigerung der Temperatur. Die Luftmenge kann vielmehr nur so lange wachsen, als v rascher zu-, wie d abnimmt; das ist, $t = 0^0$ gesetzt, bis zu 273^0 der Fall. Von da ab wirkt jede Temperaturerhöhung auf Verminderung der Luftmenge. Da t in der Regel höher als 0^0 ist, so liegt die höchste Grenze der angesaugten Luftmenge bei etwa 300^0; die Zunahme von 200 bis 300^0 ist aber sehr gering.

Hieraus folgt, dafs es Verschwendung ist, die Fuchsgase mit einer höheren Temperatur als $200—300^0$ in die freie Luft zu entlassen, und man kann ohne Schaden für den Zug glühend heifse Gase unter Kesseln bis auf etwa 200^0 abkühlen.

Ein Zahlenbeispiel wird das in vorstehendem Gesagte vollends verdeutlichen.

Ein runder Schornstein habe $l = 30$ m und 1,75 m Durchmesser, also $f = 2{,}405$ qm Querschnitt. Dann ist $l \,.\, f = 72{,}15$ cbm. Die Lufttemperatur t sei 15° ($t = 288°$) und die Temperatur der Verbrennungsgase $t_1 = 200°$ ($t_1 = 473°$).

$$p = \frac{72{,}15 \,.\, 1{,}2938 \,.\, 273}{288} = 88{,}472 \text{ kg};$$

$$p_1 = \frac{72{,}15 \,.\, 1{,}2938 \,.\, 273}{473} = 53{,}869 \text{ kg};$$

$$G = 88{,}472 - 53{,}869 = 34{,}603 \text{ kg}.$$

Ferner ergiebt sich die Gröfse, um welche die kalte Luftsäule nach dem Erwärmen auf $t_1°$ länger ist als die im Schornsteine, zu

$$h = 30 \,.\, \frac{473 - 288}{288} = 19{,}27 \text{ m}.$$

Dieser Höhe entspricht eine Geschwindigkeit der Luft zwischen den Brennstoffteilchen von

$$v = \sqrt{2 \,.\, 9{,}81 \,.\, 19{,}27} = 19{,}45 \text{ m}.$$

Würde der Schornstein auf 45 bzw. 60 m erhöht, so betrüge v im ersten Falle 23,81, im zweiten 27,18 m. Dieselbe Wirkung brächte die Erhöhung der Temperatur auf 292° bzw. 385° hervor.

Berechnen wir hieraus die angesaugte Luftmenge Q unter der Annahme, dafs $f_1 = \frac{f}{4}$ sei, so erhalten wir bei den oben angegebenen Querschnittsabmessungen und Temperaturverhältnissen

$$Q = \frac{2{,}405}{4} \,.\, 19{,}45 \,.\, 1{,}2938 \,.\, \frac{273}{473} = 8{,}725 \text{ kg Luft in der Sekunde.}$$

Durch Erhöhung des Schornsteins um die Hälfte wächst die Luftmenge auf 10,687 kg, durch Erhöhung auf das Doppelte auf 12,199 kg. Dagegen bewirkt die Vergröfserung von $t_1 - t$ um die Hälfte nur eine sehr geringe Verstärkung des Zuges, nämlich auf 8,946 kg, während mit der ferneren Temperatursteigerung wieder Verminderung auf 8,769 kg verbunden ist.

Wenn es hiernach auch scheint, als ob jede Erhöhung eines Schornsteines mit Vermehrung des Zuges verbunden wäre, so ist das doch nicht richtig, da die Reibung der Gase an den Kanalwänden und die Wärmeverluste durch Ausstrahlung, die wir bisher vernachlässigt haben, sehr bald hindernd einwirken. Der Reibungswiderstand sowohl als der Wärmeverlust wächst im Verhältnisse zur Wandfläche des Schornsteinkanales, während die Zugstärke nur mit der Quadratwurzel der Höhe zunimmt; wir gelangen deshalb, ganz abgesehen von dem Kostenpunkt, sehr bald an eine Grenze, von welcher ab die Erhöhung keinen Nutzen mehr hat. Nach Versuchen von Aubuisson wächst infolge der Bewegungshindernisse und der Abkühlung der Schornsteinwände durch die umgebende Luft die Wirkung einer Esse noch langsamer als die Quadratwurzeln der

Höhen. Denn die von einem Schornsteine wirklich abgeführte Gasmenge Q_1 beträgt gegenüber der theoretischen Menge nur

$$Q_1 = Q \sqrt{\frac{D}{D + \frac{1}{42}}},$$

worin D den Durchmesser des cylindrischen Essenkanales bedeutet. In der That macht man die Schornsteine selten höher als 60 m; höhere Essen (bis 140 m) werden meist nur dort angewendet, wo es sich darum handelt, die schädliche Einwirkung von Gasen auf die Bewohner und den Pflanzenwuchs der Umgebung durch Überführen in höhere Luftschichten und Verteilung auf eine gröfsere Fläche zu vermindern, wie folgende Beispiele hoher Schornsteine dies beweisen:

Standort des Schornsteines	Ganze Höhe m	Höhe über der Erdoberfläche m
Bochumer Verein in Bochum . .	103	98
Gaswerke in Edinburg	104,1	100,3
Zinkhütte in Hamborn	110	?
Dobson & Barlow in Bolton . .	111,86	?
St. Rollox in Glasgow	132,5	?
Bleihütte in Mechernich . . .	134,6	131,1
Bleihütte in Halsbrücke	143,2	140

Bei dem letzten Schornsteine zieht sich der Gaskanal an einem Bergabhange hinauf, so dafs die Mündung 198 m über der Sohle der bedienten Öfen liegt.

Von allen diesen Essen dient allein die erste, vielleicht auch noch die zweite für Feuerungen.

Selten bedienen hohe Schornsteine nur eine Feuerung. Sollen mehrere derselben ihre Gase in einen gemeinschaftlichen Schornstein entlassen, so ist es durchaus zu vermeiden, dafs die einzelnen Gasströme sich am Fufse desselben treffen, da hierdurch Stauungen hervorgerufen und einzelne Feuerungen beeinträchtigt werden. Man teilt solche Centralessen unten durch Scheidewände in mehrere Kanäle und läfst die Gasströme sich erst dann zu einem einzigen vereinigen, wenn sie parallele Richtung angenommen haben.

Was endlich den Querschnitt der Schornsteine anlangt, so kann derselbe aus dem Volumen V der abzuführenden Gase, das man aus der Zusammensetzung des Brennstoffes und dem angewendeten Luftüberschusse berechnet, und der Geschwindigkeit v bestimmt werden. Da zu weite Essen durch Schieber oder Temperklappen verengt werden können, zu enge aber keiner Verbesserung fähig sind, so wählen wir v ziemlich niedrig, und zwar je nach der Länge und dem Querschnitte der Kanäle von 2 bis 5 m. Dann erhalten wir

$$f = \frac{V}{v} \cdot \frac{t_1}{t_{273}}.$$

Für Rostfeuerungen wird 15 bis 30 m hohen Schornsteinen gewöhnlich $^3/_5$ bis $^1/_3$ der freien Rostfläche, solchen von gröfserer Höhe

$^1/_3$ bis $^1/_6$ derselben als Querschnitt gegeben, sofern Steinkohle als Brennmaterial dient.

In denjenigen Fällen, in denen der Zug des Schornsteines nicht ausreicht, um die erforderliche Luftmenge anzusaugen, was besonders bei Verwendung von Feinkohlen, bei Halbgasfeuerungen und Gaserzeugern oder bei sehr verstärktem Betriebe von Rostfeuerungen vorkommt, ferner da, wo nicht genügend hohe oder gar keine Schornsteine verwendbar

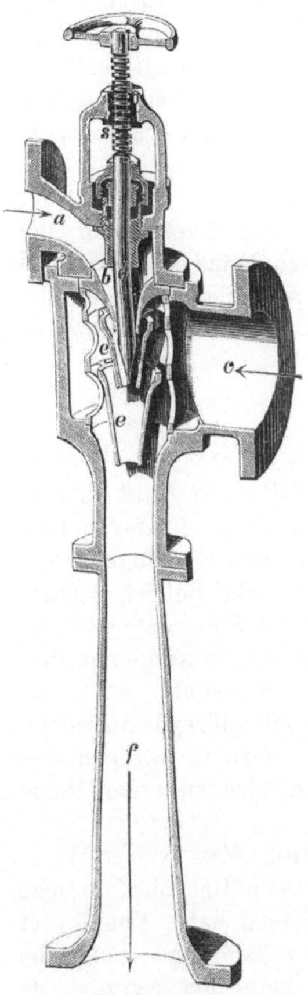

Fig. 103.

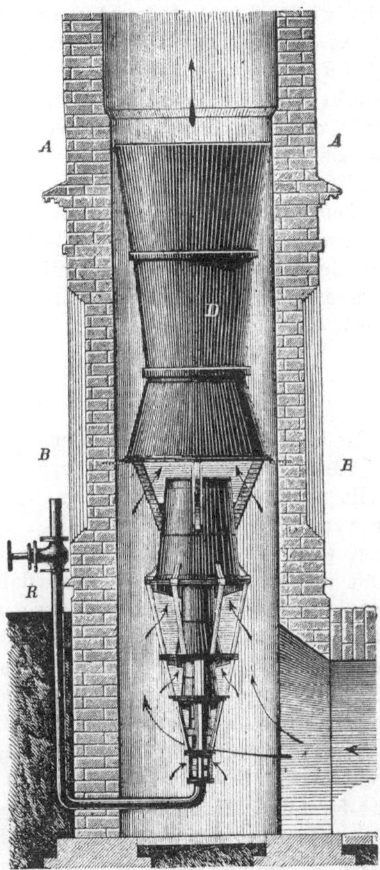

Fig. 104.

sind (Feuerungen von Lokomobil-, Lokomotiv- und Schiffskesseln, Feldschmieden), da mufs entweder die Wirkung des Schornsteines verstärkt oder die Luft eingeblasen werden.

Zur Unterstützung des Zuges dient bei den oben genannten Kesselfeuerungen meist das Blaserohr, durch welches der Abdampf in den kurzen Schornstein eintritt, wo er eine saugende Wirkung ausübt.

Eine der Wirkungsweise nach ganz gleiche Einrichtung bilden die

Dampfstrahlsauger und -Gebläse, deren Bauart aus den Figuren 103 und 104 hervorgeht. Durch Rohr *a* (Fig. 103) fliefst der Dampf herbei, tritt aus der Kegeldüse *b* durch eine ringförmige Öffnung in die Saugdüsen *e* und endlich in das Blaserohr *f*. Der mit sehr grofser Geschwindigkeit ausströmende Dampfstrahl übt auf die umgebende Luft eine saugende Wirkung aus, die durch Wiederholung des Vorganges in den aufeinanderfolgenden drei, vier oder mehr Saugdüsen erheblich verstärkt wird. Die Luft wird durch Rohr *c* angesaugt und durch *f* ausgeblasen. Ordnet man die Vorrichtung im Schornsteine an, wie Fig. 104. zeigt (*R* ist das Dampfrohr, *D* das Blaserohr), so wirkt sie saugend, verstärkt also den Zug des letzteren; wird sie vor der Feuerung aufgestellt und das Blaserohr in den geschlossenen Aschenfall geführt, so wirkt sie als Gebläse.

Die Vorzüge des Strahlgebläses bestehen in Einfachheit der Wartung und dem Fehlen aller sich bewegenden Teile, der Nachteil in der Lieferung sehr nassen und nur schwach geprefsten Windes. Wo diese Nachteile die Anwendung ausschliefsen, bedient man sich abweichender Gebläsearten, welche an anderer Stelle der Betrachtung unterzogen werden.

e. Die Beurteilung der Feuerungen.

In welchem Mafse eine Feuerung ihren Zweck, die Entwickelung von Wärme aus Brennstoffen, erfüllt, kann durch Untersuchungen festgestellt werden, die je nach dem Grade der verlangten Genauigkeit von sehr verschiedenem Umfange sind. Für die laufende Betriebsaufsicht genügt es in der Regel, zu wissen, ob der Heizer die Feuerung so sachgemäfs und gewissenhaft bedient, dafs der Brennstoff dauernd mit dem geringst möglichen Luftüberschusse vollkommen verbrennt, wozu die Feststellung des Gehaltes der Rauchgase an Kohlendioxyd ausreicht. Eine eingehende und vollständige Untersuchung erfordert dagegen eine grofse Zahl verschiedener Beobachtungen, welche hier kurz der Reihe nach aufgeführt werden sollen.

1. Die Untersuchung des Brennstoffes. Von grofser Wichtigkeit ist die Entnahme einer richtigen Durchschnittsprobe, welche nach der unten abgedruckten „Anleitung“ zu erfolgen hat. Von dieser Probe soll zwar der Vorschrift gemäfs nur eine vollständige chemische Analyse ausgeführt und demnach der Heizwert berechnet werden; da aber jetzt in den oben beschriebenen Kalorimetern Vorrichtungen geschaffen sind, die ohne Schwierigkeit genaue Heizwertbestimmungen von Brennstoffen jeder Art auszuführen gestatten, so ist die Feststellung des Heizwertes durch Versuch derjenigen durch Rechnung unbedingt vorzuziehen. Die Analyse wird jedoch keinesfalls entbehrlich, da aus ihren Ergebnissen die zur Verbrennung erforderliche Luftmenge zu berechnen ist. Von Nutzen ist auch die Feststellung der Menge und der Zusammensetzung der im Kalorimeter erhaltenen Verbrennungserzeugnisse.

2. Die Untersuchung der Verbrennungserzeugnisse. Durch chemische Analyse wird festgestellt, ob der Brennstoff verbrannt ist, oder ob in den Verbrennungsrückständen sowohl als in den Feuergasen noch unverbrannte Teile, und in welcher Menge sie sich finden, desgleichen wie grofs der angewendete Luftüberschufs ist. Von den Verbrennungsrückständen wird eine Durchschnittsprobe entnommen; von den Feuergasen aber müssen, da deren Zusammensetzung je nach dem jeweiligen Zustande des Feuers fortwährenden Schwankungen unterworfen ist, in kurzen Zwischenräumen immer neue Proben gezogen und aus deren Analysen Mittelwerte berechnet werden.

3. Die Berechnung der Wärmeverluste. Diese entstehen zum geringen Teile durch unvollständige Verbrennung, da sowohl der Rostdurchfall als die Menge unverbrannter Gase (Kohlenoxyd, Kohlenwasserstoffe) in der Regel nur klein ist. Nur durch Roste, die dem verwendeten Brennstoffe nicht angepafst sind, durch mangelhafte Bedienung oder durch die zuweilen vorliegende Notwendigkeit, aus Rücksicht auf die chemischen Vorgänge in dem beheizten Ofen mit reduzierender Flamme zu arbeiten, können sie einen erheblichen Betrag erreichen. Dagegen ist der Verlust an Wärme, welchen die Rauchgase durch den Schornstein entführen, meist sehr beträchtlich und um so höher, je gröfseren Luftüberschufs und je höhere Temperatur die Verbrennungsgase aufweisen. Dieser Verlust kann leicht aus der Menge der Gase, ihrer Temperatur und spezifischen Wärme berechnet werden.

Bei Kesselfeuerungen pflegt die Fuchstemperatur nicht hoch zu sein, so dafs eine Erniedrigung derselben wenig Vorteil bringt, häufig auch nicht angängig ist, ohne die Wirkung des Schornsteines zu schädigen; wohl aber ziehen bei Feuerungen mit gesteigerter Verbrennungstemperatur die Gase meist in voller Glühhitze ab, so dafs, da eine weitere Abkühlung derselben im Ofen selbst ausgeschlossen ist, nur die anderweite Ausnutzung der Abhitze die Verluste herabsetzen kann. Zur Bestimmung der Fuchstemperaturen bedient man sich bis 500^{0} geeigneter Quecksilberthermometer, höher hinauf eines der beschriebenen Pyrometer.

Eine wirksame Verminderung der Wärmeverluste ist bei Dampfkessel- und ähnlichen Feuerungen nur durch Beschränkung des Luftüberschusses zu erzielen. Diese liegt aber allein in der Hand des Heizers, weshalb es zur Beaufsichtigung vorteilhaft ist, fortgesetzt von der Zusammensetzung der Feuergase Kenntnis zu haben, und diese kann man durch Feststellung ihres Gehaltes an Kohlendioxyd erlangen. Zwei Raumteile Sauerstoff ergeben mit Kohlenstoff zwei Raumteile Kohlendioxyd. 100 Raumteile Luft bilden demnach mit Kohlenstoff 21 Raum-% Kohlendioxyd neben 79 Raum-% Stickstoff. Enthalten Verbrennungsgase 15 Raum-% Kohlendioxyd, so müssen daneben 6 Raum-% Sauerstoff unverbraucht geblieben sein; d. s. gegenüber den 15 Raumteilen verbranntem Sauerstoff $^{6}/_{15} . 100 = 40$ % Luftüberschufs. Machte dagegen der Kohlendioxydgehalt von den Abgasen einer Feuerung nur 7 % aus, so wären 14 % Sauerstoff übrig geblieben, und der Luftüberschufs betrüge $^{14}/_{7}$. 100 = 200 %. Eine fortgesetzte Bestimmung des Kohlendioxydgehaltes der Rauchgase, die natürlich selbstthätig erfolgen mufs und womöglich auch selbstthätig aufgeschrieben werden sollte, genügt demnach zur Beaufsichtigung der Thätigkeit des Heizers und gibt gleichzeitig diesem selbst Rechenschaft über die Güte seiner Arbeit.

Die Kenntnis des Kohlendioxydgehaltes und der Temperatur der Fuchsgase gewährt uns ferner jederzeit Auskunft von dem Grade der Ausnutzung des Brennstoffes; dieser ist um so höher, einen je kleineren Bruchteil die Fuchstemperatur von der Verbrennungstemperatur bildet. Erstere schwankt bei gewöhnlichen Feuerungen nicht erheblich; letztere

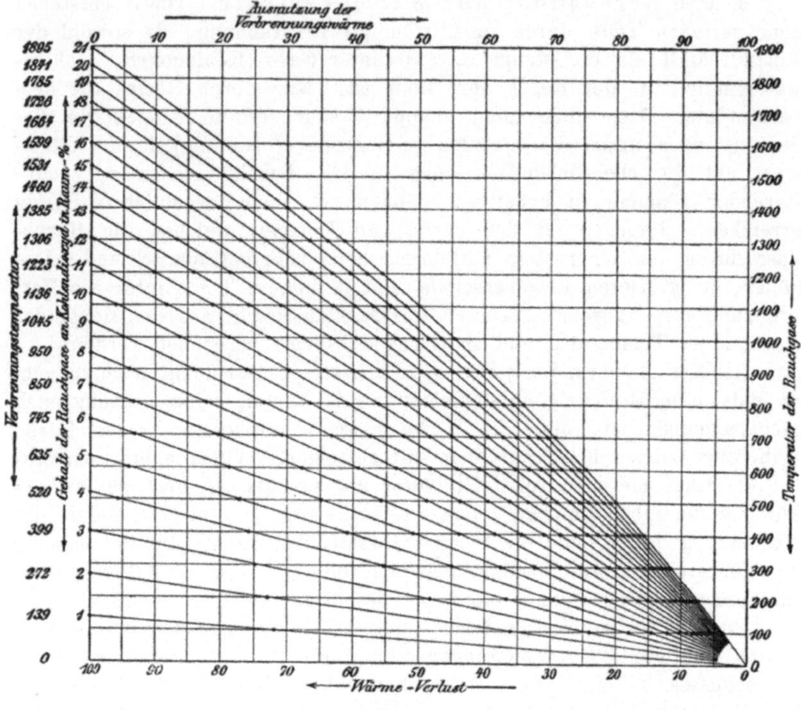

Fig. 105.

wechselt stark mit dem Luftüberschusse; die nutzbar gemachte Wärmemenge wird somit um so höher sein, je höher die Verbrennungstemperatur und der Kohlendioxydgehalt, je kleiner der Luftüberschufs ist.

Die Beziehungen zwischen diesen Gröfsen sind in dem Schaubilde Fig. 105 und in der Tabelle XIII dargestellt.

In ersterem sind auf der Höhenachse links die Verbrennungstemperaturen aufgetragen, welche den Gehalten der Fuchsgase an Kohlendioxyd von Hundertteil zu Hundertteil, von 0—21 %, entsprechen; rechts sind von 100 zu 100° die Temperaturen verzeichnet, mit denen die Gase in den Schornstein gelangen. In diesen Höhenabständen ist für die einzelnen Kohlendioxydgehalte von links nach rechts derjenige Anteil der Verbrennungswärme aufgetragen, welcher bei der entsprechenden Fuchstemperatur ausgenutzt wird, wogegen der Rest des Grundabstandes, von rechts nach links gemessen, den Wärmeverlust darstellt. Die Summe beider mufs in jedem Falle selbstverständlich 100 ergeben. So sind Schaulinien entstanden, welche ohne weiteres erkennen lassen, wieviel im gegebenen Falle vom Brennstoffe nutzbar gemacht, wieviel verloren ist.

Die Schaulinien wären gerade, wenn die spezifischen Wärmen der Gase nicht mit der Temperatur zunähmen.

Beispiel: In den Rauchgasen seien 10 % Kohlendioxyd nachgewiesen, und das Thermometer im Fuchskanale zeige 300 °. Verfolgen wir jetzt die Kohlendioxydlinie 10 % von links nach rechts abwärts bis zum Schnittpunkte mit dem Höhenabstande 300 ° und messen dessen Grundabstand von der rechts gelegenen Nulllinie, so ergiebt sich 23 Hundertteile Wärmeverlust.

In Tabelle XIII finden wir in der mit 10 % bezeichneten senkrechten Reihe auf der wagerechten Zeile 300 ° den Wärmeverlust mit 22,9 % verzeichnet. Für den praktischen Gebrauch ist die Tabelle vorzuziehen, zumal in ihr zwischen den einzelnen Temperaturzeilen noch die Unterschiede für je 10 ° angegeben sind. — Diese Werte gelten, streng genommen, nur für die Verbrennung von Kohlenstoff, nicht aber von wasser- und wasserstoffhaltigen Kohlen, können aber trotzdem als Anhalt dienen, da die Abweichungen für je 100 ° Fuchstemperatur nur bei ganz niedrigen Kohlendioxydgehalten und Kohlen mit viel disponiblem Wasserstoff 1 % erreichen.

Für die selbstthätige Bestimmung des Kohlendioxydes sind Vorrichtungen erdacht worden, welche mit dem gemeinsamen Namen G a s - w a g e n zu bezeichnen sind, obwohl die Erfinder ihnen andere beizulegen pflegen.

Sie beruhen sämtlich auf dem Umstande, dafs das Volumengewicht von Gasgemischen mit deren Zusammensetzung sich ändert. Hier kommen im besonderen Gemische von Kohlendioxyd und Luft in Frage, die bei dem grofsen Unterschiede im Volumengewichte beider (ersteres ist rund 1½mal so schwer wie letztere) mit wachsendem Kohlendioxydgehalte schwerer werden.

Das D a s y m e t e r von S i e g e r t & D ü r r (Fig. 106) besteht aus einer in einem mittels Glasscheibe verschlossenen gufseisernen Kasten untergebrachten Wage, deren Balken einerseits eine leichte, zugeschmolzene Glaskugel von 2 bis 3 l Inhalt, andererseits ein Gegengewicht trägt. Ist der Kasten mit Luft erfüllt, so steht der vor der Kugel befindliche Zeiger auf dem Nullpunkte der Teilung; erfüllt dagegen ein dichteres Gas, z. B. ein Kohlendioxyd-Luft-Gemisch aus dem Fuchskanal einer Feuerung, den Kasten, so mufs infolge des gröfseren Auftriebes die Kugel sich heben und der Zeiger auf der Teilung, entsprechend dem Kohlendioxydgehalte nach oben wandern. Der Einfluſs des Barometerstandes und der Temperatur auf das Volumengewicht des Gases wird durch den Ausgleicher am Gegengewichte aufgehoben. Dieser besteht aus der bei *l* geschlossenen, bei *t* offenen, in der unteren Hälfte mit Quecksilber gefüllten U-förmigen Glasröhre, in welcher in der Kugel *l* eine kleine Luftmenge abgesperrt ist, welche jedoch allen Einflüssen der Temperatur und des Luftdruckes ebenso unterliegt, wie die übrige Luft im Kasten. Verändert sich deren Volumen-Gewicht infolge von Temperatur-

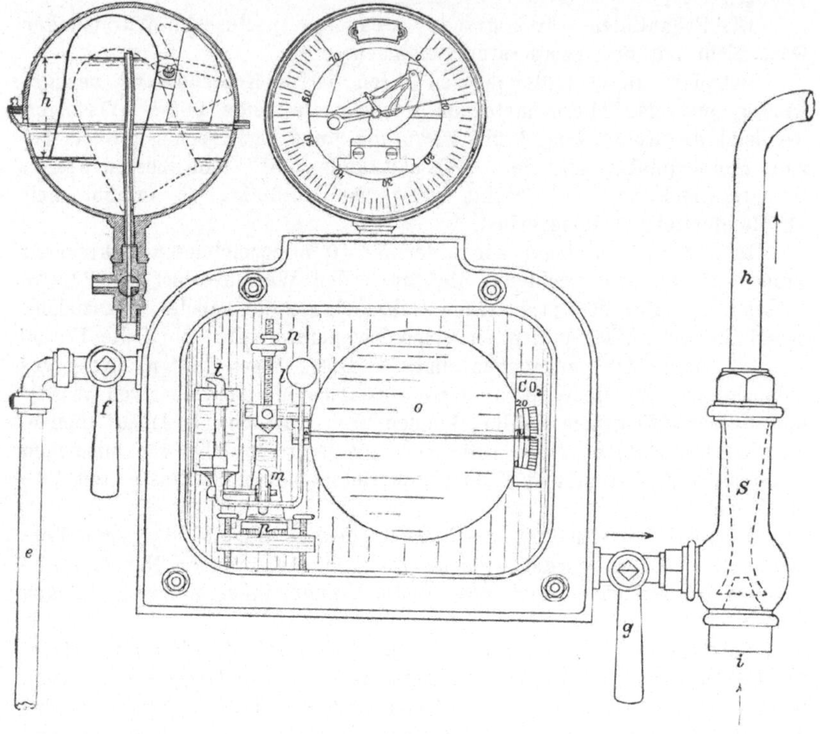

Fig. 106.

oder Luftdruckänderung, so findet das gleiche mit der abgesperrten Luft statt, wodurch auch deren Raum sich ändert, und eine dieser Veränderung entsprechende Quecksilbermenge nach der einen bezw. anderen Seite hin verschoben wird, die wieder den Schwerpunkt der ganzen Wage verlegt und so das gestörte Gleichgewicht wieder herstellt. Die Scheibe *m* dient durch Verstellen auf der wagerechten Schraubenspindel zur anfänglichen Einstellung auf Null, die Mutter *n* zur Regelung der Empfindlichkeit der Wage. Rohr *h* ist mit dem Schornsteine verbunden. Die unter Atmosphärendruck durch *i* nach *s* eintretende Luft saugt die Rauchgase durch *e* in den Kasten ein; *f g* sind Absperrhähne. Ein auf dem Kasten angebrachter Zugmesser zeigt an, ob die Gaswage in Thätigkeit ist, oder ob infolge Verstopfung der Rufsfilter in Leitung e oder von Undichtheiten eine Unterbrechung eingetreten ist.

Bei dem Ökonometer von Arndt (Fig. 107) wird das zu untersuchende Gasgemisch unmittelbar gewogen. Die Wage steht in dem luftdicht verschlossenen Kasten n und trägt an ihrem Balken a zwei annähernd gleich grofse Gefäfse e und e_2; ersteres ist der Behälter für die zu wägenden Gase; letzteres dient als Gegengewicht, ist mit Luft gefüllt, offen und hat lediglich des Auftriebes halber die gewählte Form.

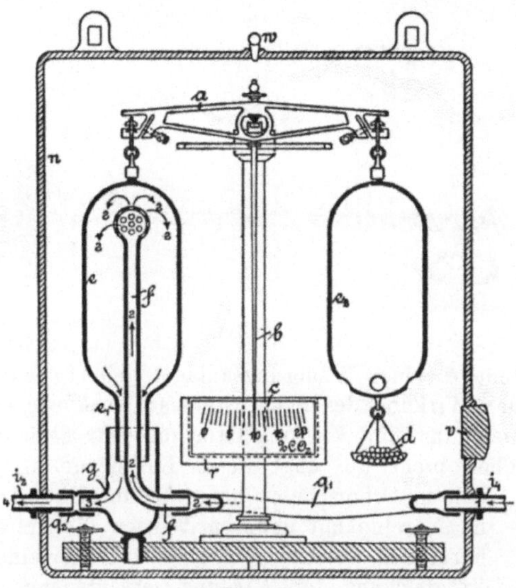

Fig. 107.

Die genaue Gewichtsausgleichung wird von dem Verschlusse v aus mittels Gewichten d bewirkt. Durch Verbindung des Stutzens i_2 mit einer Saugvorrichtung, z. B. dem Schornsteine, wird aus dem Kasten durch den Gasleitungsstutzen g so lange Luft gesaugt, bis in n ein der Zugstärke entsprechender Unterdruck herrscht; von da an mufs unter der Wirkung des Schornsteines ein bei i_1 eintretender Gasstrom durch Schlauch q_1, Gasleitungsrohr f, Stutzen g, Schlauch q_2 und Stutzen i_2 in der Richtung 1 2 3 4 ziehend, den Gasbehälter e erfüllen und zum Sinken bringen. Ein Austritt von Gas aus g in den Kasten n kann nicht stattfinden; sollte er aber, vielleicht infolge plötzlichen Abschlusses der Leitung nach dem Schornsteine hin, doch eintreten, so wird Stopfen w geöffnet und mittels Hindurchsaugen von Luft durch n der ursprüngliche Zustand wieder hergestellt. Der auf der Teilung c spielende Zeiger b steht bei Erfüllung von e mit Luft auf 0, mit Rauchgasen auf dem dem Kohlendioxydgehalte entsprechenden Teilstriche.

Die Angaben beider Gaswagen stimmen hinreichend genau mit der

Rauchgasanalyse überein. Vollkommene Übereinstimmung ist infolge von Anwesenheit anderer Verbindungen (Schwefeldioxyd, Kohlenoxyd) in den Rauchgasen nicht zu erwarten. Zu beachten ist, dafs der Anschlufs der Gaszuleitung an den Rauchkanal möglichst so nahe an der Feuerung erfolgen mufs, als die Rücksicht auf vollständige Verbrennung gestattet, da wegen Undichtheiten des Mauerwerkes weiter nach dem Schornsteine zu entnommene Gasproben leicht eingesaugte, nicht durch die Feuerung gegangene Luft enthalten.

Aufser den beschriebenen Gaswagen haben auch Lux und Precht solche angegeben.

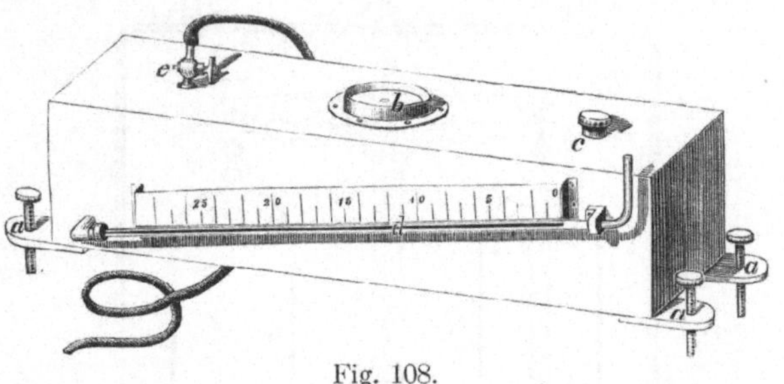

Fig. 108.

Zur Beurteilung einer Feuerungsanlage gehört endlich noch die Untersuchung der Wirkung des Schornsteines, wozu wir uns der Zugmesser bedienen, das sind Vakuummeter für sehr geringe Druckunterschiede; sie geben nicht die angesaugte Luftmenge an, sondern nur den im Schornsteine herrschenden Unterdruck, aus dem im Vereine mit anderen Werten die erstere allerdings berechnet werden kann, gestatten aber eine unmittelbare Vergleichung der Wirkung verschiedener Essen.

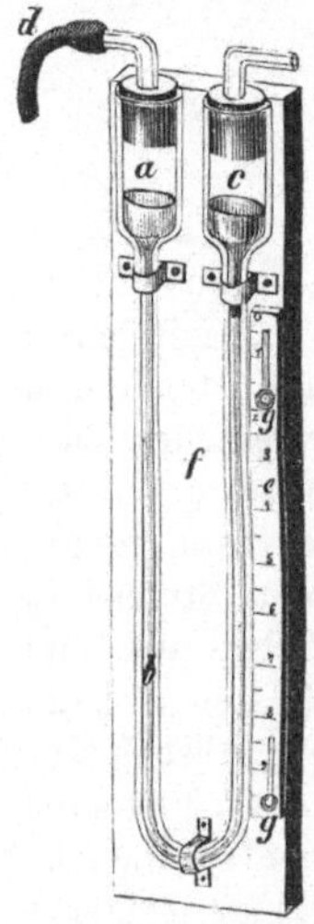

Der Zugmesser von Scheurer-Kestner (Fig. 108) besteht aus einem Blechkasten, der durch den Stutzen *c* mit gefärbtem Wasser gefüllt und mittels der Stellschrauben *a* und der Dosenlibelle *b* genau wagerecht aufgestellt wird. Die Flüssigkeitsmenge ist so zu regeln, dafs ihr Spiegel im Rohre *d* mit dem Anfangspunkte der Teilung zusammenfällt. Wird nun die Vorrichtung bei geöffnetem Hahn *e* mittels des Gummischlauches und eines die Schornsteinmauer durchbohrenden Rohres mit dem Essenkanal in Verbindung gesetzt, so mufs infolge der saugenden Wirkung desselben der Wasserspiegel in *d* fallen, in dem Kasten aber wegen dessen (gegenüber dem Rohre) unendlich grofsen Querschnittes nur unmefsbar wenig steigen; die Verschiebung des Wasserspiegels, welche durch die schräge Stellung des Rohres auf das Zehnfache vergröfsert wird, zeigt demnach an der Teilung den Druckunterschied an.

Fig. 109.

Der Zugmesser von Aron und Seger (Fig. 109), welcher, da er aufgehängt werden kann, keiner sorgfältigen Aufstellung bedarf, besteht aus einem U-Rohr *abc*, dessen obere Teile *a* und *c* den zwanzigfachen Querschnitt des engen Rohres *b* besitzen. Man füllt das Rohr mit zwei sich nicht mischenden Flüssigkeiten von gleichem Volumen-Gewicht, auf deren Berührungsfläche der Nullpunkt der verschiebbaren und mittels der Prefsschrauben *g* festzulegenden Teilung *e* eingestellt wird. Das Ganze ist auf dem Brettchen *f* befestigt; wird das Rohr durch den Gummischlauch *d* mit dem Schornstein in Verbindung gesetzt, so steigt die eine Flüssigkeit in *a*, und es fällt die andere in *c* um dieselbe Höhe; die Berührungsstelle verschiebt sich aber um das Zwanzigfache, so dafs selbst sehr kleine Druckunterschiede deutlich abgelesen werden können.

Die Vorrichtung von Siegert und Dürr (Fig. 110) besteht im wesentlichen aus einem trommelförmigen Gehäuse, in dem sich eine Sperrflüssigkeit (Paraffinöl) befindet. In diese taucht eine dünnwandige, durch ein Gegengewicht hoch gehaltene metallene Glocke, in welche das Saugrohr mündet, das mit der Stelle, an welcher die Zugstärke gemessen werden soll, in Verbindung gebracht wird. Im Zustande der Ruhe hat die Glocke ihre höchste Lage. Sowie aber infolge des Zuges die geringste Luftverdünnung entsteht, senkt sich die Glocke, welche Bewegung sich mittels eines Zahnbogens auf den Zeiger überträgt und der Gröfse nach an der Teilung abgelesen werden kann.

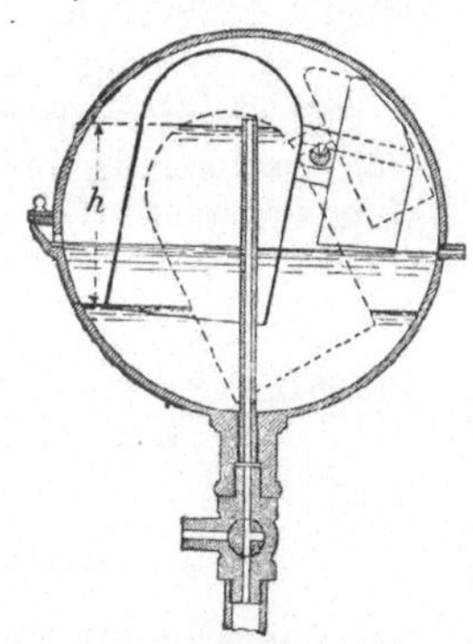

Fig. 110.

Oben (S. 17) ist bezüglich des Luftthermometers von Siegert und Dürr auf diese Stelle verwiesen. Diese Mefsvorrichtung ist von genau derselben Einrichtung wie der Zugmesser, nur taucht die Glocke bei Atmosphärendruck vollständig in die Flüssigkeit ein; sobald aber die Luft in dem Pyrometergefäfs erwärmt wird und sich ausdehnt, füllt sich die Glocke mehr oder weniger mit Luft an und bewegt sich aus der Flüssigkeit heraus.

Anleitung zur Untersuchung von Kessel-Feuerungen.

1. Brennstoff.

a) Probenahme. Von jeder Ladung (Karre, Korb u. dergl.) des zugeführten Brennstoffes wird eine Schaufel voll in eine mit einem Deckel versehene Kiste geworfen und aus dieser Masse eine Durchschnittsprobe entnommen.

Bemerkung. Hierbei kann in folgender Weise verfahren werden: Das Brennmaterial wird zerkleinert, gemischt, quadratisch ausgebreitet und durch beide Diagonalen in vier Teile geteilt. Zwei einander gegenüberliegende dieser Teile werden weggenommen, die beiden anderen wieder zerkleinert, gemischt und geteilt. In dieser Weise wird fortgefahren, bis eine Probemenge von etwa 5 kg übrig bleibt, welche gut verschlossen zu chemischer Untersuchung zu bringen ist.

b) Die Zusammensetzung des Brennstoffes, d. h. dessen Gehalt an Kohlenstoff, Wasserstoff, Asche und Feuchtigkeit bezw. an Schwefel und Stickstoff, ist durch chemische Analyse, das Verhalten in der Hitze durch Verkokungsprobe zu ermitteln.

Zur Wasserbestimmung unter möglichstem Luftabschlusse soll während des Versuches eine Anzahl besonderer kleinerer Proben von dem zu verheizenden Brennstoffe in Gläser gefüllt werden, welche sofort luftdicht zu verschliefsen und zur Untersuchung zu bringen sind.

c) Berechnung des Heizwertes.

Enthält 1 kg des Brennstoffes

c Kilogramm Kohlenstoff,
h „ Wasserstoff,
s „ Schwefel,
o „ Sauerstoff,
w „ Feuchtigkeit (hygroskopisches Wasser),

so kann man den Heizwert nach der Annäherungsformel berechnen:

$$8100\,c + 29000\,(h - o/8) + 2500\,s - 600\,w \text{ Wärmeeinheiten.}$$

Bemerkung. Hierbei ist angenommen, dafs das Wasser der Verbrennungsgase als Dampf von 20° entweicht.

d) Bestimmung der zur Verbrennung erforderlichen Luftmenge.

1 kg Brennstoff erfordert:

$$O = 2{,}667\,c + 8\,h + s - o \text{ kg}$$
$$= \frac{2{,}667\,c + 8\,h + s - o}{1{,}43} \text{ cbm Sauerstoff.}$$

$$L = \frac{(2{,}667\,c + 8\,h + s - o)}{21 \, . \, 1{,}43} \, . \, 100 \text{ cbm Luft von 21 Raum-\% Sauerstoffgehalt.}$$

2. *Verbrennungserzeugnisse und Wärmeverluste.*

a) Messung der Temperatur.

Die Temperatur der abziehenden Gase bis zu 360° wird durch Quecksilberthermometer mit Stickstofffüllung bestimmt, welche möglichst nahe der Stelle, wo die Gase den Kessel verlassen, aber jedenfalls vor der Abschlufsvorrichtung, mit sorgfältiger Abdichtung in den Rauchkanal so eingesetzt werden, dafs die Quecksilberkugel sich mitten im Gasstrome befindet. Die Ablesungen erfolgen jedesmal bei Entnahme der Gasproben (s. unten). Temperaturen über 360° werden am besten kalorimetrisch bestimmt.

Die Temperatur der in die Feuerung tretenden Luft wird nahe der Feuerung gemessen, jedoch so, dass das Thermometer vor der Wärmestrahlung des Rostes geschützt ist.

Aus den erhaltenen Zahlen wird das arithmetische Mittel genommen und der Berechnung zu Grunde gelegt.

b) Gasuntersuchung.

Während der Dauer des Heizversuches werden in gleichmässigen Zwischenräumen von 10—15 Minuten Gasproben durch ein luftdicht neben dem Thermometer eingesetztes Rohr (Glas oder Porzellan), dessen untere Mündung mitten in den Gasstrom reicht, entnommen und der Gehalt an Kohlendioxyd und Sauerstoff bestimmt. Zur Ermittelung eines Durchschnittes können aufserdem die Gase mittels gleichmäfsig wirkenden Saugers entnommen werden.

Enthalten die Rauchgase nennenswerte Mengen Kohlenoxyd, so ist die Verbrennung unvollkommen. Soll dieser Fehler ziffermäfsig ermittelt werden, so sind Gasproben einzuschmelzen und im Laboratorium zu untersuchen.

Ergab die Gasanalyse k Proz. Kohlendioxyd,
o „ Sauerstoff,
n „ Stickstoff,

so ist das Verhältnis der gebrauchten Luftmenge zu der theoretisch erforderlichen 1 : v, also

$$v = \frac{n}{n - \frac{79}{21} o} \text{ oder } \frac{21}{21 - 79 \frac{o}{n}}$$

Die Menge der Verbrennungserzeugnisse wird auf folgende Weise berechnet: 1 kg Kohle gibt:

$$1{,}854 c = K \text{ cbm Kohlendioxyd,}$$
$$K o \cdot \frac{1}{k} = O \text{ cbm Sauerstoff,}$$
$$K n \cdot \frac{1}{k} = N \text{ cbm Stickstoff}$$

von 0^0 bei 76 cm Druck.

Die Menge des in den Rauchgasen enthaltenen Wasserdampfes W wird berechnet aus dem Wassergehalte der Kohle w, dem durch Verbrennung des Wasserstoffes gebildeten (9 h) und dem in der Verbrennungsluft enthaltenen Wasser (falls letzteres bestimmt worden ist).

Die Gesamtmenge der Verbrennungsgase von 1 kg Kohle ist somit:

$$3{,}667 c + 1{,}430 O + 1{,}257 N + W \text{kg} = K + \frac{K(o+n)}{k} + \frac{W}{0{,}805} \text{cbm}$$

von 0^0 und 76 cm Druck.

Um die Dichtigkeit des Mauerwerkes festzustellen, werden gleichzeitig an mehreren Stellen der Feuerzüge entnommene Proben auf ihren Gehalt an Kohlendioxyd und Sauerstoff geprüft.

Bemerkung. Auf einfache Weise kann man starke Undichtigkeiten des Mauerwerkes nachweisen, indem man den im Betriebe befindlichen Rost mit stark rauchendem Brennstoffe frisch beschickt und den Zugschieber schliefst, oder auch dadurch, dafs man beobachtet, ob die Flamme eines an dem Kesselmauerwerk entlang bewegten Lichtes angesaugt wird.

c) Bestimmung der Wärmeverluste.

1. Der Wärmeverlust durch die höhere (über der Eintrittstemperatur der Luft) Temperatur der Rauchgase T ist gleich der Summe der durch die Bestandteile derselben bewirkten Verluste, berechnet aus den Mengen derselben, multipliziert mit den specifischen Wärmen und dem Temperaturunterschiede gegen die äufsere Luft (t). Zur annähernden Ermittelung des Wärmeverlustes kann man sich der Formel bedienen:
$$\left(0{,}32 \frac{100 c}{0{,}536 k} + 0{,}48 (9h + w)\right) \cdot (T - t),$$
wobei 0,32 als Mittelwert der spezifischen Wärme der Feuergase angenommen wird.
2. Der Wärmeverlust infolge unvollständiger Verbrennung, welcher dadurch entsteht, dafs Brennstoffteilchen (unverbrannt) durch den Rost fallen und von den aus dem Verbrennungsraum entfernten Herdrückständen (Schlacke, Asche) eingeschlossen werden, ist in der Weise zu ermitteln, dafs das Gewicht der Verbrennungsrückstände nach jedem Versuche bestimmt und aus ihnen eine Durchschnittsprobe behufs Feststellung des Gehaltes an unverbrannten Bestandteilen entnommen wird.
3. Der Wärmeverlust, welcher dadurch entsteht, dafs Asche und Schlacke in heifsem Zustande aus dem Verbrennungsraume beseitigt werden, ist zu vernachlässigen.

D. Wärmeerzeugung durch Umwandelung elektrischer Energie.

Fliefst ein elektrischer Strom durch einen Leiter, so wird infolge des entgegenstehenden Widerstandes ein mehr oder minder grofser Teil der elektrischen Energie in eine gleichwertige Menge Wärme umgesetzt (4170 Volt-Coulomb = 1 W.-E.), und zwar um so mehr, je gröfser der Widerstand ist.

Sofern die Erzeugung der Elektrizität durch Umwandelung von Wärme in Arbeit und von Arbeit in elektrische Energie, d. h. durch Dampferzeugung mittels Brennstoffen und Betrieb der dynamoelektrischen Maschine durch eine Dampfmaschine erfolgt, ist die Verwendung der Stromwärme aufserordentlich unwirtschaftlich, da sie nur etwa 2—2,5 % von derjenigen Wärmemenge beträgt, welche aus dem Brennstoffe entwickelt wurde. 1 kg Steinkohle von 7000 W.-E. Heizwert liefert nur etwa 130 bis 170 W.-E. in der elektrischen Erhitzungsvorrichtung, und hiervon kommt abermals nur ein Teil dem zu erhitzenden Körper zu gute. Nichtsdestoweniger ist die Erzeugung von Wärme auf elektrischem Wege in vielen Fällen derjenigen mittels Verbrennung vorzuziehen, weil mit ihrer Hilfe, ganz abgesehen davon, dafs auch von der Verbrennungswärme vielfach nur wenige Hundertteile nutzbar gemacht werden, Arbeiten verrichtet werden können, die auf anderem Wege unausführbar sind.

Kein anderes Verfahren der Wärmeentwickelung ermöglicht es, auch nur annähernd gleich hohe Temperaturen (bis zu 3500°, in welcher Kohlenstoff verdampft) zu erreichen, beliebig grofse Wärmemengen auf beliebig kleinem Raume zur Wirkung zu bringen und die zu erhitzenden Körper gänzlich vor verunreinigenden oder chemisch einwirkenden Stoffen zu bewahren.

Soll an einer bestimmten Stelle, z. B. innerhalb eines Ofens, elektrisch Wärme erzeugt werden, so ist an derselben ein im Vergleiche zu der sonstigen Leitung sehr bedeutender Widerstand in den Stromkreis einzuschalten. Je nachdem, ob dieser Widerstand durch schlecht leitende feste bezw. flüssige Körper (wie in Glühlampen) oder durch einen lufterfüllten Zwischenraum, den der elektrische Strom unter Bildung eines Lichtbogens überspringt (wie in Bogenlampen) gebildet wird, hat man zu unterscheiden:

1. Wärmeerzeugung mittels schlecht leitender Körper, erzielt durch grofse Stromstärke bei niedriger Spannung;
2. Wärmeerzeugung mit Hilfe des Lichtbogens bei geringer Stromstärke und hoher Spannung.

Die weitere Einteilung und Beispiele für die verschiedenen Fälle s. unter „Wärmeübertragung“.

Zweiter Abschnitt.

Die Wärmeübertragung.

A. Art und Weise der Wärmeübertragung.

Der Übergang der Wärme von einem Körper auf einen anderen kann entweder unmittelbar von Molekül zu Molekül erfolgen, indem der erste in Wärmeschwingungen versetzte den benachbarten, mit ihm in Berührung befindlichen Körper zum Mitschwingen bringt (Wärmeleitung), oder er vollzieht sich auf gröſsere Entfernungen durch leere bezw. mit wärmedurchlässigen Stoffen erfüllte Räume hindurch in ganz derselben Weise wie die Ausbreitung des Lichtes (Wärmestrahlung).

Für die Wärmestrahlung gelten dieselben Gesetze wie für die Strahlung des Lichtes. In dem Raume zwischen dem strahlenden und dem bestrahlten Körper hört die Wärme als solche auf zu bestehen, verwandelt sich in Schwingungen des den Weltenraum erfüllenden Äthers, und diese wandeln sich erst in dem bestrahlten Körper wieder in Wärmeschwingungen um.

Da die Luft nur wenig Wärmestrahlen absorbiert, so erklärt es sich, daſs trotz der ungeheuren Wärmemenge, welche die Sonne der Erde zusendet, doch die von den Strahlen durchdrungene Luft nicht mit erwärmt wird, sondern kalt bleibt, geradeso wie es im Weltenraume finster ist. Daſs die uns umgebende Luft trotzdem warm wird, ist eine Folge der Wärmeleitung, der Berührung der Luft mit der bestrahlten Erdoberfläche.

Die Wärmestrahlen werden von den bestrahlten Körpern sowohl zurückgeworfen, als von wärmedurchlässigen Körpern gebrochen wie Lichtstrahlen, und hinsichtlich der Wirkung der auf einen bestrahlten Körper fallenden Wärmestrahlen hat gleichfalls das für das Licht bekannte Gesetz seine Gültigkeit; sie steht im umgekehrten Verhältnisse zu dem Quadrate der Entfernung von dem strahlenden Körper.

Sehr groſs ist die Menge der von hoch erhitzten festen oder flüssigen Körpern ausgestrahlten Wärme, verhältnismäſsig klein dagegen die von glühenden Gasen (Flammen) ausgesendete. Von R. v. Helmholtz über die Licht- und Wärmestrahlung verbrennender Gase angestellte Untersuchungen haben folgendes ergeben:

Verbrennen Gase in einer Flamme, so ist ihr Strahlungsvermögen, d. h. die Gesamtstrahlung der Flamme, geteilt durch die verbrannte Gasmenge, abhängig von Gröſse und Form der Flamme, vom Mischungsverhältnisse der verbrennenden Gase., von Beimischungen unwirksamer Gase, von Vorwärmung und anderen Temperaturveränderungen der Flamme. Besonders wichtig scheint die Geschwindigkeit der Mischung von Flammengasen mit der Luft zu sein. Leuchtende und nicht leuchtende Flammen verhalten sich sehr verschieden, oft entgegengesetzt; insbesondere nimmt die Strahlung entleuchteter Flammen mit der Vorwärmung der Gase trotz der Temperatursteigerung ab, die der leuchtenden meistens zu.

Die Strahlung verbrennender Gase setzt sich zusammen:

1. aus einer reinen Temperaturstrahlung des erhitzten Gasgemisches, deren Stärke nur von dem Strahlungsvermögen der einzelnen Gase und der Höhe der Temperatur des entstehenden Gemisches abhängt;

2. aus einer unregelmäſsigen chemischen Strahlung, deren Stärke aus der des chemischen Prozesses unmittelbar herstammt;

3. aus der regelmäſsigen Temperaturstrahlung des ausgeschiedenen festen Kohlenstoffes, deren Stärke mit der Menge und Temperatur des letzteren wächst.

Die wirklichen Werte des Strahlungsvermögens verschiedener brennender Gase dürfen deshalb nur bei möglichst ähnlichen Flammenformen verglichen werden. Auf gleiche Raummengen des Brenngases ist:

1. das Strahlungsvermögen der nicht leuchtenden Flamme am kleinsten bei Wasserstoff, dann folgen Kohlenoxyd, Leuchtgas, Methan, Äthylen;

2. das Strahlungsvermögen leuchtender Flammen selbstverständlich gröſser, aber nicht so viel, als man gewöhnlich annimmt. Beide Strahlungen (in einer Flamme von 6 mm Durchmesser verglichen) verhalten sich bei Methan etwa wie 4 : 5, bei Leuchtgas wie 2 : 3, bei Äthylen wie 1 : 2.

Auf gleiche Mengen verbrannter Gase (Verbrennungserzeugnisse) bezogen, sind die Strahlungen bei den verschiedenen Flammen gleich; d. h. 1 l Wasserdampf oder 1 l Kohlendioxyd entwickelt gleich viel Strahlung, aus welchem Brenngase sie auch entstanden seien.

Das relative Strahlungsvermögen, d. i. das Verhältnis der wirklichen Ausstrahlung zu der Verbrennungsenergie, ist am gröſsten bei Kohlenoxyd, nämlich = 8,7 Hundertteile, am kleinsten bei Wasserstoff = 3,6 % und ganz gleich für Leuchtgas, Methan und Äthylen = 5,1 %. Unter den Leuchtflammen steigt dasselbe mit dem Gehalt an Kohlenstoff bis zu 19 % bei Petroleum.

Will man einen möglichst groſsen Teil der Verbrennungswärme durch Strahlung übertragen, so geschieht dies schneller und ausgiebiger (d. h. innerhalb kleinerer Räume), wenn man die Wärme zuerst an feste Körper überträgt. Wenn trotzdem die Heizung „mit freier Flammenentfaltung", welche notwendig mit groſsen Räumen und Flächen arbeiten muſs, sich als vorteilhaft erwiesen hat, so ist dies nicht der Flammenstrahlung, sondern der Ermöglichung vollkommnerer Verbrennung zuzuschreiben; denn dicke Flammen sind für ihre eigenen Strahlen undurchdringlich und entführen mehr Wärme aus dem Heizraum als dünne, die sich an der Umgebung stärker abkühlen können.

Die Ausbreitung der Wärme durch Leitung, welche nur von Molekül zu Molekül stattfindet, geht je nach der Beschaffenheit der Körper mit sehr verschiedener Geschwindigkeit vor sich, so dafs man danach gute (Metalle, Flüssigkeiten) und schlechte Wärmeleiter (Holz, Glas, Stein, Asche, Flugstaub, unbewegliche Luftschichten) unterscheidet.

Die Gesetze, nach welchen die Fortpflanzung der Wärme in den Körpern erfolgt, sind, besonders bei gleichzeitiger Abgabe von Wärme an die umgebende Luft, sehr verwickelt und für schlechte Leiter überhaupt noch nicht genügend bekannt. Soviel ist aber auch ohne besonderen Beweis einleuchtend, dafs die Wärmeleitung um so rascher erfolgen mufs, je gröfser der Temperaturunterschied (das Temperaturgefälle) zwischen der einen und der anderen Seite eines Körpers (z. B. einer Gefäfswand) oder zwischen zwei einander berührenden Körpern (heifse Feuergase und zu erhitzendes Metall oder glühende Steine und kalte Luft) ist, und je bessere Leiter die betr. Körper sind.

Die Geschwindigkeit der Wärmeabgabe eines heifsen Körpers wächst nach Dulong und Petit sogar rascher als die Temperatur selbst, und zwar nach dem Ausdrucke $kt^{1,232}$, worin k eine von der physikalischen Beschaffenheit des Körpers abhängige Zahl und t das Temperaturgefälle bedeutet. Jede Steigerung der Verbrennungstemperatur begünstigt somit die Wärmeausnutzung.

Es ist deshalb viel leichter, eine gewisse Wärmemenge von 800 bis 900° heifsen Feuergasen auf den Inhalt eines Dampfkessels zu übertragen, welcher nicht über 160° warm wird, als auf die Steinfüllung eines Wärmespeichers, deren Temperatur sich zwischen 500 und 800° bewegt.

Dafs die Wärmeübertragung um so vollständiger sein wird, je länger der wärmeabgebende und der wärmeaufnehmende Körper einander berühren, dafs die Zeit der Berührung um so gröfser ist, je langsamer die heifsen Gase den Heizraum durchströmen, und dafs endlich deren Geschwindigkeit desto kleiner wird, je weniger Verbrennungsgase aus der Einheit Brennstoff entstehen, d. h. mit je geringerem Luftüberschusse man verbrennt, das ergiebt sich durch einfache Schlufsfolgerung. Die übertragene Wärmemenge steht jedoch nicht immer in geradem einfachen Verhältnisse zur Zeit, was nur der Fall sein kann, wenn das Temperaturgefälle gleich bleibt, sondern ist infolge Abnahme dieses meist geringer.

Neben der Zeit spielt die Berührungsfläche eine wesentliche Rolle. Der eine der beiden in Wechselwirkung tretenden Körper pflegt ein Gas zu sein, meist der wärmeabgebende (heifse Feuergase), seltener der zu erhitzende (Heizgas, Verbrennungsluft, Wind), und ist als solches zu beliebiger Verteilung im Raume befähigt. Der andere ist fest oder flüssig und bietet dem Gase entweder nur eine Seite, die Oberfläche, dar, über welche hin der Gasstrom sich bewegt (das Metallbad im Herdschmelzofen), oder er wird allseitig von den Gasen bespült bezw. durchdrungen (die Beschickung der Hochöfen, Einsätze der Bessemerbirnen), und das ist natürlich günstiger, für die Wärmeausnutzung förderlicher. Je dünner die das Flüssigkeitsbad durchdringenden Luftstrahlen sind, je kleinstückiger und je unregelmäfsiger gestaltet der feste Ofeninhalt ist u. s. w., desto gröfsere Oberfläche bietet sich zur Wärmeaufnahme dar; selbstverständlich dürfen die Stücke nicht so klein werden, dafs der Durchgang des Gasstromes erschwert oder gar verhindert wird.

Als weitere die Wärmeübertragung beeinflussende Gröfsen sind das Wärmeleitungsvermögen der wärmeaufnehmenden und die spezifische Wärme dieser sowohl als der wärmeabgebenden anzuführen. Je besser der zu erhitzende Körper die Wärme leitet, desto rascher verbreitet sich diese von der Oberfläche, wo allein die Aufnahme stattfindet, über die ganze Stoffmenge, desto gröfser dürfen, für gleiche in der Zeiteinheit aufzunehmende Wärmemengen, die Stücke sein, und je geringer die Leitungsfähigkeit ist, desto gröfsere Heizfläche müssen die Körper darbieten.

Besitzen die Körper hohe specifische Wärme, so geht die Temperatur-Zu- oder Abnahme langsam vor sich, weil der ihnen innewohnende Wärmevorrat bezw. der Wärmebedarf grofs ist. Soll den Feuergasen möglichst viel Wärme entzogen und ihre Temperatur möglichst weit erniedrigt werden, so geschieht dies am wirksamsten mit Körpern von hoher specifischer Wärme, z. B. mit den feuerfesten Steinen der Wärmespeicher.

Befindet sich der wärmeaufnehmende Körper während der Erhitzung in Bewegung, so unterscheidet man, je nach seiner Bewegungsrichtung gegenüber dem Strome der Feuergase, Parallelstromheizung und Gegenstromheizung. Fast allgemein herrscht die Ansicht, dafs letztere unter allen Umständen besser sei als erstere. Das ist jedoch nur hinsichtlich der zu erreichenden Temperatur der Fall, nicht aber bezüglich der Schnelligkeit der Erwärmung und der Ausnutzung der Wärme.

Ein Körper bedarf, um auf eine bestimmte Temperatur erhitzt zu werden, um so weniger Wärme, je weiter er bereits vorgewärmt ist. Zur Vorwärmung kann man aber die Abhitze benutzen, d. i. die Wärme, welche von den Feuergasen fortgetragen wird durch den Schornstein. Dieser Verlust wird um so kleiner, je weiter man die Gase abkühlt, ehe sie in den Schornsteinkanal treten, und das geschieht, wenn man sie vorher der Wirkung eines möglichst kalten, zu erwärmenden Körpers aussetzt.

Da diese Abkühlung bei beiden Heizungsarten in derselben Weise möglich ist, so stehen sie sich in der Wärmeausnutzung gleich. Bei Gegenstromheizung rückt der vorgewärmte Körper dem heifsen Gasstrom entgegen und kann bis ans Ende seines Weges immer von neuem Wärme aufnehmen, allerdings bei jedem Schritte nur wenig, da das Temperaturgefälle nie so grofs ist als bei Parallelstromheizung, wo der kalte Körper an die heifseste Stelle des Gasstromes gebracht wird. Hier erfolgt die Erhitzung infolgedessen sehr rasch, bei Gegenstromheizung aber langsam oder gleich rasch nur mittels viel gröfserer Heizfläche. Der die Abhitze ausnutzende Körper mufs bei Parallelstromheizung natürlich ein anderer sein, als der zu erhitzende; dieser steht zuerst mit den heifsesten Gasen, weiterhin mit bereits abgekühlten in Berührung, woraus folgt, dafs seine Temperatur nicht höher steigen kann, als die ist, welche die Gase an der letzten Berührungsstelle noch besitzen, und welche der Mischungstemperatur höchstens gleich kommt; bei noch längerem Verweilen im Gasstrome wird sogar wieder Abkühlung eintreten. Die Gegenstromheizung gestattet dagegen die Erhitzung auf Temperaturen, die der jeweiligen Verbrennungstemperatur nahe kommen. Im Hüttenwesen und in anderen Gewerben, wo mit hohen Temperaturen gearbeitet werden mufs, wird deshalb die Gegenstromheizung fast ausnahmslos den Vorzug verdienen.

Zu den wärmeaufnehmenden und die Wärme weiter leitenden Körpern gehören neben den zu erhitzenden auch die Ofenwände. Sie werden auf der Innenseite erwärmt, lassen einen Teil der aufgenommenen Wärme von Molekül zu Molekül hindurchgehen und geben ihn auf der Aufsenseite teils durch Leitung an die Luft, teils durch Strahlung wieder ab, so dafs also nach Erreichung des Beharrungszustandes ein ununterbrochener Wärmestrom die Wand durchfliefst, dessen Stärke von der Leitungsfähigkeit des Baustoffes, der Dicke der Wand, dem Temperaturgefälle und dem Strahlungsvermögen der Aufsenfläche abhängt. Die Gesetze der Wärmedurchlässigkeit von Ofenwänden sind sehr verwickelt und bei weitem noch nicht genügend erforscht, so dafs die unmittelbare Bestimmung des darauf beruhenden Wärmeverlustes bisher kaum möglich ist und man sich begnügen mufs, auf Umwegen Näherungswerte zu erlangen. So viel ist jedoch erwiesen, dafs mit der wachsenden Wanddicke der Wärmeverlust zunächst abnimmt, aber nicht so rasch, als jene wächst; so erreicht man sehr bald eine Wandstärke, von der an der Wärmeverlust unveränderlich bleibt.

Je dicker die Ofenwand ist, und je langsamer infolgedessen der Wärmeabflufs erfolgt, desto mehr nähert sich die Temperatur der inneren Wandfläche der im Ofen herrschenden, desto mehr wird das Baumaterial dem Wegschmelzen unterliegen. Man zieht deshalb häufig dünne, aber wegen der stärkeren Abkühlung haltbarere Wände den dicken vor (neuere Hochöfen z. B. haben nicht mehr die früher für notwendig erachteten dicken Rauhgemäuer); ja man geht so weit, manchen Öfen mit Wasser gekühlte Metallwände zu geben.

Dafs die Wärmeverluste auch mit der Gröfse der Wandfläche wachsen, ist einleuchtend; dies läfst den kreisförmigen Querschnitt, als den mit dem geringsten Umfange bei gleicher Fläche, für den vorteilhaftesten erscheinen.

B. Die Öfen.

Die Vorrichtungen, in denen Wärme entwickelt und durch Übertragung auf andere Körper nutzbar gemacht wird, nennen wir Öfen.

In den weitaus meisten Öfen findet die Entwickelung der Wärme aus einem Brennstoffe statt, den nur in wenigen Fällen der zu erhitzende Körper selbst enthält, wie in den Koks-, Bessemer- und Kiesröstöfen; z. Z. noch wenig verbreitet sind die elektrischen Öfen.

Die Wärme kann nun von den Verbrennungserzeugnissen entweder durch Berührung unmittelbar auf den Wärmeempfänger übertragen (direkt wirkende Öfen) oder zunächst von einem zweiten Körper aufgenommen und von diesem an ersteren abgegeben werden (indirekt wirkende Öfen). Beide Gruppen lassen sich von einem gemeinsamen Gesichtspunkt aus weiter einteilen, nämlich mit Rücksicht darauf, ob Entwickelung und Übertragung der Wärme in einem und demselben Raume oder in zwei bezw. mehreren getrennten Räumen stattfindet, und danach bezeichnen wir sie als einräumige und zweiräumige Öfen.

In den einräumigen direkt wirkenden Öfen sind teils Wärmeentwickeler und Wärmeempfänger miteinander gemischt, und das ist der Fall in Schachtöfen und Feuern, teils verbrennt der in der Regel eine Flamme bildende Brennstoff in einer besonderen, aber doch mit dem Erhitzungsraume ein Ganzes bildenden Feuerung, bei Gasfeuerung in diesem selbst, und dann wird der Wärmeempfänger nur von den Feuergasen umspült. Solche Öfen heifsen Flammöfen. Zweiräumige direkt wirkende Öfen sind nicht denkbar.

Unter den indirekt wirkenden Öfen besitzen die meisten einräumigen die Besonderheit, dafs Wärmeentwickeler und Wärmeempfänger nie gleichzeitig, sondern nur nacheinander im Ofenraume verweilen können. Als Wärmeüberträger dienen dann die Wände oder eine besondere mit Zwischenräumen aufgebaute Füllung des Erhitzungsraumes.

Zweiräumige indirekt wirkende Öfen kommen besonders dort zur Verwendung, wo chemische Einflüsse auf den Wärmeempfänger seitens des Brennstoffes oder der Feuergase vermieden werden müssen; jener wird von diesen durch Wände getrennt, die geschlossene Räume (Gefäfse) bilden, woher diese Ofengattung den Namen Gefäfsöfen erhalten hat.

Die Einteilung in Schachtöfen, Feuer- und Flammöfen gründet sich vorwiegend auf die Gestalt.

Die elektrischen Öfen zerfallen nach Art der Wärmeentwickelung in solche mit Widerstands- und mit Lichtbogenerhitzung.

Auf Grund vorstehender Erörterungen läfst sich folgender Stammbaum über die Ofenarten aufstellen. (Siehe Seite 149.)

Die Schachtöfen haben senkrechte Hauptachse und meist wesentlich gröfsere Höhe als Breite oder Tiefe. Keinesfalls ist der Aufrifs des Innenraums kleiner als der gröfste Grundrifs.

Öfen:

- Wärmeentwickelung aus Brennstoffen
  - direkt wirkende
    - einräumige
      - Schachtöfen (Hoch- u. Kupolöfen, Bessemerbirnen, Kiesröstöfen)
      - Feuer (Schmiede-, Schweifs- u. Frischfeuer)
      - Flammöfen (Puddel- u. Schweifsöfen, Treib-, Saiger-, Raffinierherde)
    - zweiräumige
      - —
  - indirekt wirkende
    - einräumige
      - Flammöfen (Backöfen, Bienenkorb-Koksöfen, Wärmespeicher, steinerne Winderhitzer)
    - zweiräumige
      - Gefäfsöfen
        - Schachtöfen (Tiegelöfen)
        - Flammöfen (Retortenöfen, Tiegelöfen, eiserne Winderhitzer, Dampf- und Zinkentsilberungskessel)
- Wärmeentwickelung aus Elektrizität
  - Widerstandserhitzung
    - Widerstand ist der Wärmeempfänger,
    - Wärmeempfänger in Berührung mit dem erhitzten Widerstande.
  - Lichtbogenerhitzung
    - der Wärmeempfänger bildet beide Pole des Bogens.
    - der Wärmeempfänger befindet sich in einem durch Lichtbogen erhitzten Raume.

Bei Verwendung fester Brennstoffe werden diese mit den zu erhitzenden Körpern gemeinschaftlich in die obere Mündung des Ofens, die Gicht, eingetragen und rücken allmählich durch den je nach der Bestimmung des Ofens verschieden gestalteten Schacht in die untersten Zonen vor, wo die Verbrennung erfolgt. Die erforderliche Luft wird dort durch Roste oder seitliche Öffnungen dem Ofen zugeführt. Nur in wenigen Fällen genügt der natürliche Zug (der Ofenschacht dient dann meist selbst als Schornstein); in der Regel ist die Anwendung von Gebläsen erforderlich. Gasförmige Brennstoffe läfst man ebenfalls unten eintreten.

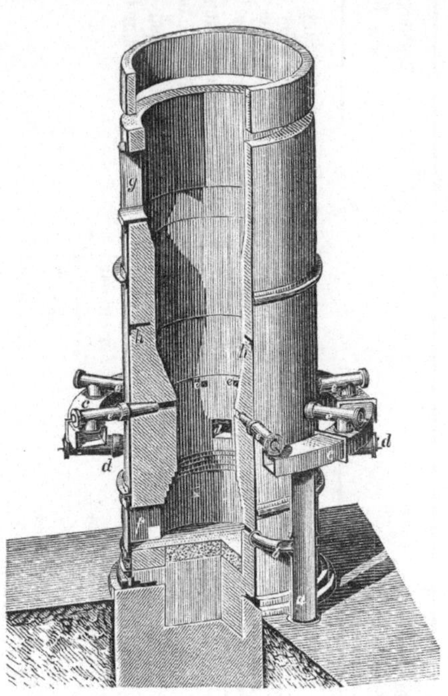

Fig. 111.

Die Verbrennungserzeugnisse bewegen sich durch die Zwischenräume des Ofeninhaltes nach oben, geben unterwegs ihre Wärme an die niedersinkenden Massen ab und wirken unter Umständen gleichzeitig chemisch auf dieselben ein. Durch die Anwendung des Gegenstromes wird der Brennstoff so vorzüglich ausgenutzt wie kaum in einem anderen Ofen.

Wegen der erforderlichen Durchlässigkeit der Füllung für den Gasstrom können ausschliefslich nichtbackende Brennstoffe zur Verwendung gelangen.

Mit Rücksicht auf die Abwärtsbewegung der starren Massen wäre die cylindrische Form (wegen der kleinsten Oberfläche verursacht sie die geringste Reibung und die geringsten Wärmeverluste durch Ausstrahlung) die geeignetste für den Ofenschacht. Mancherlei Gründe verlangen aber häufig Abweichungen davon; so wird z. B. das Gestell, der unterste Teil des Ofenraumes, stark verengt, wenn es darauf ankommt, in ihm den höchsten Hitzegrad zu erreichen, was nur durch Eindringen der Luftströme bis zur Ofenachse und besonders rasche Abführung der Verbrennungsgase möglich wird Zwischen das enge Gestell und den weiten Schacht ist dann ein vermittelndes Glied, die Rast, einzuschalten. Diese Teile finden wir aber nur in Schachtöfen, welche zum Schmelzen von Metallen dienen, wogegen Öfen zum Erhitzen starr bleibender Körper sich nach unten nicht verengen, zuweilen sogar erweitern.

Die geschmolzenen Massen sammeln sich in dem unter der heifsesten Zone, der Schmelzzone, gelegenen Teile des Gestelles, dem Herd, und trennen sich nach dem Volumen-Gewicht; das Entleeren erfolgt durch Öffnen eines an der tiefsten Stelle einmündenden Kanales, des Stichloches.

Fig. 112.

Nur bei beweglichen Öfen (Bessemerbirne, Piatofen) findet ein Ausgiefsen des Inhaltes durch die obere Mündung statt. Nicht schmelzende Stoffe, wie geröstete Erze, gebrannter Kalk u. s. w., werden durch Ausziehen aus dem Ofen entfernt.

Nach der Lage des Herdes gegenüber dem anderen Ofenraume teilen wir die Schmelzschachtöfen in weitere drei Gruppen. Bei den Tiegelöfen (Fig. 111) liegt der Herd ganz innerhalb des Ofenprofiles, bei den Sumpföfen (Fig. 112) teils innerhalb, teils aufserhalb desselben, erstreckt sich also an einer Seite unter dem Mauerwerke des Obergestelles hinweg und wird dadurch von aufsen zugänglich. Bei der dritten Art endlich (Fig. 113) liegt der Herd ganz aufserhalb des Ofens und ist nur durch eine kleine Öffnung, die Spur oder das Auge, mit dem Ofeninnern verbunden; sie werden danach Spuröfen genannt.

Der Wirkungsgrad, das ist das Verhältnis zwischen der Verbrennungswärme des Brennstoffes und der nutzbar gemachten Wärme, ist bei direkt wirkenden Schachtöfen anderen Öfen gegenüber hoch, da die unmittelbare und lange andauernde Berührung zwischen Verbrennungserzeugnis und Wärmeempfänger, sowie die Anwendung des Gegenstromes die Ausnutzung der Wärme in hohem Grade begünstigen; er beträgt 0,3—0,5.

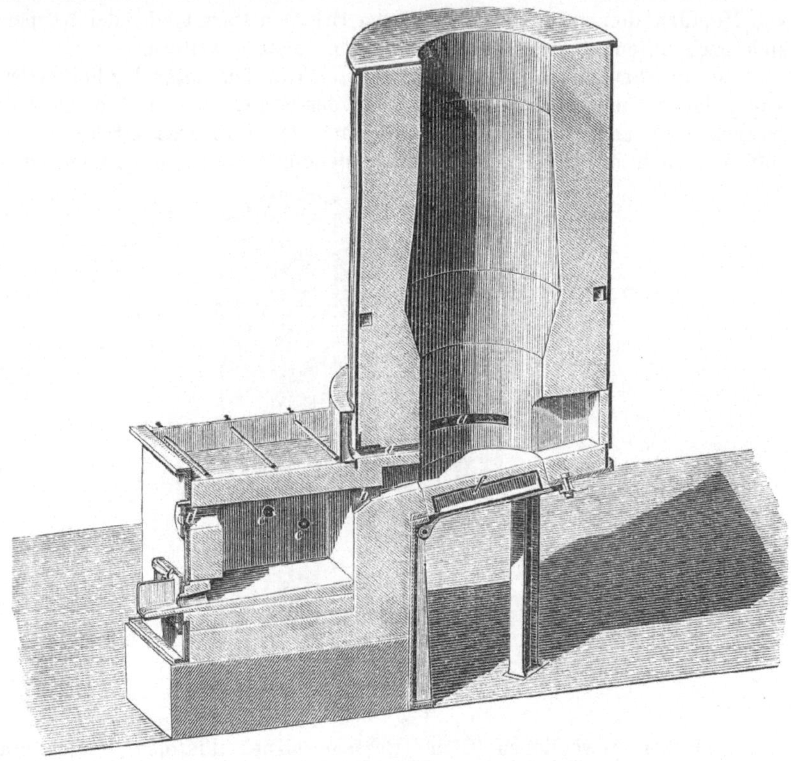

Fig. 113.

Indirekt wirkende Schachtöfen dienen zum Schmelzen in Tiegeln, zur Reduction von Zinkoxyd und zur Leuchtgaserzeugung in Retorten u. s. w. In Tiegelöfen stehen die Gefäse in der Mitte des Schachtes auf einem Untersatz und sind rings von dem oben eingeschütteten Brennstoff umgeben. Die Luftzufuhr findet durch den Rost am Boden oder durch unten seitlich gelegene Windformen statt. Die Höhe der Öfen pflegt nur so grofs zu sein, dafs die Gefäfse auch von oben erwärmt werden; infolgedessen entführen die Verbrennungsgase einen sehr bedeutenden Teil der Wärme in den Schornstein, und der Wirkungsgrad erreicht, zumal die Oberfläche des zu erhitzenden Gefäſses gegenüber der Oberfläche des Ofens klein ist, nur den sehr geringen Betrag von 0,03—0,05. In Retortenöfen liegen die röhrenförmigen Gefäſse wagerecht oder geneigt in einem freien Raume, durch welchen die Feuergase streichen.

Auch wenn Wärmeentwickeler und Wärmeempfänger ein und derselbe Stoff ist, findet die Ausnutzung der Wärme nur in sehr mangelhafter Weise statt.

Herde oder Feuer haben zwar ebenfalls senkrechte Hauptachse und Bewegungsrichtung der Verbrennungsgase, aber ihre Höhe ist so gering, daſs die Wirkung des Gegenstromes nicht zur Geltung gelangt. Ihre Form ist die einer oben offenen Grube oder eines Kastens *a* (Fig. 114), denen der Wind von unten bei *b* oder durch eine über die Seitenwand nach abwärts geneigte Düse zugeführt wird. Man verwendet sie sowohl zum Glühen, wie zum Schmelzen, aber nur dann, wenn jedesmal sehr

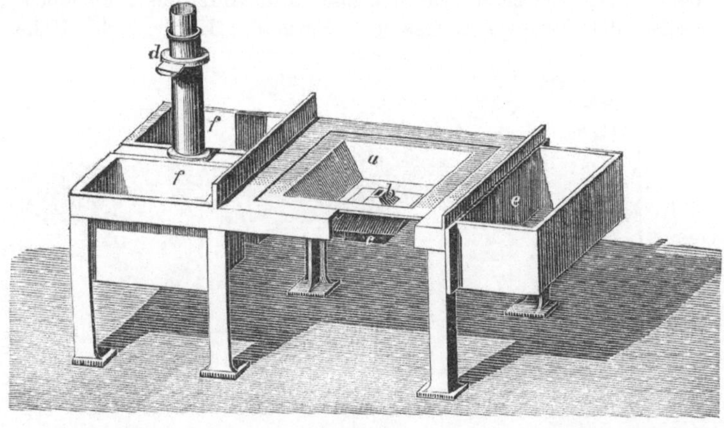

Fig. 114.

kleine Stoffmengen in Arbeit genommen werden, für welche sich gröſsere und zweckmäſsiger eingerichtete Öfen nicht eignen. Der zu erhitzende Körper und der Brennstoff befinden sich in unmittelbarer Berührung; trotzdem ist (wegen der groſsen wärmeausstrahlenden Oberfläche und der geringen Höhe) der Wirkungsgrad noch niedriger als der der Gefäſsschachtöfen; er erreicht bei einem offenen Feuer, z. B. bei einem gewöhnlichen Schmiedefeuer, nur 0,03, bei einem oben geschlossenen höchstens 0,07.

Die Flammöfen haben ihren Namen von der ausschlieſslichen Verwendung flammender Brennstoffe. Sie bestehen oft aus zwei, wenn auch zusammenhängenden Räumen, von welchen der eine lediglich zur Wärmeerzeugung dient und Feuerung genannt wird, während die Wärmeübertragung in dem zweiten, dem Arbeitsraum oder Herde, stattfindet. Der Brennstoff kann sowohl fest, als gasförmig sein.

Direkt wirkende Flammöfen werden auch Herdflammöfen genannt; sie haben meist erheblich gröſseren Grund- als Aufriſs und bilden einen wagerechten oder geneigten, geraden oder gekrümmten Kanal, welchen die Verbrennungserzeugnisse von der Feuerung nach dem Schornsteine durchziehen, um unterwegs einen Teil ihrer Wärme an die unmittelbar hinter der Verbrennungsstelle befindlichen Wärmeempfänger abzugeben. Die Gegenstromheizung kommt nur in einzelnen Fällen, z. B. im Ringofen, zur Anwendung. Die Folge ist, daſs die Gase sehr viel Wärme entführen, die nur z. T. für andere Zwecke (Kesselheizung) oder zur Vorwärmung von Heizgasen und Verbrennungsluft verwertet werden kann.

Die Feuerung *a* (Fig. 115) wird durch die Feuerbrücke *b* von dem Herde *c*, welcher zum Schmelzen vertieft, zum Glühen eben zu sein pflegt, geschieden. An der anderen Seite schlieſst zuweilen eine Fuchsbrücke den Arbeitsraum von dem engen Gaskanale, dem Fuchs *e*, ab. Die Verbindung zwischen Feuerung und Herd bildet das Flammloch *f*. — Die Gröſse des Rostes, Gröſse und Form des Herdes, die Höhe der

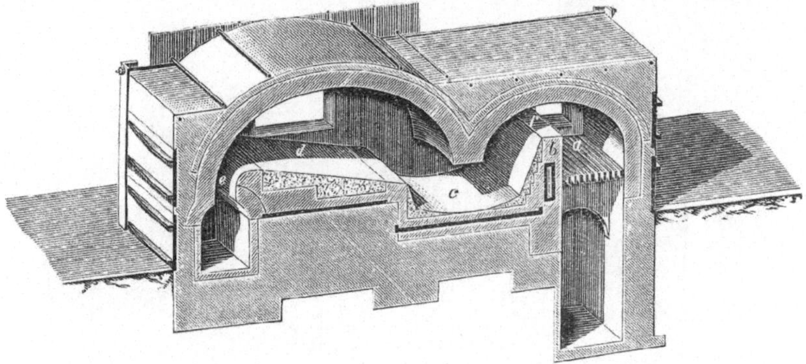

Fig. 115.

Feuerbrücke über Rost und Herd, die Neigung des Gewölbes, die Weite und Lage des Fuchses und andere Maſse wechseln stark, je nach den Zwecken, welchen die Öfen dienen. In allen Fällen soll sich aber der Querschnitt des Ofenraumes vom Flammloche nach dem Fuchse hin vermindern, damit die Gase mit der Abkühlung gröſsere Geschwindigkeit annehmen, um die Temperatur auf allen Teilen des Herdes möglichst gleich hoch zu erhalten. Die Zufuhr der Verbrennungsluft erfolgt meist durch Zug; nur wo das damit verbundene Einsaugen von Luft in den Arbeitsraum schädlich wirkt, pflegt man Gebläse anzuwenden.

Die Gefäſsflammöfen haben vielfach andere Gestalt; besonders häufig erstrecken sich dieselben mehr nach der Höhe zu, auch kommt bei ihnen öfter die Gegenstromheizung zur Anwendung, z. B. bei den eisernen Winderhitzern, deren einer in Fig. 116 abgebildet ist. Je nach dem Zwecke treten an Stelle der Röhren Tiegel, Retorten, Dampfkessel und andere Gefäſse.

Die steinernen Winderhitzer, in denen die Verbrennungsgase gleichfalls einen gekrümmten, häufig sogar schlangenförmigen Weg nehmen, müssen auch zu den Flammöfen gerechnet werden.

Der Wirkungsgrad der Herdflammöfen kann, da die Gase den Arbeitsraum sehr heifs verlassen und die wärmeausstrahlende Oberfläche sehr grofs ist, nur gering sein; er beträgt bei direkter Feuerung

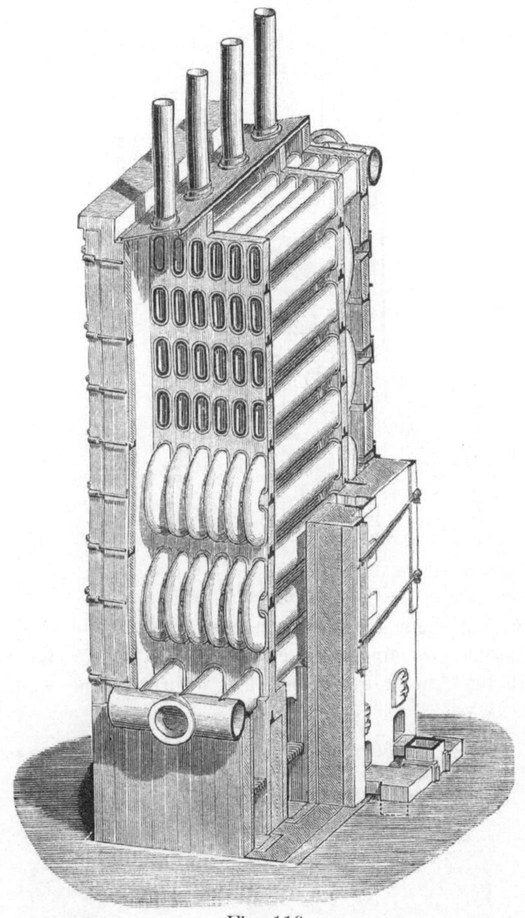

Fig. 116.

0,08—0,10 und steigt bei Benutzung der Abhitze zum Vorwärmen von Heizgas und Luft auf 0,14—0,18. In Gefäfsflammöfen sinkt der Wirkungsgrad, wenn sehr schlechtleitendes Gefäfsmaterial verwendet wird, z. B. Schmelztiegel, auf 0,04—0,02.

Unter den elektrischen Öfen sind diejenigen mit Widerstandserhitzung, obwohl sie erst wenig länger als ein Jahrzehnt im Hüttengewerbe Verwendung finden, weitaus die wichtigsten und am häufigsten angewendeten. Innerhalb derselben kann der zu erhitzende Körper entweder selbst als Widerstand in den Stromkreis eingeschaltet sein, wie es in den Öfen von Cowles, Héroult, Borchers und anderen der Fall ist, oder der Wärmeempfänger befindet sich in Berührung mit einem elektrisch erhitzten Widerstande, wie in einem anderen Ofen von Borchers und in Nachbildungen desselben von Acheson u. a. m.

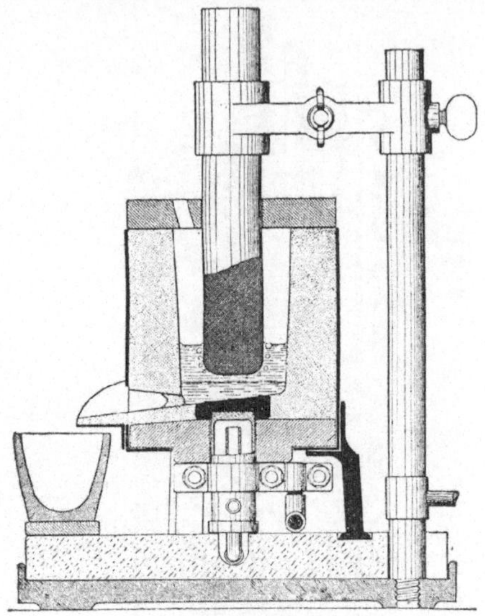

Fig. 117.

Der Ofen mit dem Elektrolyten als Widerstand von Borchers (Fig. 117) besteht aus einem tiegelförmigen Raum, in den von oben her ein Kohlenstab als Anode eingeführt ist, während eine kühlbare eiserne

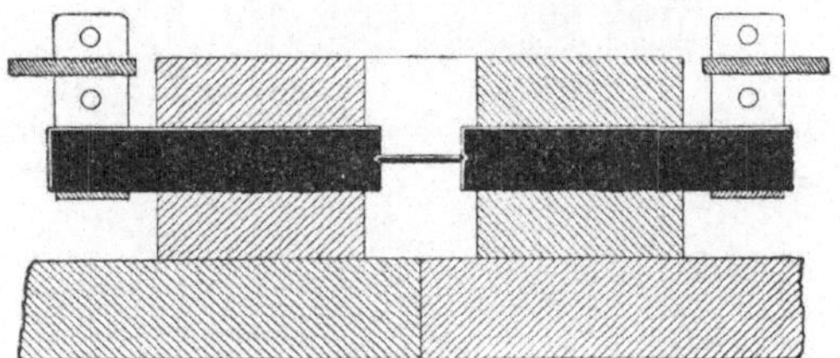

Fig. 118.

Bodenplatte die Kathode bildet. Der Raum zwischen beiden ist von dem zu verarbeitenden Stoff erfüllt.

Die zweite Ofenart wird durch Fig. 118 dargestellt. Zwischen die aus zwei dicken Kohlenstäben gebildeten Pole einer Leitung ist innerhalb einer aus feuerfesten Steinen hergestellten Heizkammer ein dünner

Kohlenstab eingespannt. Um den letzteren herum packt man die Beschickung, die von innen her durch das sich stark erhitzende Stäbchen erwärmt wird.

Wird die Wärme durch den elektrischen Lichtbogen erzeugt, so kann der zu erhitzende Körper einen bezw. beide Pole desselben bilden, oder er befindet sich in einem durch den Lichtbogen erhitzten Raum, und als Pole dienen Kohlenstäbe. Der Lichtbogen läſst sich dann noch mit Hilfe eines Elektromagneten aus der geraden Richtung ablenken.

Einen kleinen, zu Versuchszwecken bestimmten Ofen der ersten Art von der deutschen Gold- und Silberscheideanstalt vorm. Röſsler zeigt Abbildung 119. Der Kohlentiegel bildet zunächst einen Pol, der von oben hineingesenkte Kohlenstab den andern; durch den Trichter

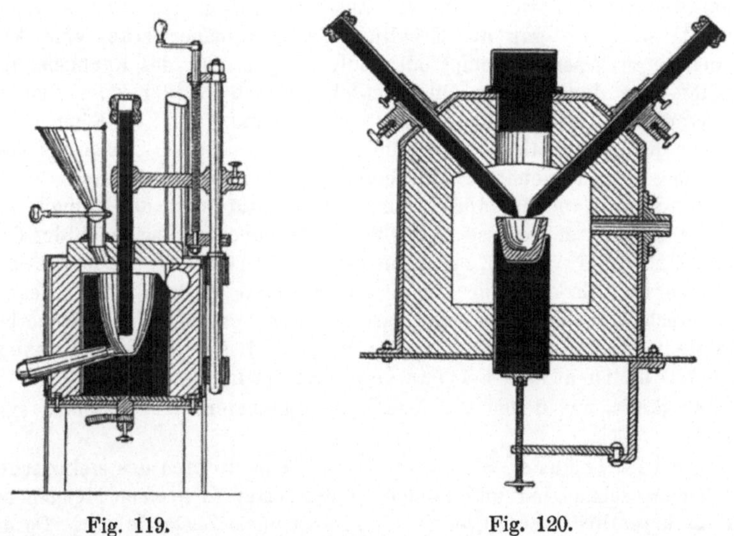

Fig. 119. Fig. 120.

trägt man die nicht leitende Beschickung ein. Nähert man das Ende des Kohlenstabes dem Tiegelboden, so bildet sich der Lichtbogen, welcher die umgebende Beschickung schmilzt, und von diesem Augenblicke an, wo die flüssige Masse den Boden bedeckt, bildet sie selbst den Pol.

Für die andere Art diene der Ofen von Lejeune und Ducretet (Fig. 120) als Beispiel. Der Schmelztiegel steht in einem gröſseren Heizraume, in welchem man durch einen seitlichen Rohrstutzen Gase treten lassen kann; er enthält das Schmelzgut. Der Lichtbogen bildet sich zwischen den in schräger Richtung eingeführten Elektroden und wird durch einen in die Nähe des Tiegels auf den Arbeitstisch gelegten Elektromagneten in die Tiegelhöhlung hineingezogen werden.

C. Die feuerfesten Baustoffe.

Jeder Ofen besteht, als Bauwerk betrachtet, aus zwei voneinander unabhängigen Teilen, von denen der eine, das Kernmauerwerk, den Ofenraum unmittelbar umgiebt und somit den eigentlichen Ofen bildet, während der andere, das Rauhgemäuer, den ersteren umhüllt, ihm Standfestigkeit verleiht und die Wärmeausstrahlung vermindert.

Das Kernmauerwerk wird also sowohl an der Erhitzung der Wärmeempfänger teilnehmen, als auch denselben chemischen Einflüssen ausgesetzt sein. Beiden Einwirkungen müssen die Baustoffe längere Zeit widerstehen, wenn der Ofen zur Durchführung des fraglichen Prozesses geeignet sein soll.

An das Rauhgemäuer werden so weitgehende Anforderungen nicht gestellt; es soll vornehmlich die Haltbarkeit des Ofeneinbaues gewährleisten, weshalb da, wo es auf das Zusammenhalten der Wärme wenig ankommt, oder wo gar die Erhaltung des Kernmauerwerkes eine Abkühlung durch Wasser, Dampf oder Luft nötig macht, das Rauhgemäuer wegfallen und durch einen Blechmantel, eiserne Bänder oder Platten (die Armierung des Ofens) ersetzt werden kann. Ja, es können bei gehöriger Kühlung selbst Metallwände die unmittelbare Umfassung des Ofenraumes bilden (neuere Bleihochöfen, Gmelins Kupolofen).

Die Stoffe, welche durch hohe Temperatur und die chemischen Einflüsse der Hüttenprozesse weder ihrer Zusammensetzung, noch der Gestalt nach verändert werden, bezeichnen wir als feuerfest. Da nun sowohl die Hitzegrade, als auch die chemischen Einflüsse je nach den Prozessen sehr verschieden sind, so folgt daraus, dafs der Begriff der Feuerbeständigkeit ebenfalls wechseln mufs: ein und derselbe Baustoff kann nicht in allen Fällen feuerbeständig sein.

Die Stoffe, aus denen die feuerfesten Baumaterialien bestehen, sind folgende:

1. Kieselsäure. Sie ist nur in den Temperaturen des elektrischen Lichtbogens schmelzbar und kommt in der Natur in grofsen Mengen sowohl in krystallisiertem (Quarz), als in amorphem Zustande vor. Da die meisten dieser Mineralien in der Hitze zerspringen, wegen ihrer Härte sich auch kaum bearbeiten lassen, so werden sie zerkleinert als Rohstoff für künstliche feuerfeste Steine benutzt.

2. Thonerde. Sie ist ebenso schwer schmelzbar und zudem noch weniger geneigt, mit Basen chemische Verbindungen einzugehen, als Kieselsäure, kann aber ihres seltenen Vorkommens wegen (als Beauxit, ein Eisenoxyd-Thonerdehydrat) nur ausnahmsweise Anwendung finden.

3. Kalk und Magnesia. Beide Erden sind fast unschmelzbar und können da, wo nicht die Einwirkung von Säuren zu fürchten ist, oder wo durch sie eine gewisse chemische Wirkung selbst auf Kosten der Haltbarkeit des Mauerwerkes erzielt werden soll, mit grofsem Vorteile verwendet werden. Sie kommen nicht frei in der Natur vor, sondern werden stets durch Brennen aus ihren Carbonaten hergestellt.

4. Eisenoxyd und Eisenoxyduloxyd erweichen zwar in minder hohen Temperaturen, werden aber zur Auskleidung solcher Öfen verwendet, in denen andere Stoffe der kräftigen Einwirkung eisenhaltiger Schlacken nicht standhalten würden.

5. Thon. Mit diesem Namen bezeichnet man wasserhaltige Thonerdesilikate von wechselnder Zusammensetzung, die durch Alkalien, Erdalkalien, Eisenoxydhydrat, Quarzsand und Bruchstücke anderer Mineralien mehr oder weniger verunreinigt sind. Reines Thonerdesilikat ist aufserordentlich schwer schmelzbar, verunreinigtes daher um so strengflüssiger, je höheren Thonerdegehalt es hat. Bei einer Vermischung mit 10 % fremder Körper kann ein Thon nicht mehr zu den feuerfesten gerechnet werden.

Für die Beurteilung der Thone darf man sich jedoch nicht allein nach der chemischen Zusammensetzung richten, sondern mufs auch die mechanische in Rücksicht ziehen und beachten, wieviel Kieselsäure in gebundenem und wieviel in freiem Zustande, sowie in welcher Menge noch unzersetztes Muttergestein vorhanden ist. Die sicherste Auskunft über die Güte eines Thones giebt der unmittelbare Vergleich desselben mit anderen, ihren Eigenschaften nach hinreichend bekannten Sorten im Feuer bezw. unter den Verhältnissen, unter denen er später Verwendung finden soll.

Die nachstehenden sieben Thonarten bilden eine Reihe vom ausgezeichnetsten Materiale bis herab zu einer Sorte, die unter günstigen Umständen eben noch als feuerfest gelten kann.

Thonsorte	Al_2O_3	SiO_2 gebundene	SiO_2 freie	SiO_2 Summe	K_2O, Na_2O, MgO, CaO Fe_2O_3	Glühverlust
1. Reinster Thon von Saarau, Niederschlesien	36,30	38,94	4,90	43,84	1,26	17,78
2. Geschlämmter Kaolin von Zettlitz in Böhmen	38,54	40,53	5,15	45,68	2,02	13,00
3. Bester Thon von Andenne in Belgien	34,78	39,69	9,95	49,64	3,30	12,00
4. Thon von Mühlheim bei Koblenz .	36,00	41,00	6,74	47,74	4,35	11,81
5. Thon von Grünstadt in der Pfalz .	35,05	39,32	8,01	47,33	6,75	10,51
6. Thon von Oberkaufungen bei Kassel	27,97	33,59	24,40	57,99	4,05	9,43
7. Thon von Niederpleis a. d. Sieg . .	28,05	30,71	27,61	58,32	4,75	8,66

Feuchtet man Thon mit Wasser an, so wird er bildsam; durch Trocknen und Brennen verliert er das beigemengte und das Hydratwasser, erhärtet, zerklüftet und schwindet. Diese Eigenschaften zeigen fette Thone, das sind solche, die wesentlich aus Thonerdesilikat bestehen, in viel höherem Grade als magere, denen viel Kieselsäure beigemengt ist.

Man kann also durch Beimischung sogenannter Magerungsmittel, d. h. solcher Stoffe, die selbst nicht schwinden, das starke Schwinden und das Reifsen aus Thon hergestellter Körper verhindern. Als Magerungsmittel dient sehr häufig der gebrannte Thon, Schamott genannt, der mit dem Hydratwasser auch Bildsamkeit und Schwindungsvermögen verloren hat.

6. Kohlenstoff. Er findet als Grafit und als Koks zur Herstellung von Steinen und von Schmelztiegeln Anwendung.

7. In elektrischen Schmelzöfen ist das Schmelzgut selbst als feuerfester Körper zu verwenden; denn weil die Wärmewirkung des Stromes sich nur über einen engen Raum erstreckt, so wird aller aufserhalb dieses gelegene Rohstoff die Einwirkung der Wärme auf die Umgebung verhindern.

Die oben unter 1 bis 6 genannten Stoffe können nicht jeder für sich zum Ausbau der Öfen benutzt werden, da sie zerspringen, reifsen, zu Pulver zerfallen; man kann aber durch Mischen aus ihnen Bausteine herstellen, welche allen Anforderungen genügen. Einige solcher Gemenge, die nur noch einer formgebenden Arbeit bedürfen, kommen in der Natur als Gesteine vor; ihre geringe Verbreitung und die Schwierigkeit der Bearbeitung haben aber den künstlichen Steinen allgemein den Vorrang verschafft.

Von den natürlichen feuerfesten Steinen werden nur einige Sandsteine und der Puddingstein von Belgien und England zuweilen noch angewendet. Beide bestehen in der Hauptsache aus Quarzkörnern, die durch geringe Mengen eines thonigen Bindemittels zusammengekittet sind.

Die künstlichen feuerfesten Baustoffe unterscheiden wir nach dem vorherrschenden Bestandteil in Quarz-, Schamott- und basische Steine.

Quarzsteine bestehen aus möglichst geringen Mengen Thon oder Kalk und aus eckigen, scharfkantigen, durch Zerkleinern von Quarzit, Flufskies, Sandstein, Puddingstein, Hornstein u. s. w. gewonnenen Quarzkörnern, für welche jene Stoffe als Bindemittel dienen; man kann sie deshalb auch als Thonsteine mit quarzigem Magerungsmittel bezeichnen. Viele Quarze haben die Eigenschaft im Feuer zu treiben, d. h. an Volumen zuzunehmen, und zwar um so mehr, je höher die Temperatur steigt; infolgedessen zerdrücken sich die Steine nicht selten gegenseitig. Zur Verminderung des Treibens und Erleichterung des Zerkleinerns wird der Quarz häufig vorher gebrannt.

Schamottsteine enthalten nur feuerfesten Thon, den gröfsten Teil aber (etwa zwei Drittel) in Form von Schamottkörnern. Ihre Anwendung ist ungemein vielseitig, da sie überall dort tauglich sind, wo nicht die Wirkungen sehr saurer Schlacken und besonders hoher Temperatur gleichzeitig auftreten, denen sie allerdings nicht widerstehen.

Obwohl behufs billiger Herstellung an Stelle frisch gebrannten Thones häufig Brocken bereits gebrauchter Schamottsteine als Magerungsmittel dienen, haben doch die Quarzsteine infolge ihres niedrigeren Preises die Schamottsteine vielfach verdrängt.

Neben den Steinen werden aus Schamott zahlreiche andere feuerfeste Gegenstände hergestellt, wie Gasretorten, Zinkmuffeln, Formen für Bessemerbirnen, Stopfen und Durchläufe für Gieſspfannen, Probierscherben u. s. w.

Basische Steine. Sie kommen ausschlieſslich beim Thomas- und dem basischen Martinverfahren in Anwendung und bestehen vorwiegend aus Kalk und Magnesia. Als Rohstoffe dienen Dolomit oder Magnesit, am häufigsten ersterer.

Fig. 121.

Gebrannter Dolomit wird mit 8—12 % heiſsem Teer innig gemengt zu einer bröckeligen klebrigen Masse, aus welcher man durch Pressen unter 200 — 300 kg/qcm Druck Steine preſst, die ohne weiteres in die Öfen eingebaut werden können, oder man stampft mit glühenden Stampfern Formstücke daraus, die noch in ihren gut verschlossenen Formen schwach geglüht werden, damit der Teer verkoke, der überschüssige aber verdampfe.

Haltbarer, aber auch wesentlich teurer sind die aus gebranntem Magnesit ohne Teerzusatz erzeugten Steine.

Die Herstellung der feuerfesten Bausteine u. s. w. zerfällt in vier Arbeiten: das Zerkleinern der Rohstoffe, das Mischen derselben, das Formen der Masse und das Trocknen und Brennen der Formstücke. Dem Zerkleinern geht zuweilen ein Brennen voraus, womit die Austreibung flüchtiger Bestandteile (Wasser, Kohlendioxyd) oder auch nur Auflockerung bezweckt wird.

Zum Brechen in gröbere Stücke dient der Steinbrecher; kleineres Korn wird durch Mörsermühlen, Walzwerke und Schleudermühlen erzeugt; die Kollergänge verarbeiten vorwiegend weichere Stoffe, wie rohen Thon u. s. w.

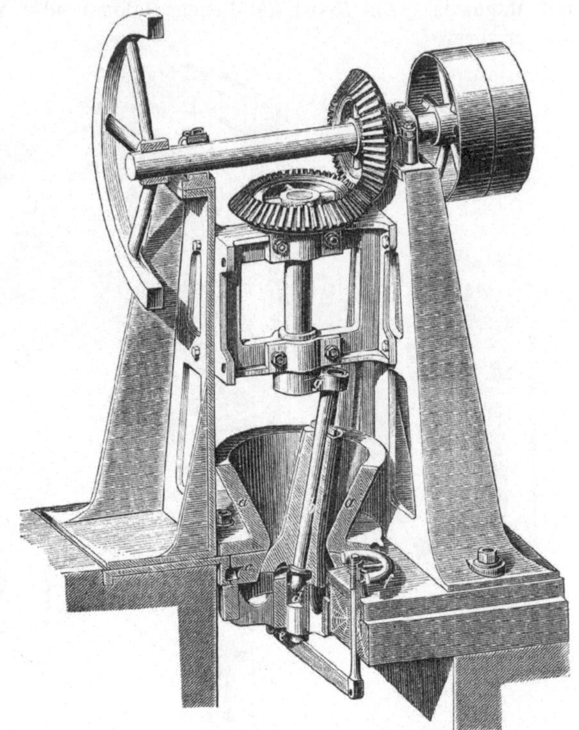

Fig. 122.

Der Steinbrecher ist 1858 von dem Amerikaner Blake erfunden und von deutschen Maschinenfabriken wesentlich verbessert worden. In Fig. 121 ist eine derartige Maschine nach dem Modelle der Georg-Marienhütte abgebildet. Sie wirkt zerdrückend durch die Annäherung zweier ebenen Flächen, deren eine feststeht, während die andere um eine Achse schwingt; die Bewegung erhält sie durch einen Kniehebel. Die quer über den schweren gufseisernen Rahmen *l* liegende gekröpfte Welle *a* wird durch die Riemscheibe *o* in Umdrehung versetzt und überträgt die Bewegung durch die Lenkstange *b* auf den Kniehebel *e c e*, welcher seinerseits auf den um *g* schwingenden Backen *f* wirkt. Dieser bildet mit dem feststehenden, aber durch den Keil *k* verstellbaren Backen *i* das Maul, den Zerkleinerungsraum. Diese Hartgufsbrechbacken haben gewellte Oberfläche, nicht scharfe Zähne, da sich zwischen solchen häufig Stücke festklemmen. Die Öffnung des Maules wird durch den Gummipuffer *m* befördert. Zur Veränderung der Hubhöhe, wie sie sich für Material von verschiedener Härte nötig macht, sind die Ringe *n* eingeschaltet, die entweder sämtlich über oder sämtlich unter oder auch z. T. über und unter der Büchse *c* auf die durchgehende Lenkstange *b* geschoben werden können. Der Ausschub wird am gröfsten, wenn alle Ringe oben, am kleinsten, wenn sie sämtlich unten liegen. Je nach der zu erzielenden Stückgröfse verändert man die Maulweite durch Heben oder Senken des Keiles *d*. *p* ist ein meist doppelt angeordnetes Schwungrad. Behufs leichterer Fortbewegung setzt man die Maschine häufig auf Räder und befestigt sie mit Ketten an dem unterliegenden Geleise.

Ein Steinbrecher dieser Art zerkleinert in der Stunde 5—7 t Kalkstein bei einem Kraftaufwande von 6 Pferdekräften.

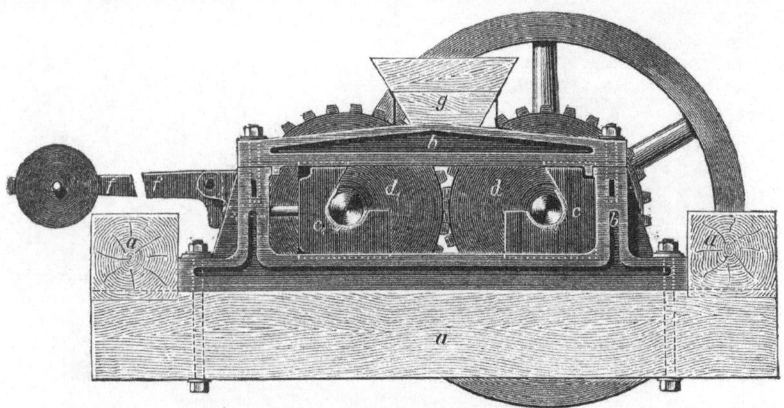

Fig. 123.

Die Mörsermühle von Fidèle Motte in Dampremy bei Charleroi (Fig. 122*) besteht aus einem zweiteiligen, aus einem Kegel und einem Kugelabschnitte zusammengesetzten Gefäfs aa_1 und einer Keule *b*, die infolge der eigentümlichen Bewegung, welche ihr durch die Kurbel *g* erteilt wird, teils schlagend, teils mahlend wirkt. Da der Mörser keinen Boden besitzt, so ruht die Keule auf einem mittels des Hebels *e* und des Handrades *f* in senkrechter Richtung verstellbaren Spurlager *d*. Durch Heben desselben wird die mahlende Mantelfläche des dicken Teiles der Keule, deren Spindel nur lose in *g* sitzt, der Kugelfläche genähert, durch Senken von ihr entfernt und somit die Korngröfse des Mahlgutes verändert. Der schlankere Teil von *b* nähert sich bei der Bewegung dem Mantel des nach oben erweiterten Kegels nicht so sehr, dafs er mahlend wirken kann; er zerschlägt vielmehr mit grofser Gewalt

*) Verbesserte Bauart der Märk. Maschinenbauanstalt in Wetter a. d. Ruhr.

und Geschwindigkeit die oben eingetragenen groben Stücke und bereitet sie dadurch für das Feinmahlen im unteren Teile der Maschine vor. Die Teile *a*, a_1 und *b* fertigt man, um der sehr bedeutenden Abnutzung zu begegnen, aus Hartgufs. Die Leistung der Mörsermühle kommt hinsichtlich der Menge des zerkleinerten Gutes der des Steinbrechers zwar nicht gleich, übertrifft dieselbe aber in Bezug auf den Zerkleinerungsgrad sehr bedeutend. Infolge davon hat sich die Maschine in Fabriken basischer Steine zum Mahlen des sehr harten gebrannten Dolomites, von dem sie 2 t in der Stunde verarbeitet, rasch eingeführt.

Walzwerke eignen sich, da sie sehr gleichmäfsiges Korn geben, vorwiegend zum weiteren Zerkleinern vorgebrochener Stücke. Sie bestehen aus zwei glatten oder gezahnten Walzen *d* und d_1 (Fig. 123), von denen *d* mit der Riemscheibe und dem Schwungrad auf der Antriebswelle sitzt; auf d_1 wird die Bewegung durch Zahnräder übertragen. Die Lager *c* liegen unverrückbar fest in dem Grundrahmen *b*; die anderen c_1 aber legen sich rückwärts gegen Bolzen, die, den Grundrahmen durchbrechend, ihre Stütze an belasteten Hebeln *f* oder Gummipuffern finden. Durch die Möglichkeit des Ausweichens der Walze d_1 beim Durchgange zu fester Stücke werden Brüche der Zapfen oder des Rahmens verhütet. Das Ganze ist auf einem schweren hölzernen Rahmen *a* befestigt; *g* ist der Fülltrichter. Den Walzen giebt man wegen des grofsen Verschleifses auswechselbare Hartgufsmäntel.

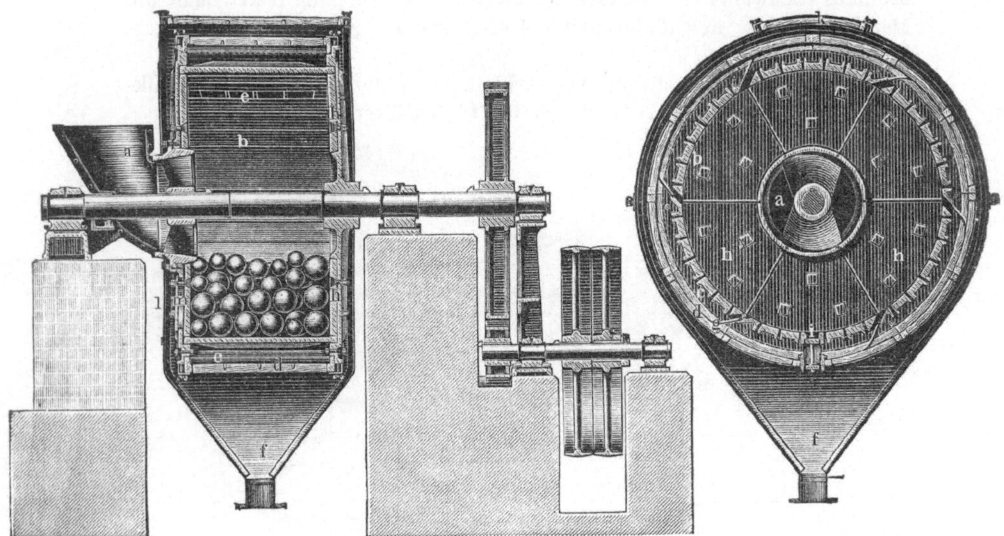

Fig. 124 und 125.

Die Kugelmühle, eine Mahlvorrichtung, die in neuerer Zeit nach aufserordentlich verschiedenen Bauweisen hergestellt wird, ist ein umlaufendes cylindrisches Gefäfs mit sehr harten eisernen Platten oder auch aus Porzellansteinen gebildetem Mantel, in welchem eiserne Kugeln oder Flintsteine das Zerkleinern des Mahlgutes besorgen. Sie eignen sich für nicht zu feste, aber spröde Körper und werden für Thomasschlacken und Cement vielfach angewendet. Die Abbildungen 124 u. 125 geben eine solche vom Grusonwerk in Magdeburg-Buckau gebaute Vorrichtung wieder. Der Mantel des Cylinders ist hier aus Hartguſs-

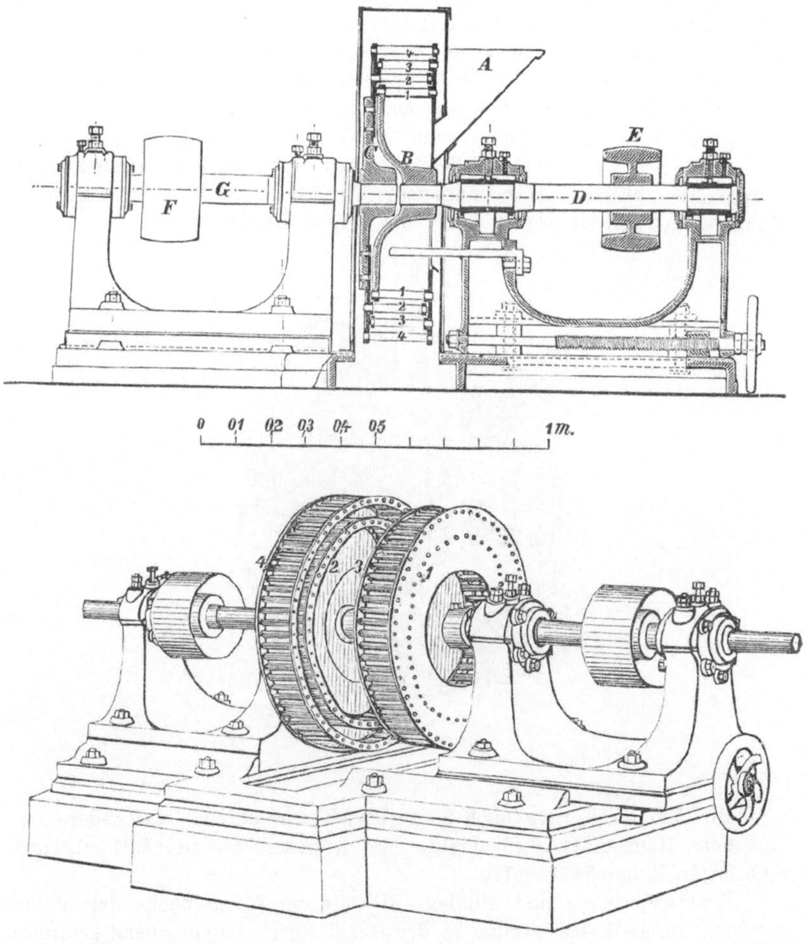

Fig. 126 und 127.

oder Stahlstäben *b* oder aus gelochten bezw. geschlitzten gebogenen Platten gebildet; die Grundflächen sind innen mit Hartguſsplatten *h* bekleidet. Der Cylindermantel ist weiter mit einem Siebe *c* aus gelochtem Stahlblech, endlich mit einem feinen Drahtsiebe *d* umgeben. Das in

Trichter *a* aufgegebene und durch schraubenflügelförmige Speichen in den Cylinder beförderte Mahlgut wird durch die Kugeln zerschlagen, fällt durch die Schlitze zwischen den Stäben, dann durch Sieb *c*, endlich durch *d* in den Austragetrichter *f* des Blechmantels *l*. Was nicht durch *c* und *d* geht, kehrt auf schräg gerichteten Blechschaufeln *g* und durch Kanäle *e* ins Innere des Cylinders zurück.

Die Schleudermühle (der Desintegrator) besteht aus zwei um dieselbe Achse *G D* (Fig. 126 und 127), aber in entgegengesetzter Richtung umlaufenden Scheiben *B* und *C*, auf denen mehrere konzentrische Reihen von Stahlstäben 1, 2, 3, 4 so befestigt sind, dafs sie ineinandergreifende Cylinder bilden. Durch die ungemein rasche Bewegung der Stäbe in entgegengesetzter Richtung werden die bei *A* aufgegebenen und durch die Stabreihen nach unten fallenden bezw. nach aufsen geschleuderten Körper zerschlagen. *E F* sind die Antriebsriemscheiben. Auch diese Mühle eignet sich in erster Linie für spröde Körper.

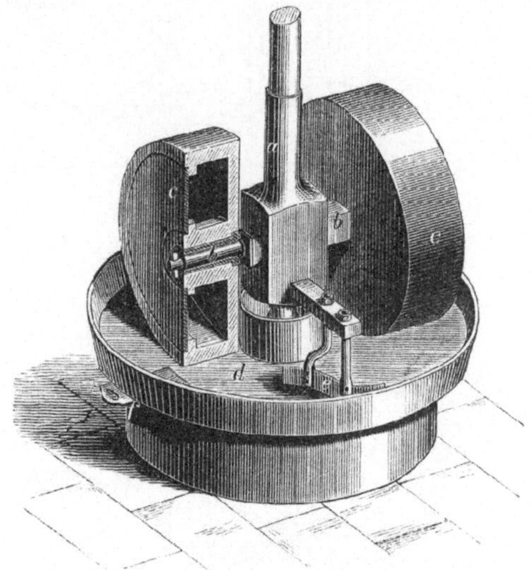

Fig. 128.

Hie und da werden auch Kegelmühlen, deren Bauart jedermann von dem Hausgeräte Kaffeemühle her bekannt ist, zur Zerkleinerung feuerfester Rohstoffe benutzt.

Kollergänge sind Mühlen, die mit der Mantelfläche der Steine mahlen. Diese Steine werden in der Regel durch entsprechend geformte Hartgufswalzen *c* (Fig. 128) ersetzt und laufen zu zweien um eine wagerechte Achse *b*, welche in der senkrechten Antriebswelle *a* so gelagert ist, dafs sich die Walzen beim Überschreiten zu harter Stücke ein wenig heben können, wodurch Brüche verhindert werden. Als Unterlage dient eine eiserne Platte *d*. Damit alle Punkte des Mahltroges von den Walzen getroffen werden, haben diese ungleichen Abstand von *a*. Das gekrümmte Eisen *e* streicht das Mahlgut vom Rande unter die Walzen; durch *f* wird es ausgetragen. Häufig liegt auch die Achse *b* fest und der Mahltisch *d* dreht sich.

Hinter den Zerkleinerungsvorrichtungen, die nicht Mehl, sondern Körner bis zu 5 mm Gröfse erzeugen sollen, sind behufs Ausscheidung zu grober Stücke Siebtrommeln eingeschaltet.

Die innige Mischung der Rohstoffe, welche die Thonschneider bewerkstelligen, wird dadurch sehr befördert, dafs jene im richtigen Mengenverhältnis alle Zerkleinerungs- und sonstigen Maschinen von Anfang bis Ende gemeinschaftlich durchlaufen. Das Anmachen des Gemenges mit Wasser geschieht entweder mit der Hand oder im Thonschneider, dem beides gleichzeitig zugeführt wird. Der Thonschneider oder das Knetfafs (Fig. 129) besteht aus einem eisernen Cylinder *a*, in

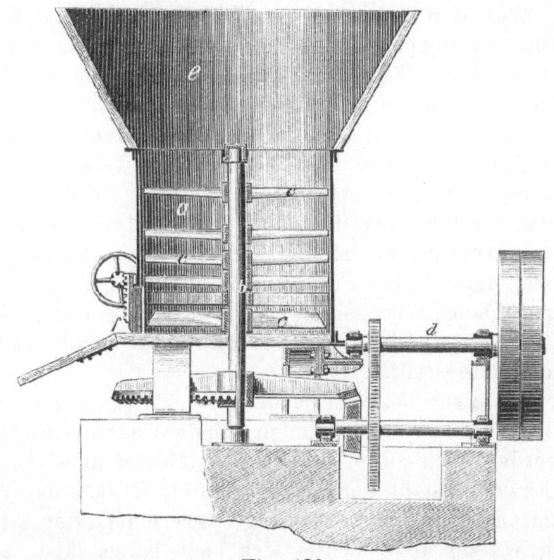

Fig. 129.

dem eine Welle *b* mit zahlreichen schräg gestellten Messern *c* umläuft. Er verarbeitet durch Auflösen des rohen Thones die in die Trichter *e* eingetragenen trockenen Stoffe zu einem steifen Brei, der bei *f* in gleichmäfsigem Strom austritt. Der Antrieb der Messerwelle erfolgt von der Achse *d* aus. Neuere Knetfässer werden vielfach liegend angeordnet und besitzen häufig zwei Messerwellen.

Von dem Knetfasse wird die Masse den Steinformern zugeführt; diese bilden daraus auf einem Tische Bälle von dem Volumen des herzustellenden Steines, rollen diese in trockenem Kies- oder Schamottsand und werfen sie in eine mit ebensolchem Sand ausgestreute hölzerne Form. Nach dem Feststampfen lockerer Stellen wird überstehendes Material mit einem Draht abgeschnitten, die Schnittfläche mit einem Streicheisen geglättet und durch Klopfen der Stein aus der Form entfernt. Je drei bis fünf solcher weichen Steine befördert man auf einem Brette nach den Trockengerüsten, auf denen sie bei gewöhnlicher Temperatur so weit austrocknen, dafs sie ziemlich harte Oberfläche und genügende Festigkeit besitzen, um ohne Unterlage gehandhabt und fortbewegt werden zu können.

Sehr grofse Formsteine werden nach und nach aufgestampft und an Ort und Stelle mit der gröfsten Vorsicht getrocknet. Sehr magere Mischungen kann man durch Pressen zu Steinen vereinigen. Der mit Teer angemachte Dolomit wird mit erhitzten eisernen Keulen in Formen gestampft.

Vor dem ferneren Trocknen, das in erhöhter Temperatur auf mit Eisenplatten bedeckten und durch die Abdämpfe der Maschinen oder die Fuchsgase der Brennöfen erhitzten Kanälen, in geheizten Trockenräumen oder über den Brennöfen stattfindet, werden die Kanten jedes Steines sorgfältig nachgeputzt. Das hierauf folgende Brennen geschieht in prismatischen überwölbten Räumen; man setzt die sorgfältig aufgeschichteten Steine in ihnen allmählich bis zu Rotglut steigender Hitze aus; ist der Ofen bis zu der der Feuerung gegenüberliegenden Einsatzöffnung in Glut, so löscht man das Feuer und läfst kalte Luft einströmen, bis die Steine so weit abgekühlt sind, dafs sie ausgesetzt werden können. Beim Aussetzen werden sie durch leichte Hammerschläge auf etwa vorhandene, am Klang erkennbare Risse geprüft.

Zu den oben angeführten Formstücken aus Schamottmasse verwendet man feiner gemahlenes Gut; sie werden entweder durch Schlagen in eisernen Formen oder durch Pressen, grofse Retorten auch in Holzformen aus freier Hand hergestellt.

Als Mörtel dient beim Vermauern feuerfester Steine zumeist ein ganz dünner Thonbrei, der nicht binden, sondern nur die Fugen ausfüllen soll. Doch werden auch zuweilen bindende Mörtel angewendet.

Unter Masse versteht der Hüttenmann ein je nach der Verwendung verschieden zusammengesetztes Gemenge aus feuerfesten Stoffen, das mit nur wenig Wasser angefeuchtet sich eben ballen läfst, zur Bildung von Ofenwänden durch Aufstampfen benutzt und an Ort und Stelle gebrannt wird.

Anhang.

Tabellen zur Feuerungskunde.

Tabelle I. Verbrennungswärmen.

Verbrannter Stoff		Verbrennungs-erzeugnis	Verbrannte Menge 1 Molekül W. E.	1 kg W. E.	1 cbm W. E.	1 kg verbrauchter Sauerstoff entwickelt W. E.	1 cbm verbrauchter Sauerstoff entwickelt W. E.
Kohlenstoff . .	C_2	2 CO	57 290	2 387	—	1790	2 560
„ . .	C_2	2 CO_2	193 920	8 080	—	3030	4 333
Kohlenoxyd . .	CO	CO_2	68 320	2 440	3 063	4270	6 106
Wasserstoff . .	H_2	m H_2O-Dampf von 0° und n CO_2	58 280	29 140	2 620	3463	4 951
Methan	CH_4		191 676	11 980	8 600	2995	4 283
Aethylen . . .	C_2H_4		316 266	11 295	14 185	3294	4 711
Propylen . . .	C_3H_6		468 519	11 155	20 970	3254	4 653
Benzol	C_6H_6		757 389	9 710	29 495	3156	4 513
Zellstoff	$C_6H_{10}O_5$		623 385	3 848	—	3247	4 643
Wasserstoff . .	H_2	m H_2O, flüssig und n CO_2	69 200	34 600	3 110	4325	6 185
Methan	CH_4		213 520	13 345	9 580	3336	4 770
Aethylen . . .	C_2H_4		338 100	12 075	15 165	3522	5 038
Propylen . . .	C_3H_6		501 270	11 935	22 410	3620	5 177
Benzol	C_6H_6		790 140	10 130	30 775	3292	4 708
Zellstoff	$C_6H_{10}O_5$		677 970	4 185	—	3560	5 091
Aluminium . . .	Al_2	Al_2O_3	382 860	7 090	—	7976	11 406
Blei	Pb_2	2 PbO	100 310	243	—	3143	4 494
Eisen	Fe_2	2 FeO	151 536	1 353	—	4735	6 772
„	Fe_2	Fe_3O_4	184 576	1 644	—	4326	6 186
„	Fe_2	Fe_2O_3	201 152	1 796	—	4191	5 993
Kupfer	Cu_2	Cu_2O	40 600	321	—	2544	3 638
„	Cu_2	2 CuO	73 946	585	—	2317	3 313
Mangan	Mn_2	2 MnO	189 640	1 724	—	5926	8 474
„	Mn_2	2 MnO_2	231 804	2 115	—	3631	5 192
Phosphor . . .	P_2	P_2O_5	369 799	5 965	—	4622	6 610
Schwefel	S_2	2 SO_2	142 112	2 221	—	2221	3 176
Silicium	Si_2	2 SiO_2	438 480	7 830	—	6851	9 797
Zink	Zn_2	2 ZnO	170 544	1 314	—	5656	8 088
Zinn	Sn_2	2 SnO_2	384 345	1 147	—	6020	8 609

Tabelle II. Zusammensetzung der atmosphärischen Luft.

a. Aus den Gewichten der Luft und ihrer Bestandteile berechnet nach Regnault-Crafts:

	gewöhnliche Luft		reine Luft	
Sauerstoff . . .	21,22 Vol.%	23,46 Gew.%	21,23 Vol.%	23,475 Gew.%
Stickstoff . . .	78,74 „	76,48 „	78,77 „	76,525 „
Kohlensäure . .	0,04 „	0,06 „	— „	— „

b. Nach eudiometrischen Messungen Bunsens:
in Vol.% 20,96 O 79,04 N. in Gew.% 23,186 O 76,814 N.

Beziehungen zwischen den Bestandteilen der Luft.

	n	1	2	3	4	5	6	7	8	9
n cbm atmosphär. Luft enthalten	cbm O	0,20960	0,4192	0,6288	0,8384	1,0480	1,2576	1,4672	1,6768	1,8864
	cbm N	0,79040	1,5808	2,3712	3,1616	3,9520	4,7424	5,5328	6,3232	7,1136
	kg O	0,29991	0,5998	0,8997	1,1996	1,4995	1,7994	2,0993	2,3993	2,6992
	kg N	0,99357	1,9872	2,9807	3,9743	4,9679	5,9614	6,9550	7,9486	8,9422
n kg atmosphär. Luft enthalten	cbm O	0,16204	0,3241	0,4861	0,6482	0,8102	0,9723	1,1343	1,2964	1,4584
	cbm N	0,61106	1,2221	1,8332	2,4443	3,0553	3,6664	4,2774	4,8885	5,4996
	kg O	0,23186	0,4637	0,6956	0,9274	1,1593	1,3911	1,6230	1,8549	2,0867
	kg N	0,76814	1,5363	2,3044	3,0726	3,8407	4,6089	5,3770	6,1451	6,9133
n cbm Sauerstoff entsprechen	cbm Luft	4,77099	9,5420	14,3130	19,0840	23,8550	28,6259	33,3969	38,1679	42,9389
	cbm N	3,77099	7,5420	11,3130	15,0840	18,8550	22,6259	26,3969	30,1679	33,9389
	kg Luft	6,17118	12,3424	18,5135	24,6847	30,8559	37,0271	43,1983	49,3694	55,5406
	kg N	4,74033	9,4807	14,2210	18,9613	23,7016	28,4420	33,1823	37,9226	42,6630
n kg Sauerstoff entsprechen	cbm Luft	3,33437	6,6669	10,0031	13,3375	16,6719	20,0062	23,3426	26,6750	30,0093
	cbm N	2,63549	5,2710	7,9065	10,5420	13,1775	15,8129	18,4484	21,0839	23,7194
	kg Luft	4,31295	8,6259	12,9388	17,2518	21,5648	25,8777	30,1907	34,5036	38,8166
	kg N	3,31295	6 6259	9,9388	13,2518	16,5648	19,8777	23,1907	26,5036	29,8166
n cbm Stickstoff entsprechen	cbm Luft	1,26518	2,5304	3,7955	5,0607	6,3259	7,5911	8,8563	10,1214	11,3866
	cbm O	0,26518	0,5304	0,7955	1,0607	1,3259	1,5911	1,8563	2,1215	2,3866
	kg Luft	1,63649	3,2730	4,9095	6,5460	8,1824	9,8189	11,4554	13,0919	14,7284
	kg O	0,37944	0,7589	1,1383	1,5177	1,8972	2,2766	2,6561	3.0355	3,3449
n kg Stickstoff entsprechen	cbm Luft	1,00647	2,0129	3,0194	4,0259	5,0323	6,0388	7,0453	8,0517	9,0582
	cbm O	0,21096	0,4219	0,6329	0,8438	1,0548	1.2657	1,4767	1,6876	1,8986
	kg Luft	1,30185	2,6037	3,9055	5,2074	6,5092	7,8111	9,1129	10,4148	11,7167
	kg O	0,30185	0,6037	0,9055	1,2074	4,5092	1,8111	2,1129	2,4148	2,7166

Tabellen III und IV. **Beziehungen zwischen Volumen und Gewicht einiger Gase bei 0° und 760 mm Druck unter 51° Br.**

III. Volumen von n kg in cbm.

n	Luft	O	N	H	CH_4	C_2H_4	CO	CO_2	SO_2	H_2O
1	0,7729	0,6991	0,7958	11,1236	1,3931	0,7998	0,7965	0,5055	0,3482	1,2421
2	1,5459	1,3982	1,5915	22,2472	2.7861	1,5996	1,5930	1,0111	0,6963	2,4842
3	2,3188	2,0973	2,3873	33,3707	4,1792	2,3993	2,3895	1,5166	1,0445	3,7262
4	3,0918	2,7964	3,1830	44,4943	5,5723	3,1991	3,1860	2,0221	1,3926	4,9683
5	3,8647	3,4955	3,9788	55,6179	6,9653	3,9989	3,9825	2,5277	1,7408	6,2104
6	4,6377	4,1946	4,7745	66,7415	8,3584	4,7987	4,7789	3,0332	2,0889	7,4525
7	5,4106	4,8937	5,5703	77,8651	9,7514	5,5985	5,5754	3,5388	2,4371	8,6946
8	6,1836	5,5928	6,3660	88,9886	11,1445	6,3982	6,3719	4,0443	2,7853	9,9370
9	6,9565	6,2919	7,1618	100,1122	12,5376	7,1980	7,1684	4,5498	3,1334	11,1787

IV. Gewicht von n cbm in kg.

n	Luft	O	N	H	CH_4	C_2H_4	CO	CO_2	SO_2	H_2O
1	1,29375	1,4304	1,2567	0,0899	0,7178	1,2503	1,2555	1,9781	2,8723	0,8051
2	2,58755	2,8608	2,5134	0,1798	1,4357	2,5007	2,5110	3,9562	5,7445	1,6102
3	3,88133	4,2912	3,7700	0,2697	2,1535	3,7510	3,7665	5,9343	8,6168	2,4153
4	5,17510	5,7216	5,0267	0,3596	2,8714	5,0014	5,0220	7,9124	11,489	3,2204
5	6,46888	7,1520	6,2834	0,4495	3,5896	6,2517	6,2775	9,8905	14,361	4,0255
6	7,76265	8,5824	7,5401	0,5394	4,3071	7,5021	7,5330	11,869	17,234	4,8306
7	9,05643	10,013	8,7967	0,6293	5,0249	8,7524	8,7886	13,847	20,106	5,6357
8	10,35020	11,443	10,053	0,7192	5,7427	10,0028	10,044	15,825	22,978	6,4408
9	11,64398	12,874	11,310	0,8091	6,4606	11,2531	11,300	17,803	25,850	7,2459

Tabelle V. **Bedarf an Sauerstoff und Luft zu vollkommener Verbrennung von n kg und n cbm einiger Brennstoffe.**

	n	1	2	3	4	5	6	7	8	9
n kg C bedürfen	kg O	2,6667	5,333	8,000	10,667	13,333	16,000	18,667	21,333	24,000
	kg Luft	11,5011	23,002	34,503	46,004	57,505	69,006	80,508	92,009	103,510
	cbm O	1,8643	3,729	5,593	7,457	9,321	11,186	13,050	14,914	16,778
	cbmLuft	8,8944	17,789	26,683	35,578	44,172	53,367	62,261	71,156	80,050
n kg H bedürfen	kg O	7,9800	15,960	23,940	31,920	39,900	47,880	55,860	63,840	71,820
	kg Luft	34,4170	68,834	103,251	137,668	172,085	206,502	240,919	275,336	309,753
	cbm O	5,5788	11,158	16,737	23,315	27,894	33,473	39,032	44,631	50,210
	cbmLuft	26,5984	53,197	79,795	106,393	132,992	159,590	186,189	212,787	239,386
n kg CO bedürfen	kg O	0,5714	1,143	1,714	2,286	2,857	3,429	4,000	4,571	5,143
	kg Luft	2,4645	4,929	7,394	9,858	12,323	14,787	17,252	19,716	22,181
	cbm O	0,3995	0,799	1,199	1,598	1,997	2,397	2,796	3,196	3,595
	cbmLuft	1,9046	3,809	5,714	7,619	9,523	11,428	13,333	15,237	17,142
n kg CH_4 bedürfen	kg O	3,9975	7,995	11,992	15,990	19,987	23,985	27,982	31,980	35,978
	kg Luft	17,2410	34,482	51,723	68,964	86,205	103,446	120,687	137,928	155,169
	cbm O	2,7947	5,589	8,384	11,179	13,973	16,769	19,563	22,357	25,152
	cbmLuft	13,3291	26,658	39,987	53,317	66,646	79,975	92,304	106,633	119,962
n kg C_2H_4 bedürfen	kg O	3,4273	6,855	10,282	13,719	17,137	20,564	23,991	27,419	30,846
	kg Luft	14,7820	29,564	44,346	59,128	73,910	88,692	103,474	118,256	133,028
	cbm O	2,3961	4,792	7,188	9,584	11,980	14,376	16,772	19,169	21,565
	cbmLuft	11,4280	22,856	34,284	45,712	57,140	68,568	79,996	91,424	102,852
n cbm H bedürfen	kg O	0,7174	1,435	2,152	2,870	3,587	4,304	5,022	5,739	6,457
	kg Luft	3,0941	7,188	9,282	12,376	15,470	18,564	21,658	24,752	27,847
	cbm O	0,5015	1,003	1,505	2,006	2,508	3,009	3,511	4,012	4,514
	cbmLuft	2,3912	4,782	7,174	9,565	11,956	14,347	16,738	19,129	21,521
n cbm CO bedürfen	kg O	0,7174	1,435	2,152	2,870	3,587	4,305	5,022	5,739	6,457
	kg Luft	3,0942	6,188	9,283	12,377	15,471	18,565	21,660	24,754	27,848
	cbm O	0,5016	1,003	1,505	2,006	2,508	3,009	3,511	4,013	4,514
	cbmLuft	2,3913	4,783	1,174	9,565	11,957	14,348	16,739	19,130	21,522
n cbm CH_4 bedürfen	kg O	2,8696	5,739	8,609	11,478	14,348	17,217	20,087	22,957	25,826
	kg Luft	12,3763	24,753	37,129	49,505	61,882	74,258	86,634	99,010	111,387
	cbm O	2,0061	4,012	6,018	8,024	10,031	12,037	14,043	16,049	18,055
	cbmLuft	9,5682	19,136	28,705	38,273	47,841	57,409	66,978	76,546	86,114
n cbm C_2H_4 bedürfen	kg O	4,3044	8,609	12,913	17,217	21,522	25,826	30,131	34,435	38,739
	kg Luft	18,5645	37,129	55,693	74,258	92,822	111,387	129,952	148,516	167,081
	cbm O	3,0092	6,018	9,028	12,037	15,046	18,055	21,064	24,074	27,083
	cbmLuft	14,3524	28,705	43,057	57,409	71,762	86,114	100,467	114,819	129,172

Tabelle VI. Spezifische Wärme c bei gleichbleibendem Drucke, bezogen auf gleiches Gewicht Wasser.

Stoff	c	Ermittelt innerhalb der Temperaturen	Stoff	c	Ermittelt innerhalb der Temperaturen
Atmosphärische Luft	0,2375	0—200°	Kohlendioxyd . .	0,2169	11—214
Sauerstoff	0,2175	13—207	Schwefeldioxyd . .	0,1544	16—202
Stickstoff.	0,2438	0—200	Holzkohle	0,1653	0—24
Wasserstoff	3,4090	12—198	Graphit	0,355	0
Methan	0,5930	18—208	Steinkohle	0,201	—
Kohlenoxyd	0,2425	24—100	Koks	0,203	—
Äthylen	0,3880	23—99	Asche, Schlacke .	0,215	—
Wasserdampf . . .	0,4805	128—217			

Nach Violle wächst die mittlere spez. Wärme des Kohlenstoffes unterhalb 1000° in geradem Verhältnisse zur Temperatur: $c_0^t = 0{,}355 + 0{,}00006\ t$.

Tabelle VII. Mittlere spezifische Wärme c_0^t schwer verdichtbarer Gase von 0 bis 2000°.

Temperatur	1 Kilogramm						1 cbm	
	Luft	Sauerstoff	Stickstoff	Wasserstoff	Kohlenoxyd	Methan	Luft, O, N, H, CO	CH_4
0	0,2375	0,2175	0,2438	3,4090	0,2425	0,5930	0,3073	0,4256
100	2405	2202	2468	4517	2455	6004	3111	4310
200	2434	2229	2499	4943	2486	6078	3149	4362
300	2464	2257	2529	5369	2516	6152	3188	4416
400	2494	2284	2560	5795	2546	6226	3226	4469
500	2523	2311	2590	6221	2577	6300	3265	4522
600	2553	2338	2621	6647	2607	6374	3303	4575
700	2583	2366	2651	7073	2637	6448	3341	4629
800	2612	2393	2682	7499	2667	6522	3380	4682
900	2642	2420	2712	7925	2698	6596	3418	4735
1000	0,2672	0,2447	0,2743	3,8351	0,2728	0,6671	0,3457	0,4788
1100	2702	2474	2773	8777	2758	6745	3496	4841
1200	2731	2501	2804	9204	2789	6819	3534	4895
1300	2761	2528	2834	9630	2819	6893	3572	4948
1400	2791	2556	2865	4,0056	2849	6967	3610	5001
1500	2820	2583	2895	0482	2880	7041	3649	5054
1600	2850	2610	2926	0908	2910	7115	3688	5107
1700	2880	2637	2956	1334	2940	7189	3725	5161
1800	2909	2664	2986	1761	4970	7264	3764	5214
1900	2939	2691	3016	2187	3000	7338	3801	5265
2000	0,2969	0,2719	0,3047	4,2613	0,3031	0,7412	0,3841	0,5320
D =	0,00297	0,00272	0,00305	0,04262	0,00303	0,00741	0,00384	0,00532

Tabelle VIII. **Mittlere spezifische Wärme $c_0{}^t$ leicht verdichtbarer Gase von 0° bis 2000°.**

Temp.	1 Kilogramm				1 cbm bei 0° und 760 mm Druck unter 51° Br.			
	Wasserdampf	Kohlendioxyd	Schwefeldioxyd	Äthylen	Wasserdampf	Kohlendioxyd	Schwefeldioxyd	Äthylen
0	0,4415	0,1952	0,1450	0,3710	0,3555	0,3861	0,4164	0,2967
100	4702	2079	1544	3951	3786	4112	4435	3160
200	4989	2206	1638	4092	4017	4363	4705	3353
300	5276	2333	1732	4433	4248	4614	4976	3546
400	5562	2460	1827	4675	4479	4865	5247	3739
500	5850	2586	1921	4916	4710	5116	5517	3932
600	6137	2713	2015	5157	4941	5367	5788	4124
700	6424	2840	2109	5398	5172	5618	6059	4317
800	6711	2967	2204	5639	5403	5869	6329	4510
900	6998	3094	2298	5880	5634	6120	6600	4703
1000	0,7285	0,3221	0,2392	0,6121	0,5865	0,6371	0,6871	0,4896
1100	7572	3348	2486	6363	6096	6624	7141	5089
1200	7859	3475	2580	6604	6327	6873	7412	5282
1300	8146	3602	2675	6845	6558	7124	7682	5475
1400	8433	3728	2769	7086	6789	7375	7953	5667
1500	8720	3855	2863	7327	7020	7626	8224	5860
1600	9007	3982	2957	7568	7251	7877	8495	6053
1700	9294	4109	3052	7809	7482	8128	8765	6246
1800	9581	4236	3146	8051	7713	8379	9036	6439
1900	9868	4363	3240	8292	7944	8630	9307	6632
2000	1,0155	0,4490	0,3334	0,8533	0,8175	0,8881	0,9577	0,6825
D =	0,02870	0,01269	0,00942	0,02412	0,02311	0,02510	0,02707	0,01929

Tabelle IX. **Schmelztemperatur von Metallen und Prinsepschen Legierungen.*)**

Metall	Schmelzpunkt °C	Legierung bestehend aus		Schmelzpunkt °C	Legierung bestehend aus		Schmelztemperatur °C
Zinn	230	Silber	Gold		Gold	Platin	
Wismut	260	80	20	975	55	45	1350
Cadmium	318	60	40	995	50	50	1385
Blei	335	40	60	1020	45	55	1420
Zink	412	20	80	1045	40	60	1460
Antimon	440	Gold	Platin		35	65	1495
Aluminium	600	95	5	1100	30	70	1535
Magnesium	750	90	10	1130	25	75	1570
Silber	954	85	15	1160	20	80	1610
Kupfer	1050	80	20	1190	15	85	1650
Gold	1075	75	25	1220	10	90	1690
Nickel	1450	70	30	1255	5	95	1730
Eisen	1600	65	35	1285			
Platin	1775	60	40	1320			

*) Die Metalle und Legierungen werden geliefert von der Deutschen Gold- und Silberscheideanstalt vorm. Rössler in Frankfurt a. M.

Tabelle X. **Zusammensetzung und Schmelzpunkte der Normalkegel von Seger und Cramer.*)**

Nummer	Bestandteile der Kegel in Äquivalenten						Schmelztemperatur °C
	K_2O	CaO	Fe_2O_3	Al_2O_3	SiO_2	B_2O_3	
010	0,3	0,7	0,2	0,3	3,50	0,50	~ 960
09	0,3	0,7	0,2	0,3	3,55	0,45	~ 989
08	0,3	0,7	0,2	0,3	3,60	0,40	~ 1000
07	0,3	0,7	0.2	0,3	3,65	0,35	~ 1015
06	0,3	0,7	0,2	0,3	3,70	0,30	~ 1035
05	0,3	0,7	0,2	0,3	3,75	0,25	~ 1055
04	0,3	0,7	0,2	0,3	3,80	0,20	~ 1075
03	0,3	0,7	0,2	0,3	3,85	0,15	~ 1093
02	0,3	0,7	0,2	0,3	3,90	0,10	~ 1112
01	0,3	0,7	0,2	0,3	3,95	0,05	~ 1130
1	0,3	0,7	0,2	0,3	4	—	~ 1145
2	0,3	0,7	0,1	0,4	4	—	~ 1160
3	0,3	0,7	0,05	0,45	4	—	~ 1175
4	0,3	0,7	Nr. 010—01: Mischung des Kegels Nr. 1 mit teilweisem Ersatze des SiO_2 durch B_2O_3. Nr. 1: Feldspat, Marmor, Quarz, Eisenoxyd. Nr. 2 u. 3: Feldspat, Marmor, Quarz, Eisenoxyd u. Zettlitzer Kaolin.	0.5	4	Nr. 4—27: Feldspat, Marmor, Quarz und Zettlitzer Kaolin.	~ 1190
5	0,3	0,7		0,5	5		~ 1200
6	0,3	0,7		0,6	6		~ 1210
7	0,3	0,7		0,7	7		~ 1220
8	0,3	0,7		0,8	8		~ 1255
9	0,3	0,7		0,9	9		~ 1290
10	0,3	0,7		1,0	10		~ 1325
11	0,3	0,7		1,2	12		~ 1360
12	0,3	0,7		1,4	14		~ 1395
13	0,3	0,7		1,6	16		~ 1430
14	0,3	0,7		1,8	18		~ 1465
15	0,3	0,7		2,1	21		~ 1500
16	0,3	0,7		2,4	24		~ 1535
17	0,3	0,7		2,7	27		~ 1570
18	0,3	0,7		3,1	31		~ 1605
19	0,3	0,7		3,5	35		~ 1640
20	0,3	0,7		3,9	39		~ 1680
21	0,3	0,7		4,4	44		In Graden nicht angebbar. Nr. 21—36 dienen nur zur Bestimmung der Feuerbeständigkeit von Thonen und dergl.
22	0,3	0,7		4,9	49		
23	0,3	0,7		5,4	54		
24	0,3	0,7		6,0	60		
25	0,3	0,7		6,6	66		
26	0,3	0,7		7,2	72		
27	0,3	0,7		20	200		
28	0,3	0,7		1	10		
29	Zettlitzer Kaolin u. Quarz			1	8		
30				1	6		
31				1	5		
32				1	4		
33				1	3		
34				1	2,5		
35	Zettlitzer Kaolin			1	2		
36	Rakonitzer Schieferthon						

*) Die Kegel sind zu beziehen von der Expedition der Thonindustrie-Zeitung in Berlin.

Tabelle XI. **Faktoren $\frac{H}{h}$ zur Berechnung der Berichtigung T″ für die Ablesungen T′ an Wiborghs Luftpyrometer.**

Berechnet von Freiherrn Jüptner v. Jonstorff.

T^1	$\frac{H}{h_0}$	T^1	$\frac{H}{h_0}$	T^1	$\frac{H}{h_0}$	T^1	$\frac{H}{h_0}$	T^1	$\frac{H}{h_0}$	T^1	$\frac{H}{h_0}$	T^1	$\frac{H}{h_0}$
20	1,07	240	1,88	460	2,68	680	3,49	900	4,29	1120	5,10	1340	5,90
40	1,15	260	1,95	480	2,76	700	3,56	920	4,37	1140	5,17	1360	5,98
60	1,22	280	2,02	500	2,83	720	3,64	940	4,44	1160	5,25	1380	6,05
80	1,29	300	2,10	520	2,90	740	3,71	960	4,51	1180	5,32	1400	6,12
100	1,37	320	2,17	540	2,98	760	3,78	980	4,59	1200	5,39	1420	6,20
120	1,44	340	2,24	560	3,05	780	3,85	1000	4,66	1220	5,47	1440	6,27
140	1,51	360	2,32	580	3,12	800	3,93	1020	4,73	1240	5,54	1460	6,34
160	1,50	380	2,39	600	3,20	820	4,00	1040	4,81	1260	5,61	1480	6,42
180	1,66	400	2,46	620	3,27	840	4,07	1060	4,88	1280	5,68	1500	6,49
200	1,73	420	2,54	640	3,34	860	4,15	1080	4,95	1300	5,76		
220	1,81	440	2,61	660	3,42	880	4,22	1100	5,03	1320	5,83		

Tabelle XII. **Kalorimetertabelle.**

Wärmemengen, welche 1 kg Metall abgiebt, wenn es um T^0 auf 0 bis 40^0 abgekühlt wird.

Berechnet nach Pionchon.

T	$\frac{w}{p}(t_1-t)$		T	$\frac{w}{p}(t_1-t)$		T	$\frac{w}{p}(t_1-t)$		T	$\frac{w}{p}(t_1-t)$	
	Ni	Fe		Ni	Fe		Ni	Fe		Ni	Fe
410	52,83	53,26	610	79,53	89,08	810	108,91	137,58	1010	141,00	180,73
420	54,13	54,93	620	80,96	91,16	820	110,48	139.76	1020	142,70	182,45
430	55,42	56,59	630	82,39	93,24	830	112,04	141,94	1030	144,40	184,18
440	56,72	58,26	640	83,82	95,32	840	113,61	144,12	1040	146,10	185,91
450	58,01	59,92	650	85,24	97,41	850	115,17	146,30	1050	147,79	187,64
460	59,31	61,59	660	86,67	99,49	860	116,73	148,48	1060	149,49	189,17
470	60,60	63,25	670	88,10	102,34	870	118,30	150,66	1070	151,19	190,71
480	61,90	64,92	680	89,53	105,18	880	119,86	152,84	1080	152,89	192,25
490	63,19	66,58	690	90,96	108,03	890	121,42	155,02	1090	154,59	193,78
500	64,49	68,25	700	92,39	110,88	900	122,99	157,20	1100	156,29	195,32
510	65,85	70,12	710	93,88	114,63	910	124,62	159,38	1110	158,05	197,31
520	67,21	72,00	720	95,38	118,38	920	126,25	161,56	1120	159,82	199,29
530	68,57	73,87	730	96,88	120,51	930	127,88	163,74	1130	161,59	201,28
540	69,93	75,75	740	98,37	122,64	940	129,51	165,92	1140	163,35	203,27
550	71,29	77,62	750	99,87	124,76	950	131,14	168,10	1150	165,12	205,26
560	72,66	79,50	760	101,37	126,89	960	132,78	170,28	1160	166,89	207,25
570	74,02	81,37	770	102,86	129,02	970	134,41	172,46	1170	168,65	209,24
580	75,38	83,25	780	104,36	131,15	980	136,04	174,64	1180	170,42	211,23
590	76,74	85,13	790	105,86	133,27	990	137,67	176,82	1190	172,18	213,22
600	78,10	87,00	800	107,35	135,40	1000	139,30	179,00	1200	173,95	215,20

Tabelle XIII. Wärmeverluste durch die Fuchsgase.

CO_2-Gehalt Raum-%	1	2	3	4	5	6	7	8	9	10	11	12	13	14	15	16	17	18	19	20	21
Verbrennungstemperatur	139	272	399	520	635	745	850	950	1045	1136	1223	1306	1385	1460	1531	1599	1664	1726	1785	1841	1895
Luftüberschufs, %	2000	950	600	425	320	250	200	165	133,33	110	91	75	62,5	50	40	31,25	23,53	16,67	10,5	5	0
Temperatur der Fuchsgase	Wärmeverluste in Hundertteilen der Verbrennungswärme.																				
100	72,0	36,0	24,0	18,0	14,5	12,1	10,4	9,1	8,2	7,4	6,7	6,2	5,7	5,3	4,9	4,7	4,4	4,2	4,0	3,8	3,6
D 10°	7,0	3,7	2,4	1,9	1,5	1,3	1,1	1,0	0,8	0,8	0,7	0,6	0,6	0,6	0,5	0,5	0,5	0,4	0,4	0,4	0,4
200		72,9	48,3	36,7	29,5	24,6	21,2	18,6	16,6	15,0	13,7	12,6	11,7	10,9	10,2	9,6	9,1	8,6	8,2	7,8	7,4
D 10°		3,9	2,6	1,9	1,5	1,3	1,1	1,0	0,9	0,8	0,7	0,7	0,6	0,6	0,5	0,5	0,5	0,5	0,4	0,4	0,4
300			74,2	55,3	44,9	37,6	32,4	28,4	25,3	22,9	20,9	19,3	17,7	16,6	15,6	14,7	13,9	13,2	12,6	12,0	11,4
D 10°			2,6	2,0	1,6	1,3	1,2	1,0	0,9	0,8	0,8	0,7	0,7	0,6	0,6	0,5	0,5	0,5	0,5	0,4	0,4
400			100,0	75,6	60,8	50,9	43,9	38,5	34,3	31,1	28,4	26,2	24,3	22,7	21,3	20,0	18,9	18,0	17,1	16,3	15,6
D 10°				2,0	1,6	1,4	1,2	1,1	1,0	0,9	0,8	0,7	0,7	0,6	0,6	0,6	0,5	0,5	0,5	0,5	0,4
500				95,8	77,1	64,6	55,7	48,9	43,8	39,6	36,2	33,4	31,0	28,9	27,1	25,5	24,2	22,9	21,9	20,9	20,0
D 10°				2,1	1,7	1,4	1,2	1,1	1,0	0,9	0,8	0,7	0,7	0,6	0,6	0,6	0,5	0,5	0,5	0,5	0,5
600					93,9	78,7	68,2	59,7	53,4	48,2	44,2	40,8	37,9	35,3	33,2	31,3	29,6	28,1	26,8	25,6	24,5
D 10°					1,7	1,5	1,3	1,1	1,0	0,9	0,8	0,8	0,7	0,7	0,6	0,6	0,6	0,5	0,5	0,5	0,5
700						93,2	81,2	70,8	63,3	57,4	52,5	48,4	45,0	42,0	39,5	37,2	35,2	33,5	31,9	30,5	29,2
D 10°						1,5	1,3	1,1	1,0	0,9	0,9	0,8	0,7	0,7	0,7	0,6	0,6	0,6	0,5	0,5	0,5
800							94,2	82,2	73,6	66,7	61,0	56,3	52,3	48,9	46,0	43,4	41,1	39,1	37,3	35,6	34,1
D 10°							1,2	1,2	1,1	0,9	0,9	0,8	0,8	0,7	0,7	0,6	0,6	0,6	0,6	0,5	0,5
900								93,9	84,1	76,2	69,8	64,4	59,9	56,0	52,7	49,7	47,1	44,8	42,8	41,0	39,2
D 10°								1,2	1,1	1,0	0,9	0,8	0,8	0,7	0,7	0,7	0,6	0,6	0,6	0,6	0,5
1000									94,9	86,1	78,8	72,8	67,8	63,4	59,6	56,3	53,4	50,8	48,5	46,6	44,5
D 10°									1,1	1,0	0,9	0,9	0,8	0,8	0,7	0,7	0,6	0,6	0,6	0,5	0,5
1100										96,2	88,2	81,3	75,8	71,0	66,8	63,1	59,8	57,1	54,4	52,0	49,9
D 10°										1,0	1,0	0,9	0,8	0,8	0,7	0,7	0,7	0,6	0,6	0,6	0,6
1200											97,7	90,3	84,1	78,8	74,1	70,1	66,5	63,3	60,5	57,9	55,6

Tabelle XIV. **Ergebnisse der vergleichenden Versuche über die Heizkraft verschiedener Steinkohlen auf der Kaiserl. Werft zu Wilhelmshaven.**

G Gewicht von 1 cbm, K Kohäsion in %, R unverbrannte Rückstände in %. V verdampftes Wasser von 0° in kg auf 1 kg Kohle. Die Versuche wurden mit zerschlagenen und dann gesiebten Stückkohlen angestellt. Die Zahlen hinter den Namen der Zechen bedeuten die Anzahl der Versuche.

Kohle von Zeche:	G	K	R	V
A. Westfälische Kohlen.				
1. Gaskohlen.				
General Blumenthal	746	56	6,69	8,01
Consolidation . . .	709	86	3,28	7,93
Pluto. 2	702	75	4,26	7,91
Hansa 2	732	64	4,53	7,88
Hibernia 3	702	82	5,10	7,87
Maybach	744	76	7,64	7,83
Zollverein . . . 2	714	67	4,88	7,77
Camphausen . . .	728	71	5,81	7,77
Wilhelmine Victoria	723	78	4,87	7,75
Hugo.	656	80	3,78	7,74
Friedrich d. Gr. 2	712	77	4,79	7,71
Dahlbusch . . . 4	742	78	4,80	7,69
Mont Cenis. . . 5	706	70	5,12	7,50
Hannibal	—	68	8,81	7,38
Rhein-Elbe . . . 3	722	72	6,59	7,37
Ewald	718	80	3,29	7,37
Graf Bismarck . 2	696	83	4,24	7,21
Hardenberg. . . .	741	77	5,94	7,13
Matthias Stinnes .	707	71	3,82	7,11
Hannover.	711	76	3,72	7,11
Deimelsberg . . .	—	53	16,46	7,02
Königsgrube . . 4	733	72	6,74	6,91
Schlägel und Eisen	700	78	3,46	6,88
Dorstfeld	728	75	7,87	6,78
Nordstern	744	83	9,90	6,72
2. Fettkohlen.				
Ver. Bonifacius . .	744	38	3,59	8,92
Frhl. Morgensonne	744	42	4,09	8,86
Shamrock . . . 2	734	46	4,16	8,85
Alstaden	732	48	3,91	8,81
Prinz-Regent . . .	728	46	4,67	8,79
Christian Levin. .	752	44	4,75	8,79
Neu-Iserlohn . . .	748	54	3,78	8,78
Victor	744	46	3,75	8,73
Dannenbaum . . 3	735	46	4,47	8,71
Wolfsbank . . . 12	749	44	4,65	8,71
Holland 2	740	48	6,20	8,71
Heinrich Gustav 4	742	46	8,58	8,70
Prosper II	748	51	4,16	8,68
Carolus Magnus .	762	48	4,04	8,66
Neu-Köln.	756	42	5,19	8,65
Carlsglück	789	43	4,93	8,64
Recklinghausen 31	740	46	4,70	8,63
General und Erbstollen	753	45	5,22	8,63
Graf Schwerin . 3	752	45	5,58	8,63
Consolidation . . .	740	56	3,78	8,59
Borussia	728	45	5,85	8,57
Tremonia.	720	44	5,13	8,56
Carl Friedrich Erbstollen	762	44	4,12	8,53
Carolinenglück . .	775	54	6,45	8,52
Constantin d. Gr. 2	765	42	5,17	8,51
Erin	748	—	5,15	8,51
Anna, Flötz III Norden	774	55	3,58	8,45
Vollmond. . . . 2	745	41	5,68	8,44
Hasenwinkel . . .	766	36	8,61	8,43
Lothringen	744	54	6,6	8,43
Zollern.	744	44	6,29	8,41
Minister Stein . .	752	50	4,42	8,41
Glückauf Tiefbau .	754	44	4,20	8,40
Ver. Präsident . 16	755	47	7,88	8,39
König Ludwig . 2	744	45	4,45	8,36
Hibernia 2	732	57	5,04	8,35
Julia 4	768	46	5,68	8,34
Germania. . . . 3	750	46	7,31	8,32
v. d. Heydt . . . 2	753	41	8,01	8,29
Eintracht Tiefb.. 3	773	43	10,60	8,17
Prinz v. Preussen .	750	44	8,80	8,12
Hagenbeck	732	41	8,75	8,11
Victoria Matthias .	773	49	10,32	8,03
König. Elisabeth 2	758	43	8,32	8,00
Centrum 3	749	50	6,11	7,97
Joachim	754	46	8,76	7,81
Graf Moltke . . .	752	46	9,20	7,56
Friederike	802	35	12,96	7,39
Rosenblumendelle 2	780	42	13,57	7,31
3. Esskohlen und magere Kohlen.				
Nachtigall	781	45	9,72	8,52
Ibbenbüren i. Hann. 4	746	43	4,38	8,38
Bickefeld	760	48	8,83	8,35
Caroline	762	52	8,18	8,33
Crone	778	37	8,63	8,29
Ver. Hamburg . .	763	39	10,59	8,26
Louisenglück . . .	826	—	10,66	8,16
Ringeltaube. . . 2	768	39	10,70	8,09
Franziska . . . 2	767	47	11,02	8,09

Kohle von Zeche:	G	K	R	V
Margarethe	782	49	10,33	7,93
Westhausen . . .	758	53	7,27	7,90
Gottessegen. . . .	—	47	6,80	7,57
Piesberg(Osnabrück)	913	74	21,16	7,06

B. Kohlen aus dem Wurmrevier, Gruben der Vereinigungsgesellschaft zu Kohlscheid.

Kohle von Zeche:	G	K	R	V
Flammkohle . . 2	764	59	3,90	8,68
Magere Kohlen . .	776	64	8,67	8,58

C. Oberschlesische Kohlen.

Kohle von Zeche:	G	K	R	V
Paulusgrube . . .	700	82	3,45	7,67
Gottessegengrube .	724	83	3,22	7,64
Königsgrube . . 2	740	87	3,85	7,50
Hohenzollerngrube	760	86	3,51	7,43
Schlesiengrube . .	720	84	2,99	7,40
Königin Luisengr.10	762	78	10,89	7,20
Radzionkaugrube .	720	84	3,27	7,19
Gotthardtschacht .	720	82	3,62	6,72

D. Niederschlesische Kohlen.

Kohle von Zeche:	G	K	R	V
Carl Georg Victor Jenny	752	46	5,21	8,44
Glückhilf Friedenshoffnung . . . 2	686	68	4,84	8,16
v. d. Heydt	664	65	3,46	8,11
Fürstenstein . . 2	722	75	2,39	7,34
Cäsargrube	700	71	5,78	6,90

Pierer'sche Hofbuchdruckerei Stephan Geibel & Co. in Altenburg.